高等学校英语专业系列教材

# 计算机辅助翻译简明教程

# A Concise Course on Computer-aided Translation

主　编：李萌涛

副主编：崔启亮

编　者：李萌涛　崔启亮　廉　勇

U0347977

外语教学与研究出版社

FOREIGN LANGUAGE TEACHING AND RESEARCH PRESS

北京 BEIJING

**图书在版编目（CIP）数据**

计算机辅助翻译简明教程：汉、英／李萌涛主编；李萌涛，崔启亮，廉勇编. —— 北京：外语教学与研究出版社，2019.8（2023.11 重印）
新经典高等学校英语专业系列教材
ISBN 978-7-5213-1158-7

Ⅰ. ①计… Ⅱ. ①李… ②崔… ③廉… Ⅲ. ①自动翻译系统－高等学校－教材－汉、英 Ⅳ. ①TP391.2

中国版本图书馆 CIP 数据核字 (2019) 第 195510 号

出 版 人　王　芳
项目策划　屈海燕
责任编辑　屈海燕
责任校对　杨小薇
装帧设计　付玉梅
出版发行　外语教学与研究出版社
社　　址　北京市西三环北路 19 号（100089）
网　　址　https://www.fltrp.com
印　　刷　北京虎彩文化传播有限公司
开　　本　787×1092　1/16
印　　张　23
版　　次　2019 年 8 月第 1 版　2023 年 11 月第 10 次印刷
书　　号　ISBN 978-7-5213-1158-7
定　　价　69.90 元

如有图书采购需求，图书内容或印刷装订等问题，侵权、盗版书籍等线索，请拨打以下电话或关注官方服务号：
客服电话：400 898 7008
官方服务号：微信搜索并关注公众号"外研社官方服务号"
外研社购书网址：https://fltrp.tmall.com

物料号：311580001

# 前 言

从"巴别塔"触怒上帝而产生不同语言的传说，到古希腊因科学意识的萌发而产生用机器翻译语言的想法，再到如今信息时代计算机辅助翻译和机器翻译技术的诞生，上下不过2000多年。有了机器翻译，还需要人工翻译吗？在翻译界，一些专家、学者对机器翻译嗤之以鼻，对计算机辅助翻译将信将疑，关于"人主机辅"还是"机主人辅"的争论也从未停歇。另一方面，翻译行业的快速发展促进了对各种翻译人才的需求，各种规模的翻译公司如雨后春笋般涌现出来。由于人工翻译的方式远远不能满足日益增长的翻译业务需求，利用专业翻译软件和机器翻译技术协助人工翻译，已经成为必然的趋势。在语言服务市场上，能够熟练使用计算机辅助翻译技术和工具，已经成为职业译者的必备能力之一。

"计算机辅助翻译（Computer-aided Translation, CAT）"是翻译本科和翻译硕士专业学位的必修课程。该课程涉及应用翻译学、语料库翻译学、计算机科学和人工智能等多个学科，其中要求掌握的 CAT 理论知识和操作技巧对提高翻译效率非常重要。

在这一背景下，我们编写了《计算机辅助翻译简明教程》，力求以严谨的态度、理论与实践交融的视角培养学生的翻译技术和思维能力，使其具备计算机辅助翻译基础知识和较为熟练的 CAT 操作能力，利用计算机辅助翻译工具和机器翻译系统高效地完成翻译任务。

教程前半部分介绍机器翻译和计算机辅助翻译的历史、原理、分类等理论内容，并介绍常用软件的原理和操作方法。后半部分主要讲解计算机辅助翻译软件的操作流程和技巧，包括SDL Trados Studio 2011、SDL MultiTerm 2011、SDL Trados Studio 2017 等常用翻译软件。此外，教程还介绍了如何创建个人专业翻译记忆库和术语库，并对各种计算机辅助翻译工具和软件进行了比较与评估。

教程选择 SDL Trados Studio 2011 作为入门学习软件，因为此软件知名度和普及程度较高，而且易学好用，基本功能齐全。它不仅进一步提升了翻译编辑的效率，还彻底改变了翻译过程中译文审校的方式。在学会了 SDL Trados Studio 2011 之后再学习 SDL Trados Studio 2017，就会发现二者的基本功能和操作方式大致相同。此情形跟学习操作 Microsoft Office 非常相似，如果我们学会使用 Microsoft Office 2010，那么不用专门学习，便能使用 Microsoft Office 2016。

我们知道，CAT 的核心技术里面最重要的部分就是翻译记忆库和术语库。SDL Trados Studio 2011 可提供免费的在线机器翻译服务，帮助译员在没有个人翻译记忆库的条件下高效完成翻译任务，并在翻译过程中逐步积累自己的专业记忆库。这也是我们选择 SDL Trados Studio 2011作为主要教学内容的原因之一。

SDL Trados Studio 2017 的推出，为语言专家和翻译工作者提供了一个完整的平台和极佳的方案，让其能够编辑或审校翻译内容、管理翻译项目、整理企业术语并使用机器翻译功能。

为此，本书专设一章全面介绍 SDL Trados Studio 2017 新的特征与功能。至本书定稿时，SDL 还没有正式发布 SDL Trados Studio 2019，因此本书没有介绍 SDL Trados Studio 2019。

尽管机器翻译技术已经取得了很大进步，但译文质量仍然无法达到职业译者人工翻译的水平。为了实现译文质量和翻译效率之间的平衡，发挥人机交互翻译的优势，译后编辑成为当前积极采用的翻译方式。本书专设两章对机器翻译的译后编辑进行了较为详细的描述。

对于未来 CAT 的发展趋势，教程也做了详细介绍。随着人工智能、大数据、云计算等信息技术的发展，自然语言处理、计算语言学、机器翻译、语音识别等技术已经深刻影响翻译活动，并且在实施翻译项目的过程中获得应用。

本教程主要适用对象为翻译专业本科生和研究生，从事计算机辅助翻译课程教学的教师，也可作为翻译从业人员的参考用书以及初级培训教材。教程共分 15 章，可供一学期教学使用，一般按照每周（2 学时）学习一章的进度来实施。由于各章节内容和难度有所差异，学生的基础有所差异，所以有些章节（比如第十一章  使用 SDL Trados Studio 2017）可能需要两周才能学习完毕并掌握。如果教学仅仅侧重实际操作，整个教学时间可以缩短一半，软件学习和相关基本知识的掌握可以在 10 周内完成。

课程学业考试可根据教学重点和教学实际，从理论考试和操作实践两个方面来实施。例如操作实践考试，教师可通过发送翻译文件包的形式来实施考试，考试结束后，学生通过创建返回文件包形式提交考试内容；或者通过 SDL GroupShare 服务器，检出和检入 GroupShare 项目来组织考试。

本书由中国科学技术大学李萌涛教授担任主编，对外经济贸易大学崔启亮副教授担任副主编，承德石油高等专科学校廉勇老师参与编写。其中第 1—4 章和第 10 章由廉勇编写；第 5—9 章和第 11 章由李萌涛执笔；第 12—15 章由崔启亮撰写。在编写过程中，我们得到了外语教学与研究出版社、中国科学技术大学人文学院 MTI 教育中心和 SDL 公司的大力支持，在此表示衷心的感谢。另外，本书编者在编写过程中参阅了大量专著、教材、论文、百科全书以及网上资源等，在此一并致谢。

君子藏器于身，待时而动。这既是我们对自己的要求，也是对读者的希冀。鉴于作者水平有限，以及翻译行业和翻译技术日新月异的变化，教程中可能会有某些不足之处，恳请广大读者批评指正。

李萌涛
2018 年 6 月
中国科学技术大学

# 目 录

# 第一章
## 机器翻译与计算机辅助翻译

## 一、机器翻译

从古希腊时代起，人们就梦想着用机器翻译语言。直到1903年，法国语言学家 Couturat 和法国数学家 Leau 在《通用语言的历史》一书中才第一次提出了"机器翻译"这个概念（梁三云，2004）。法国科学家 Artsouni 于1933年发明了"机械脑"，并申请了"翻译机"的专利。同年，苏联发明家 Troyanski 发明了用机械方法把一种语言转换成另一种语言的机器，并登记了自己的发明专利（钱多秀，2011）。

### 1．机器翻译的定义

机器翻译（Machine Translation），简称机译或 MT，又称为计算机翻译（Computer Translation）、电脑翻译或自动翻译（Automatic Translation），是利用计算机将一种自然语言（源语言）转换为另一种自然语言（目标语言）的翻译技术（Hutchins，1986）。它涉及计算语言学（Computational Linguistics），是把计算机科学、认知科学、语言学、信息技术等诸多学科有机融合的新领域，是人工智能发达程度的终极体现之一，是自然语言理解、知识表达和机器翻译所共同面临的人工智能难题，不但具有重要的科学研究价值，还具有重要的实用价值。随着经济全球化及互联网的飞速发展，机器翻译技术将起到越来越重要的作用。

### 2．机器翻译简史

机器翻译从产生至今经历了跌宕起伏的发展历程。有研究者认为大致可分为四个时期：萌芽开创期、发展受挫期、恢复期和突飞猛进期。

### （1）萌芽开创期

1946 年，世界上诞生了第一台电子计算机，它的运算速度在当时看来快得难以置信，这使得翻译人员开始考虑如何充分利用计算机的高速运算功能进行自然语言的翻译。美国科学家 Weaver 首先意识到翻译也是一种解码过程，可以通过计算机来处理。受他的影响，1954 年，美国乔治城大学在国际商业机器公司（IBM）协同下，用 IBM-701 计算机成功完成了英俄机器翻译试验，首次向公众和科学界证实了机器翻译的可行性，同时也拉开了机器翻译研究的序幕。此后，机器翻译研究在美国、苏联、日本、意大利、比利时、英国、德国等国如火如荼地开展起来。

中国紧随其后，早在 1956 年就把机器翻译研究列入了国家科学工作发展规划。次年，中国科学院语言研究所和计算技术研究所合作开展了俄汉机器翻译试验，翻译了 9 种不同类型的较为复杂的句子。

从 20 世纪 50 年代开始到 20 世纪 60 年代前期，机器翻译研究呈不断上升的趋势。美苏两个超级大国出于军事、政治、经济目的，都对机器翻译项目提供了大量的资金支持，而欧洲国家由于地缘政治和经济的需要也对机器翻译研究给予了高度重视，机器翻译火爆一时。这个时期机器翻译虽然只处于萌芽阶段，但已然开始进入了盲目乐观的繁荣期。

### （2）发展受挫期

由于早期的计算机系统相对简单，仅限于对词汇和语法规则的编程，缺乏句法分析功能，这一语义分析上的缺陷使研究者们陷入了困境。为了对当时机器翻译的研究进展做出客观评估，美国科学院于 1964 年成立了语言自动处理咨询委员会，开始了历时两年的全面调查分析与测试。

1966 年 11 月，该委员会公布了关于当时机器翻译技术发展状况的分析与测试结果，结论是：与人工翻译相比，机器翻译较慢，而且不够准确，但其成本却比人工翻译高出一倍，看不到任何前景（钱多秀，2011）。该报告全面否定了机器翻译的可行性，并建议停止对相关项目的资金支持。

这一报告的结论给正在火热发展中的机器翻译研究浇了一大盆冷水，从此该项研究在世界大部分地区陷入僵局，在中国也被搁置了。

### （3）恢复期

步入 20 世纪 70 年代后，随着科学技术的突飞猛进和各国科技情报交流的日趋频繁，传统的人工翻译效率已远远满足不了各国之间的沟通需求。相比之下，计算机在提高翻译效率上具有先天的优势。与此同时，计算机科学、语言学研究的发展，特别是计算机硬件技术的大幅提高，以及人工智能在自然语言处理上的有效应用，从技术层面上推动了机器翻译研究的复苏，各种实用的系统也如雨后春笋般应运而生。许多国家成功研发了不同的翻译系统，其中有些系统运行稳定，至今仍在沿用。加拿大、法国和德国成功研发出至今仍具有相当影响力的 SYSTRAN 系统，后来该系统先后被美国空军和欧共体采用，以处理快速增长的多语文件。随后加拿大蒙特利尔大学和加拿大联邦政府翻译局联合研发的 TAUM-METEO 英法翻译系统投入使用（英语和法语具有很高的语言相似度），着重天气预报资料的双语翻译，每小时翻译 6 万到 30 万词。因为天气预报这一特定领域使用的语言可以被精确限定，此系统每天可翻译 1500 到 2000 篇天气预报资料供电视、报纸使用。TAUM-METEO 是机器翻译发展史上的里程碑，它的出现标志着机器翻译研究进入了繁荣时期（冯志伟，2004）。

与此同时，中国的机器翻译研究也开始复苏，特别是 80 年代中期以后，发展进一步加快：1987 年中国军事科学院研制的 KY-1 英汉机器翻译系统获得国家科技进步二等奖；中国科学院计算技术研究所研制的 863-IMT 英汉机器翻译系统获得了国家科技进步一等奖（李鲁，2002）。这些成就表明中国在机器翻译技术方面取得了巨大进步。

### （4）突飞猛进期

从 20 世纪 40 年代至今，电子计算机硬件经历了电子管时代、晶体管时代、集成电路时代、超大规模集成电路时代，现已发展到了智能化微型电子计算机时代，可以进行思维、学习、记忆、网络通信等工作。

同时，随着互联网、互联网＋及大数据的普遍应用，经济全球化进程的高速运行以及国际社会交流的日渐频繁，翻译产业化已经形成并且发展迅速；传统人工翻译的方式到了这一时期，已经无法满足迅猛增长的翻译需求，人们对于机器翻译的渴求空前增长，机器翻译又迎来了一个崭新的发展机遇。中国在这方面取得了前所未有的成就，相继推出了一系列机器翻译软件，例如"译星""雅信""灵格斯""有道""金山词霸"等等，标志着中国商用机器翻译系统开始迈入实用化阶段。

随着互联网技术、大数据、人工智能技术突飞猛进的发展，各类互联网公司纷纷成立了机器翻译研究组，研发了基于互联网大数据的机器翻译系统，使机器翻译走向千家万户，例如"百度翻译""谷歌翻译""有道翻译""爱词霸在线翻译"等。

为了展示机器翻译近几年来的发展，我们做了一个机器翻译准确率的纵向对比小实验。实验基于笔者教学的积累，在 2016 年、2017 年和 2019

年分别使用百度机器翻译翻译了几组相同的句子，从中可以看出其巨大的进步。下面编号 a）表示的是 2016 年百度机器翻译的结果；编号 b）表示的是 2017 年百度机器翻译的结果；编号 c）表示的是 2019 年百度机器翻译的结果。

1. 小刘提交的报告有很大的水分。

a) Liu report a lot of water.

b) Liu submitted a report of a lot of water.

c) Xiao Liu's report is very watery.

2. 植物是靠它的根从土壤中吸收水分。

a) Plants are to close its roots to absorb moisture from the soil.

b) Plants absorb water from the soil by its roots.

c) Plants absorb water from the soil by the roots.

近年来，随着语音识别、计算机真人发音等人工智能技术的日趋成熟，机器翻译技术研究开始迈入口译领域，并向手机应用延伸，出现了不少手机翻译 app。这些手机 app 依托互联网大数据，大都支持语音识别和双语互译，比如"微软翻译""谷歌翻译""有道翻译"等等，都达到了相当高的实用阶段。

## 3．机器翻译的质量

或许有些人认为机器翻译偏差大，不能帮助人们解决语言沟通障碍，一个简单的实验就能改变这种看法：先选一种自己完全不懂的语言，比如德语、法语、日语等，然后在互联网上随便访问一个该种语言的网站，随机找出一段话，将其复制粘贴到"百度在线翻译"或"有道在线翻译"里，把目标语言设置成中文，最后看看翻译的结果。一般情况下，我们可能会发现很多句子不太通顺，但是并不影响我们对原文意思的大致理解。在机器翻译的帮助下，我们从完全看不懂原文，到能通过译文对原文内容有大致了解，甚至可以完全理解原文内容，充分说明了机器翻译大有可为。

机器翻译不可避免地存在误差的原因在于，机器翻译运用计算语言学原理，机器自动识别语法，调用存储的词库，自动进行对应翻译，但是由于语法、词法、句法发生变化或者规则不定，语境不同，因此机器翻译的机械过程与语言灵活多变的特质必然产生矛盾，所以出现误差甚至错误在所难免。近年来，随着语料库语言学、智能翻译记忆库和神经网络翻译技术的发展和使用，机器翻译的准确性在不断提高，尤其是在专业领域，机器翻译可以大显身手。

中国数学家、语言学家周海中指出：要提高机译的译文质量，首先要解决的是语言本身问题而不是程序设计问题；单靠若干程序来做机译系统，肯定是无法提高机译的译文质量的。同时，他还指出：在人类尚未明了大脑是如何进行语言的模糊识别和逻辑判断的情况下，机译要想达到"信、达、雅"的程度是不可能的。这一观点道出了制约译文质量的瓶颈所在。

人类对机器翻译的偏见来自对高质量自动化翻译的单向要求，认为所有的翻译都要求高质量。其实，随着翻译对象的多样性不断增加，翻译译文的质量要求也是多元化的。有些翻译并不要求太高的译文质量，只要读者能够了解基本信息即可；而这类稿件可能对于翻译的时效性要求很高，例如电子商务网站的用户评论、网上新闻、学术论文摘要等。这些场景下，机器翻译是最有效的选择。

机器翻译发展至今，影响其发展的最大障碍就是译文的质量。就已有的发展来看，机译的质量离理想目标仍有距离。不论怎样，目前是机译的蓬勃发展时期，这种进步是建立在译界对机译客观认识和理性思考的基础之上的。我们也有理由相信，在计算机专家、语言学家、心理学家、逻辑学家和数学家等各个领域诸多专家的共同努力下，机译的瓶颈问题或将最终得以解决。

## 二、计算机辅助翻译

1964 年，美国语言自动处理咨询委员会在对机器翻译状况进行调研的基础上，建议开发机器辅助工具供译员使用，并继续资助计算机语言方面的基础研究，由此掀开了计算机辅助翻译研究的第一页。

### 1．计算机辅助翻译的定义

计算机辅助翻译是以人为主体进行的翻译活动，区别于全自动化的机器翻译。关于计算机辅助翻译的概念，国内外诸多学者均有论述，国外的如 Bowker、Hutchins、Kay、Kenny、Melby、Quah、Somers 等，国内的如冯志伟、徐彬、张政、苏明阳、钱多秀、俞敬松、王华树等。归纳起来，其概念大致可分为狭义和广义两类。

狭义的计算机辅助翻译是指利用翻译记忆的匹配技术提高翻译效率的翻译技术。它利用计算机模拟人脑记忆功能的机制，将翻译过程中简单、重复性的记忆活动交给计算机来做，将译者从机械性的工作中解放出来，全力关注翻译本身的问题。这种方式可以称为"机助人译"，国外的 Trados、Déjà Vu、Wordfast、memoQ 等主流的计算机辅助翻译工具，以及国内的雅信 CAT、Transmate、雪人 CAT 等工具皆属于此类技术范畴。

广义的计算机辅助翻译技术则不限于此，可以涵盖译者在翻译过程中可能用到的提高翻译效率的任何信息技术，如在线词典、语料库、格式转换、光学字符识别、桌面搜索等等（王华树，2014）。

## 2. 计算机辅助翻译简史

计算机辅助翻译（Computer-aided Translation，CAT）技术经历了 50 多年的发展，可以分为四个时期：萌芽开创期、平稳发展期、迅速发展期和全球发展期。

### （1）萌芽开创期

CAT 的诞生源于机器翻译的消极表现，其萌芽开创期的起点始于 1966 年美国语言自动处理咨询委员会对机器翻译进行的调查。也就是说，CAT 的萌芽期与机器翻译的受挫期几乎是重合的。从机器翻译的定义和整个发展简史中也不难看出，从狭义上讲，机器翻译发展中后期的 M（MT）与 CAT 的 C 都是指 Computer。也正是在这一时期，产生了影响至今的 CAT 核心概念，即翻译记忆（Translation Memory）（Hutchins，1998）。1978 年，Melby 将翻译记忆理念运用到了他的 Repetitions Processing 工具之中，为其机器翻译研究小组研发的互动翻译系统搜寻匹配字符串。

### （2）平稳发展期

这一时期，欧洲出现了 CAT 的商业化运营。1984 年，欧洲出现了两家后来具有世界影响力的 CAT 公司，分别是德国的 Trados 和瑞士的 Star Group。

Trados 公司 1984 年成立于德国斯图加特。Trados 这一名称源自三个英语单词，即 Translation、Documentation 和 Software。其中，在 Translation 中取了 TRA，在 Documentation 中取了 DO，在 Software 中取了 S，把这些字母组合起来就是 Trados 了。透过这三个英语单词的含义，我们可以知道，其取名用意恰恰体现了 Trados 软件所要实现的功能和用途。该公司在 20 世纪 80 年代后期开始研发翻译软件，并于 90 年代发布了自己的第一批 Windows 版本软件，1992 年的 MultiTerm 和 1994 年的 Translator's Workbench。

瑞士的 STAR Group 公司同样作为语言服务供应商而成立，为整个信息生命周期流程（内容创建、图片、翻译、本地化和印务）提供支持。尤其是该公司除了为世界 500 强公司提供标准化的文档制作和翻译服务外，还承担了美国标准和德国标准的军工项目文档翻译，并直接为瑞士军队项目提供备件目录、培训材料、保养和维修文档及军队专用操作手册的翻译服务。

### （3）迅速发展期

在 1993 年以前，计算机辅助翻译市场仅有 Trados Translator's Workbench II、IBM Translation Manager 2 和 STAR Transit 1.0 等系统。之后的十年间，市场上出现了包括 Déjà Vu、Eurolang Optimizer、Wordfisher、ForeignDesk、Trans Suite 2000、Yaxin CAT、Wordfast、OmegaT、MultiTrans、Heartsome 等在内的超过 20 种 CAT 系统。1997 年，微软采用 Trados 进行软件的本土化翻译，Trados 公司从而在 90 年代末期成为桌面翻译记忆软件行业的领头羊。Trados 软件基于翻译记忆库和术语库技术，为快速创建、编辑和审校高质量翻译提供了一套集成的工具。

在这一时期，Déjà Vu 的发展也格外引人瞩目。Déjà Vu 1.0 于 1993 年发布，是当时首款嵌入 Microsoft Word 界面的 CAT 软件，该软件随后的更新版本 Déjà Vu 1.1 不但各项性能有明显提升，还嵌入了对齐工具（当时的 CAT 对齐工具是非常昂贵的独立产品），为当时的翻译市场设定了新的标准。Déjà Vu 在当时不但因物美价廉而受到青睐，而且在业内许多方面都创造了第一（Chan Sin-wai，2014）：第一款为 Windows 操作系统而设计的翻译记忆工具，第一款直接嵌于 Microsoft Word 的翻译记忆工具，第一款 32-bit 翻译记忆工具（Déjà Vu 2.0），第一款面向大众的专业翻译软件。

### （4）全球发展期

这一时期科技发展的突飞猛进促使 CAT 系统功能获得日新月异的提升。在过去的十几年里，大多数旧的系统已经升级换代或淘汰关闭，消费者的需求灵活多样，CAT 市场的竞争空前激烈。2005 年，Trados 被 SDL 公司收购，翻译软件从此以 SDL Trados 冠名，从嵌入 Microsoft Word 界面的 SDL Trados 2007 到拥有独立翻译项目管理平台的 SDL Trados Studio 2017，实现了质的飞跃。

除了上面提到过的老牌 CAT 公司及其代表性 CAT 软件外，在这一时期还陆续出现了匈牙利 Kilgray 公司的 memoQ、日本 Rozetta 公司的 TraTool、北京东方雅信软件技术有限公司的 Yaxin CAT 2.0 等等。许多公司的 CAT 软件也在不断地更新换代，比如 SDL Trados 陆续推出了 SDL Trados 2007、2009、2011、2014、2015 和 2017 等升级版本（Chan Sin-Wai, 2014）。

在这一时期，几乎所有的 CAT 软件都向着与 Windows 和 Microsoft Office 兼容并保持同步的方向发展，其中 Wordfast 的发展最为明显；向着工作流程控制与 CAT 系统集成方向发展，SDL Trados 的发展最具典型性；向着提供互联网翻译服务方向发展，例如各个 CAT 软件的联网机器翻译模块或线上服务模块；向着适应行业统一格式、实现信息共享与互通方向发展等。

### 3．机器翻译与计算机辅助翻译的关系

从 20 世纪 40 年代开始至今，电子计算机硬件的存储量越来越大，运算速度越来越快，操作系统越来越复杂，然而计算机操作却越来越简单，因此普及率也越来越高。在这一背景之下，机器翻译和计算机辅助翻译的软硬件开发也纷至沓来，并且两者在不断地融合，协同应对日趋纷繁复杂的翻译任务，极其显著地提高了翻译的效率，如 SDL Trados Studio 配合 SDL BeGlobal、谷歌云翻译、SDL WordServer、MyMemory Plugin 和 SDL 自动翻译远程服务器等机器翻译模块。相关软件也像当初微软从 DOS 系列到 Windows 系列的跨越一样，CAT 软件设计越来越方便译员的翻译操作，从抽象走向直观，因而普及率也越来越高，从 SDL Trados 2007 以及之前的基于文本操作的若干版本到 SDL Trados Studio 2009-2019 基于项目操作的几个版本的飞跃就是最好的例证。

从计算机、机器翻译和计算机辅助翻译的发展历程来看，计算机技术的发展是机器翻译研究和计算机辅助翻译研究发展的前提和推动力。机器翻译虽先于计算机辅助翻译的产生和发展，但机器翻译的局限性引起了有识之士对于机器、人工智能和人类智慧的思考，从对机器的迷信中恢复理智，在肯定人类智慧不可替代的同时，把视角转向了机器与人类智慧的结合，从而促进了计算机辅助翻译研究的诞生与发展，也反过来促进了机器翻译自身的发展。

与此同时，机器翻译和计算机辅助翻译在实际翻译工作中遇到的诸多问题，也推动了计算机技术针对翻译工作软硬件的开发，促进了计算机相关软硬件技术的提升。一方面，计算机辅助翻译借助于全自动机器翻译，有助于译员提高对原文和译文的理解，从而提高翻译效率和翻译的准确性。另一方面，机器翻译相对于计算机辅助翻译来说，在翻译效率上优势

明显，在翻译质量上有所欠缺，但这一缺陷可以在大数据的环境下得到不断改进。因此，机器翻译和计算机辅助翻译通过互相取长补短来达到翻译质量与效率的共同提高。计算机、机器翻译和计算机辅助翻译既有先后出现的历时性，又有相辅相成的共时性，其发展既承前启后又同步向前，其功能既相对独立又彼此协同。三者最终走到一起是历史使然，更是翻译工作的现实需求和大势所趋。

## 三、小结

本章从机器翻译和计算机辅助翻译的定义和简史谈起，着重介绍了它们各自发展历程中的四个时期，并简要介绍了它们在中国的发展概况。机器翻译在发展过程中的受挫给计算机辅助翻译发展带来了机遇和空间，后者是对前者的继承，又有着截然不同的理念：机器翻译是"机主人辅"，计算机辅助翻译是"人主机辅"。然而，随着科技的不断进步，以及机器模仿人脑思维过程技术的日趋成熟，"机主人辅"的呼声日渐高涨，而计算机辅助翻译软件也不断更新换代，以 SDL Trados 为代表的计算机辅助翻译系统将机器翻译技术嵌入其中。虽然"人"和"机"在未来的翻译任务中谁会扮演主角，翻译界还在激烈的争论之中，但是两者历史上承前启后、相辅相成，如今互相促进、共同发展的事实是谁也无法否定的。

---

## 思考与讨论

1. 什么是机器翻译？最早的机器翻译系统是什么？
2. 简要说明机器翻译的发展受挫期和计算机辅助翻译的萌芽期。
3. 如何看待机器翻译的翻译质量？机器翻译的瓶颈是什么？
4. 什么是计算机辅助翻译？计算机辅助翻译的优势是什么？简要说明计算机辅助翻译的发展史。
5. 简要说明机器翻译与计算机辅助翻译的关系。

# 第二章
## 机器翻译的原理与应用

机器翻译技术是使用计算机和网络等技术，基于规则、统计或神经网络等方法，将一种自然语言（源语言）转换为另一种自然语言（目标语言）的过程。它的发展一直与计算机技术、信息技术、语言学、统计学、神经计算学等学科的发展形影相随。从 1954 年到 2018 年，从早期的词典匹配，到词典结合语言学规则的翻译，到基于语料库的统计机器翻译，再到现代的基于深度学习的神经网络机译系统，当初对翻译技术的设想或梦想均在不同程度上得以实现。随着云技术、"互联网 +"时代的到来，计算机性能的飙升和多语言信息的爆发式增长，机器翻译技术渐渐迈出象牙塔，开始为普通用户提供实时便捷的翻译服务。机器翻译技术的研究大致可分为基于规则、基于统计和基于神经网络方法的三个发展阶段。

### 一、基于规则的机器翻译系统

传统的机器翻译是通过基于规则的机译系统来实现的，该系统一般分为词汇型、语法型、语义型、知识型和智能型。虽然不同类型的机译系统由不同的成分构成，但是所有这类机译系统的处理过程都要经过以下步骤：对源语言的分析或理解、在语言的某一层面进行转换、按目标语言结构规则生成目标语言，技术差别主要体现在转换平面上。

### 1．词汇型机译系统

词汇型机译系统的特点是：①以词汇转换为中心，文句加工的目的在于确定相对应于源语言（source language，SL）各个词的目标语言（target language，TL）的等价词；②如果 SL 的一个词对应 TL 的若干个词，机器翻译系统本身并不能决定选择哪一个，而只能把各种可能的选择全都输出；③语言和程序不分，语法的规则与程序的算法混在一起，算法就是规则。词汇型原理如图 2-1 所示。

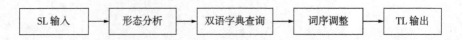

图 2-1　词汇型
机器翻译原理图
（张政，2006）

## 2. 语法型机译系统

语法型机译系统注重词法和句法，包括源语言分析机构、源语言到目标语言的转换机构和目标语言生成机构三部分，特点是：①把句法的研究放在第一位，首先用代码化的结构标志来表示源语言文句的结构，再把源语言的结构标志转换为目标语言的结构标志，最后构成目标语言的输出文句；②对于多义词必须进行专门的处理，根据上下文关系选择恰当的词义，不会把若干个目标语言的词全部列出来；③语法与算法分开，在一定的条件之下，使语法处于一定类别的界限之内，使语法能由给定的算法来计算，并可由这种给定的算法形成相应的公式，从而不改变算法也能进行语法的变换。这样，就可以在不考虑算法的情况下编写和修改语法。语法型原理如图 2-2 所示。

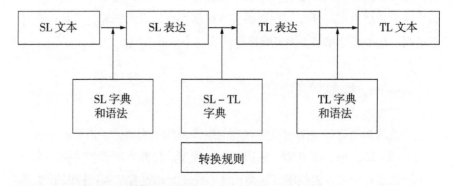

图 2-2　语法型
机器翻译原理图
（张政，2006）

## 3. 语义型机译系统

语义型机译系统关注的重点是在机译过程中如何引入语义特征信息，其特点是以 Burtop 提出的语义文法和 Fillmore 提出的格框架文法为代表，主要解决形式和逻辑的统一问题。其翻译过程是利用系统中的语义切分规则，把输入的原文切分成若干个相关的语义单元；根据语义转化规则，如关键词匹配，找出各语义单元所对应的语义内部表示；系统通过测试各语义单元之间的关联，建立它们之间的逻辑关系，形成全文的语义表示，处理过程主要通过查语义词典的方法实现；最后，机译系统通过对中间语义表示形式的解释，形成相应的译文。语义型原理如图 2-3 所示。

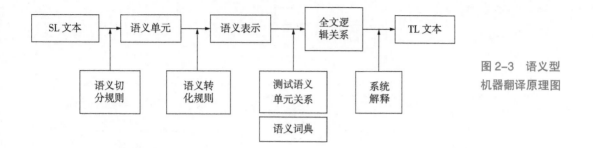

图 2-3 语义型
机器翻译原理图

## 4. 知识型机译系统

知识型机译系统利用庞大的语义知识库，将原文表示转化为中间语义表示，并利用专业知识和常识对其加以提炼，最后把它转化为一种或多种译文输出。该知识型机译系统的原理与图 2-4 相似，只是没有该图所示的"词法和形态分析""句法分析"和"语义分析"三部分，并把"结构转换"替换成"知识层转换"（陈肇雄，1993）。

## 5. 智能型机译系统

智能型机译系统可以通过多路径动态选择以及运用知识库的自动重组技术，对不同句子实施在不同平面上的转换。这样就可以把语法、语义、常识几个维度的平面连成一个有机整体，既可继承传统系统优点，又能实现系统功能的自我提升（陈肇雄、高庆狮，1989）。智能型机器翻译原理见图 2-4。

以上基于理性主义的传统机译系统的主要优点在于能够描述深层次的语言转换规律。然而，这种系统对于研发者的要求非常高，不仅要求研发者精通源语言和目标语言，具备深厚的语言学和翻译学理论功底，而且还要求研发者谙熟待译文本所涉领域的背景知识，并能熟练掌握相关计算机操作技能。此外，当翻译规则库达到一定的规模后，如何确保新增的规则与已有规则不冲突也是极大的挑战，从而使翻译知识获取成为基于理性主义的机器翻译方法所面临的主要困境。

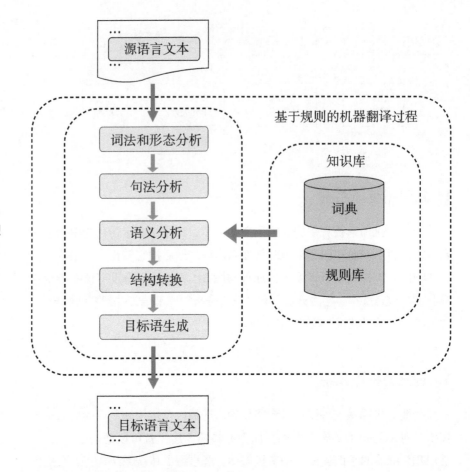

图 2-4 智能型
机器翻译原理图

## 二、基于统计的机器翻译系统

传统机器翻译技术主张由研发者通过编纂规则的方式，将自然语言之间的转换规律"传授"给计算机；现代机器翻译技术则主张计算机自动从大规模数据中"学习"自然语言之间的转换规律。基于经验主义方法的现代机器翻译系统包括统计机器翻译系统和深度学习改进统计机器翻译系统。

随着互联网文本数据的持续增长和计算机运算能力的不断增强，数据驱动的统计方法从 20 世纪 90 年代起开始逐渐成为机器翻译的主流技术。统计机器翻译为自然语言翻译过程建立概率模型并利用大规模平行语料库训练模型参数，具有人工成本低、开发周期短的优点，克服了传统理性主义方法所面临的翻译知识获取瓶颈问题，一度成为谷歌、微软、百度、有道等国内外公司在线机器翻译系统的核心技术。

## 1．工作原理

基于统计的机器翻译（Statistical Machine Translation，SMT）技术是把机器翻译看成是一个信息传输的过程，用一种信息通道模型对机器翻译进行解释，把源语言句子到目标语言句子的翻译看作一个概率问题，即任何一个目标语言句子都有可能是任何一个源语言句子的译文，只是概率不同，机器翻译的任务就是找到概率最大的句子。翻译被看成一个解码过程，即源语言通过模型转换成为目标语言。因此，基于统计的机译系统解决的是模型问题、训练问题、解码问题。

所谓模型问题，就是为机器翻译建立概率模型，也就是要定义源语言句子到目标语言句子的翻译元素概率的计算方法；训练问题，是利用语料库来得到这个模型的所有参数；解码问题，则是在已知模型和参数的基础上，对于任何一个输入的源语言句子，去查找概率最大的译文。基于统计的机器翻译原理见图 2-5。

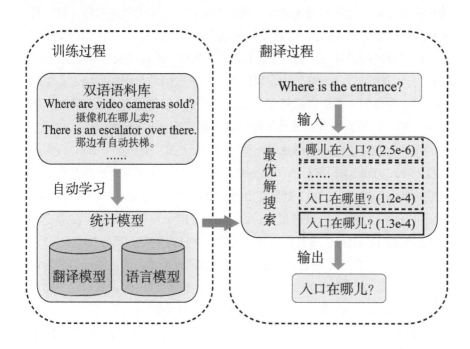

图 2-5　基于统计的机器翻译原理图

## 2．谷歌与统计机译

人们所熟知的谷歌在线翻译，在 2016 年 9 月发布神经机器翻译（Google Neural Machine Translation, GNMT）之前，其背后的技术即为基于统计的机器翻译技术，基本运行原理是将大量的双语网页内容作为语料库，由计算机自动选取最为常见的词与词的对应关系，最后给出翻译结果。毋庸置疑，谷歌采用的技术在当时是先进的，但它还是经常会闹出各种"翻译笑话"。原因在于，基于统计的方法需要大规模双语语料、语言模型、翻译模型、调序模型等参数的支撑，其准确性直接依赖于语料的数量，翻译质量的高低主要取决于概率模型的质量和语料库的覆盖能力。虽然基于统计的方法不需要依赖大量知识，直接依靠统计结果进行歧义消解和译文选择避开了语言理解的诸多难题，但是，语料的选择和处理工程量耗费巨大，因此在 GNMT 发布以前，通用领域机器翻译系统的开发受到了极大的限制。

## 三、基于神经网络的机器翻译系统

### 1．深度学习

基于深度学习的神经网络机器翻译（Neural Machine Translation, NMT）的技术核心是一个拥有海量结点（模拟神经元）的深度神经网络，可以自动从语料库中学习翻译知识。一种语言的句子被"向量化"（通过数据模型来给语言数据指定方向、确定数量）之后，在模拟的神经网络中层层传递，转化为计算机可以"理解"的表现形式，再通过多种数据模型经过多层传导运算，生成另一种语言的译文，从而实现了"理解语言，生成译文"的翻译方式。这种翻译方法最大的优势在于译文流畅，更加符合语法规范，容易理解，相比之前的翻译技术，质量有"跃进式"的提升。SDL 公司副总裁 Mihai Vlad 这样描述 SMT 与 NMT 的区别：如果把两者比作基于不同原理的自动驾驶汽车，SMT 就像使用特定道路的驾驶数据进行培训的汽车，它可以在特定道路上行驶得很好；而 NMT 就像是不与特定的道路绑定的汽车，使用不同道路的驾驶数据进行培训，在任意道路上都行驶得很好。

后来有人将 SMT 与 NMT 结合，提出利用深度学习改进统计机器翻译模型，即仍以统计机器翻译为主体框架，利用深度学习改进其中的关键模块，如语言模型、翻译模型、调序模型、词语对齐等。

美国的 Jacob Devlin 等人于 2014 年进一步提出神经网络联合模型（Neural Network Joint Models）。传统的语言模型往往只考虑目标语言端的前 n–1 个词。以图 2-6 为例，假设当前词是 the，一个 4-gram 语言模型只考虑之前的三个词：get、will 和 i。Jacob Devlin 等人认为，不仅仅是目标语言端的历史信息对于决定当前词十分重要，源语言端的相关部分也起着关键作用。因此，其神经网络联合模型会额外考虑五个源语言词，即"就""取""钱""给"和"了"。由于使用分布式表示能够缓解数据稀疏问题，神经网络联合模型能够使用丰富的上下文信息（图 2-6 共使用了 8 个词作为历史信息），从而相对于传统的统计机器翻译方法获得了显著的提升［下文将介绍的机器翻译评测方法 BLEU（Billingual Evaluation Understudy）值提高约 6 个百分点］，因此获得了计算语言学协会最佳论文奖。

S：我 ³就 ⁴取 ⁵钱 ⁶给 ⁷了 她们
　　i　will　get　money　to　perf.　them
T：²i ¹will ⁰get the money to them
　　P（the | get, will, i, 就，取，钱，给，了）

图 2-6　神经网络联合模型（Devlin 等，2014）

## 2．神经网络机器翻译

神经网络机器翻译的基本思想是使用神经网络直接将源语言文本映射成目标语言文本，与统计机器翻译不同，神经网络机器翻译不再有人工设计的词语对齐、短语切分、句法树等隐性结构，不再需要人工设计特征。英国的 Nal Kalchbrenner 和 Phil Blunsom 于 2013 年首先提出了端到端神经机器翻译。他们为机器翻译提出一个"编码—解码"的新框架：给定一个源语言句子，首先使用一个编码器将其映射为一个连续、稠密的向量，然后再使用一个解码器将该向量转化为一个目标语言句子。

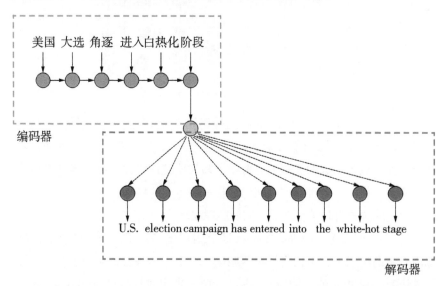

图 2-7　编码解码神经网络架构（王星等，2016）

Kalchbrenner 和 Blunsom 所使用的编码器是卷积神经网络（Convolutional Neural Network，CNN），解码器是循环（递归）神经网络（Recurrent Neural Network，RNN）。使用循环神经网络具有能够捕获全部历史信息和处理变长字符串的优点。

美国的 Ilya Sutskever 等人于 2014 年将长短期记忆（Long Short-term Memory，LSTM）引入端到端神经网络机器翻译。见图 2-8 和图 2-9。

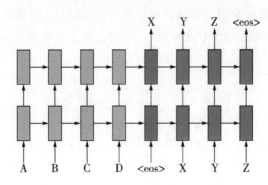

图 2-8 LSTM 端到端神经网络机器翻译架构（Minh-Thang Luong 等，2015）

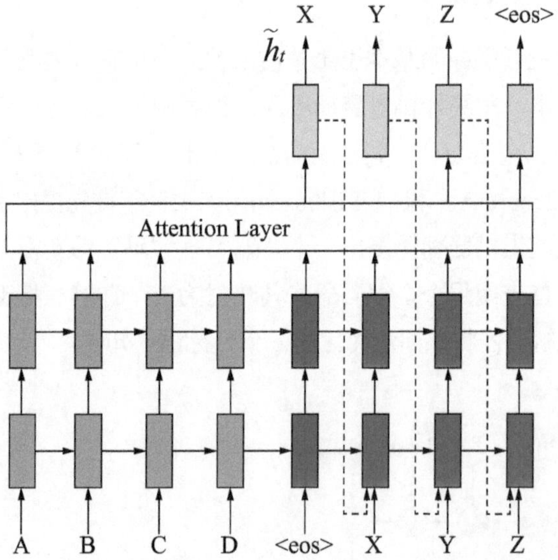

图 2-9 引入注意力机制的端到端神经网络机器翻译架构（Minh-Thang Luong 等，2015）

与 Kalchbrenner 和 Blunsom 的工作不同，无论是编码器还是解码器，Sutskever 等人都采用了递归神经网络。由于引入了长短期记忆，神经机器翻译的性能获得了大幅度提升，取得了与传统统计机器翻译相当甚至更好的准确率。然而，这种新的框架仍面临一个重要的挑战，即不管是较长的还是较短的源语言句子，都很难实现准确编码。

针对以上问题，Yoshua Bengio 研究组提出了基于注意力的神经网络翻译。所谓注意力，是指当解码器在生成单个目标语言词时，仅有小部分的源语言词是相关的。例如，在图 2-6 中，当生成目标语言词 money 时，实际上只有"钱"是与之密切相关的，其余的源语言词都不相关。因此，Bengio 研究组主张为每个目标语言词动态生成源语言端的上下文向量，而不是采用表示整个源语言句子的定长向量。为此，他们提出了一套基于内容的注意力计算方法。实验表明，注意力的引入能够更好地处理长距离依赖，显著提升神经机器翻译的性能。2017 年 6 月，谷歌大脑团队提出了一个完全基于注意力机制的编解码器模型 Transformer。2018 年 8 月提出了 Transformer 的升级模型 Universal Transformer。它完全抛弃了之前其他模型引入注意力机制后仍然保留的循环（RNN）与卷积结构（CNN），而是把序列中的所有单词或者符号并行处理，同时借助自注意力机制可以从距离较远的词中提取含义。由于 Transformer 并行处理所有的词，并且每个单词都可以在多个处理步骤内与其他单词之间产生联系，它的训练速度也要比 RNN 和 CNN 模型快很多，在任务表现、并行能力和易于训练性方面都有大幅的提高。

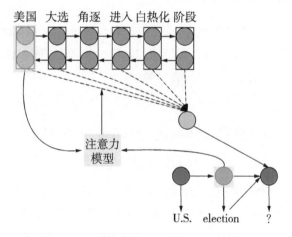

图 2-10 注意力机制的端到端神经机器翻译的局部过程（王星等，2016）

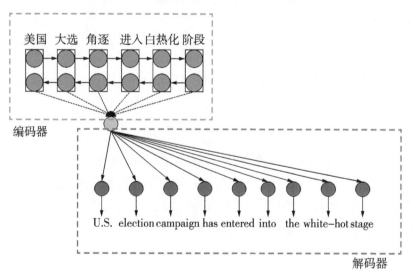

图 2-11 注意力机制的端到端神经机器翻译的整体过程（王星等，2016）

## 四、基于规则、统计与神经网络机器翻译的区别

机器翻译随着计算机、网络等技术的发展而发展，并受到语言数据规模等客观条件的影响，先后出现基于规则、统计和神经网络技术的机器翻译系统。机器翻译发展的历史也是这三类系统各领时代风骚的历史。从研究或应用的角度来看，机器翻译的历史经历了几次影响力广泛的大事件。

### 1. 第一代，基于规则的机器翻译系统（Rule-based Machine Translation，RBMT）

1954 年，美国乔治城大学和 IBM 的联合实验室演示了世界上第一套机器翻译系统，采用了 250 个单词的词典和 6 条语法规则，成功翻译了 60 条特定挑选的俄文句子（Hutchins, 1995）。

### 2. 第二代，统计机器翻译系统（Statistical Machine Translation，SMT）

1993 年，IBM 的 Peter Brown 等人提出了由简及繁的 5 种统计模型，被称为 IBM Model 1—5，构建了 SMT 的数学理论基础，将语言和翻译问题转化为数学问题。2006 年，谷歌翻译利用海量语言数据优势，将 RBMT 替换为 SMT。

### 3. 第三代，神经网络机器翻译系统（Neural Machine Translation，NMT）

2015 年和 2016 年，百度和谷歌先后利用海量语言数据和工程优势，推出面向大众用户的 NMT 服务，在主流语言上逐步替换 SMT。

这三类系统到目前为止，其实并非互相替代的关系。从研究和应用的角度，三类方法和系统仍然并行存在。企业根据自身的应用场景、语言数量、语言方向、语言数据规模、用户数等因素，可能仅取其一，也可能混合使用。

### 4. RBMT、SMT 和 NMT 的区别

由于 RBMT、SMT 和 NMT 具有鲜明的时代特点，并且各自受到了当

时的翻译理论和应用场景的限制，所以它们的特性还是比较好区别的。下面是这三代机器翻译直观的对比。

| 类别 | 项目 | RBMT | SMT | NMT |
|---|---|---|---|---|
| | 表示方法 | 人工编写语言规则 | 离散符号 | 连续向量 |
| 算法 | 模型类别 | 不涉及 | 对数线性 | 非线性 |
| | 特征设计 | 人工 | 人工 | 自动 |
| | 模型构建 | 人工 | 自动 | 自动 |
| | 可干预性 | 高 | 中 | 低 |
| | 可解释性 | 高 | 高 | 低 |
| 数据 | 数据规模 | 小（词典即可） | 大 | 大 |
| | 数据依赖 | 低 | 高 | 高 |
| 工程 | 开发周期 | 长（规则编写） | 短 | 短 |
| | 增量训练 | 不涉及 | 支持难度大 | 较易支持 |
| | 模型体积 | 小 | 大 | 中 |
| 质量 | 翻译结果 | 取决于是否匹配到既定规则，可能非常好，也可能非常差 | 信而不达。局部短语片段及术语准确，但机译痕迹明显，句子流利度差，不自然 | 达而不信。句子流利度好，更像"人话"，但可能存在增译或漏译等准确性问题 |
| 环境 | 训练环境 | 不涉及 | 使用 CPU 服务器 | 通常使用 GPU 服务器 |
| | 运行环境 | 使用 CPU 服务器 | 使用 CPU 服务器 | 通常使用 GPU 或 CPU 服务器 |

表 2-1　三代机器翻译对比

## 五、机器翻译质量评价

### 1．机器翻译质量界定

机器翻译和人工翻译的目的都是服务于信息的阅读、理解和交流，因此机器翻译质量的定义可以参考人工翻译质量的定义。

根据 2005 年颁布的《翻译服务译文质量要求》（GB/T 19682-2005），译文需要忠实原文、术语统一、行文通顺，并满足译文质量特殊要求，即数字表达、专有名词、计量单位、符号、缩写需要符合规范。

根据国际标准化组织（International Organization for Standardization,

ISO）9001：2015 标准，目前从企业应用机器翻译的角度来讲，机器翻译应该满足两类场景的要求：读懂即可的阅读场景（机器翻译输出为主，不进行或者较少进行人工介入）和面向客户的专业翻译交付（机器翻译输出为辅，人工翻译或译后编辑为主）。

## 2．机器翻译质量的自动评价指标

自动评价是指运用特定算法和程序来自动判定机器翻译质量的好坏，优势是成本低、效率高、评价结果客观，但自动评价手段的可靠性常低于人工评价，且只能提供分值参考，不能反馈特定的问题。机器翻译自动评价指标分为有参考集质量评价和无参考集质量评价。目前，有参考集质量评价主要基于两种思路：相似性和错误率，即让程序通过比对机器翻译结果和参考答案（人工译文）来评价机器翻译质量。无参考集质量评价或评估是指在无参考答案的情况下，基于预先训练好的统计模型对译文质量进行预测的过程，因此又称为 Quality Estimation（QE）。

表 2-2　机器翻译质量的自动评价指标对比

| 方法 | gram 类型 | 位置 | 准确率 | 召回率 | F 值 | 模型 |
|---|---|---|---|---|---|---|
| BLEU | n-gram | gram 内有序<br>gram 内无序 | Yes | No | No | 相似度 |
| NIST | n-gram | gram 内有序<br>gram 内无序 | Yes | No | No | 相似度 |
| METEOR | unigram | 对齐最小交叉 | Yes | Yes | Yes | 相似度 |
| LEPOR | n-gram | 有序 | Yes | Yes | No | 相似度 |
| WER | N/A | 有序 | N/A | N/A | N/A | 错误率 |
| PER | N/A | 无序 | N/A | N/A | N/A | 错误率 |
| TER | N/A | 有序 / 允许 n-gram<br>片段移动 | N/A | N/A | N/A | 错误率 |

从 2006 年至今已经成功举办 13 届的世界机器翻译大赛（Workshop on Machine Translation，WMT）就以 BLEU 数值为主要参考指标。在 WMT 2017 中，"搜狗"凭借深度循环神经网络编码 – 解码技术（Deep Recurrent Neural Network Encoder-Decoder）的中英互译 BLEU 值最高而拨得头筹。在 2018 年 5 月 23 日结束的 WMT 2018 上，"腾讯翻译君"凭借其出色的 TNMT（Tencent Neural Machine Translation）技术以最高中英 BLEU 数值获得中英翻译冠军。

## 3．机器翻译质量的人工评价指标

表 2-3 展示了 2013 年中科院计算所全国机器翻译研讨会开展的人工评价任务采用的忠实度、流利度五分制评分标准。

| 得分 | 标准 | |
| --- | --- | --- |
| | 忠实度 | 流利度 |
| 0 | 完全没有译出来 | 完全不可理解 |
| 1 | 原文中只有个别词被孤立地翻译 | 译文晦涩难懂（只有个别的短语或比词大的语法成分可以理解） |
| 2 | 原文有少数短语或比词大的语法成分被翻译 | 40% 的部分基本流畅（少数的短语或比词大的语法成分可以理解） |
| 3 | 原文中 60% 的概念及其之间的关系被正确翻译或原文中的主谓宾及其关系被正确翻译 | 60% 的部分基本流畅 |
| 4 | 原文中 80% 的概念及其之间的关系被正确翻译 | 80% 的部分基本流畅，或原文中的主谓宾部分基本流畅，只是个别词语或搭配不地道 |
| 5 | 原文中 100% 的概念及其之间的关系被正确翻译 | 译文是流畅的句子 |

表 2-3　2013 全国机器翻译研讨会五分制评分标准

## 六、机器翻译的应用场景

## 1．机器翻译的应用场景分类

机器翻译应用分为两个典型场景，即信息传播和信息同化。信息传播指的是用于出版或者大规模发布的翻译场景，在准确性、可读性、流利度、风格方面的质量要求很高，该类翻译场景需要机器翻译译后编辑来纠正机器翻译问题。信息同化指的是用于快速查阅或读懂即可的翻译场景，比如科学技术人员快速阅读外文书籍以了解行业趋势等。

阿里巴巴语言服务平台技术负责人骆卫华在传播和同化的基础上提出了另外一个场景，即通信场景，并对三个场景的翻译质量要求逐步提高进行了阐释，如图 2-12。

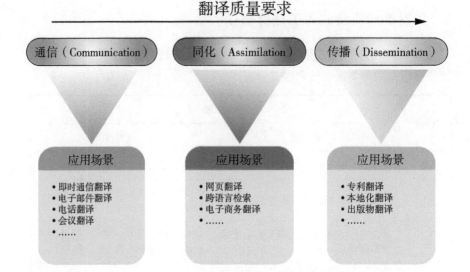

图 2-12　传播、
同化和通信场景
说明

刘群（2012）认为，机器翻译主要应用于三个场景：信息吸收、信息交流和信息存取。王华树（2015）细化了这三个场景的内涵：信息吸收指的是用户使用机器翻译了解外文信息的大意内容，信息交流指的是用户使用机器翻译进行各场景下的沟通交流辅助（比如即时通信、邮件、口头交流等），信息存取指的是使用机器翻译在多语言环境下进行信息检索、信息提取、文本摘要、数据库操作等。

## 2．机器翻译的企业应用场景举例

各企业机器翻译应用场景因其所在行业、业务范围和特点而不同，存在较大的差异。

本章仅以电信设备制造商华为、电商行业的阿里巴巴以及语言服务和语言技术提供商 SDL 为例，分享他们在企业机器翻译应用上的实践。

### （1）华为

华为是信息和通信技术解决方案提供商，在电信运营商、企业、终端和云计算等领域构筑了端到端的解决方案，服务全球 170 多个国家和地区。在华为产品和解决方案本地化、全球市场拓展以及国际化运作的各个活动中，催生了丰富的跨语言交流诉求。总体来讲，华为将语言服务基于内容分为文档类和消息类两个方面，年均产生上亿篇文档，约合千亿级字数，翻译场景丰富。

华为机器翻译系统同多个企业办公 IT 平台集成，用于辅助全球员工跨语言交流，尤其是解决外籍员工信息不对称问题，已将机器翻译应用于中文代码注释、技术支持文档、即时消息、心声社区帖子、研发过程文档、产品手册等场景，年均翻译近百亿字符。

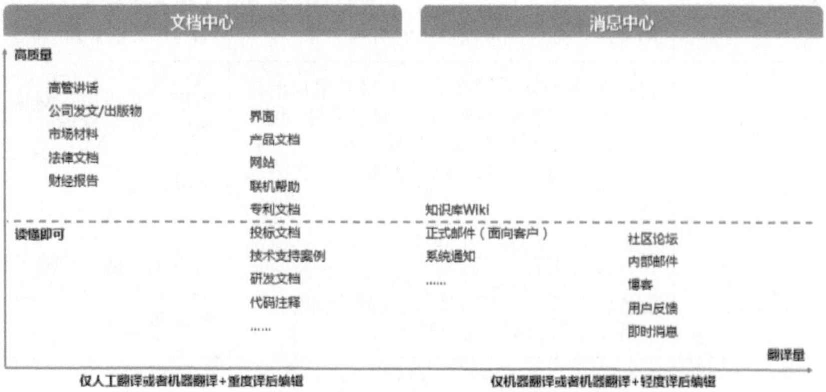

图 2-13　华为机器翻译应用场景和策略

## （2）阿里巴巴

阿里巴巴集团致力于为全球客户创造便捷的网上交易渠道，提供多元化的互联网业务。全球化是阿里集团的重要战略，集团很多业务早已延伸并活跃于全球各个主要和新兴市场上。在阿里集团的跨境贸易平台上，活跃着遍布全球的买家和卖家，他们使用着不同的语言，存在着海量且丰富的语言沟通问题，需要通过机器翻译服务去解决。

从场景上来说，全球电商市场上的多语种实时搜索翻译，搜索引擎优化、搜索引擎营销下的流量优化翻译，商品展示类的翻译，买家和卖家的实时沟通翻译，物流通关时的地址翻译等实时性翻译，都需要机器翻译引擎和业务场景的特点深度结合，所以阿里机器翻译有着自己鲜明的特点。

从语种上来说，阿里机器翻译围绕着集团的业务中心和核心电商市场搭建翻译引擎，核心语向围绕着以中文、英文为轴心语向辐射到欧洲、美洲、东南亚等主要语种和对应语向，并随着中国经济走出去、外国资本走进来的快速发展不断扩充着语种和语向。

## （3）其他企业

根据 SDL 在服务《财富》世界 500 强客户的过程中所了解的信息，机器翻译面向的场景见表 2-4。

| 场景名称 | 场景描述 | 客户画像 |
|---|---|---|
| 企业集成机器翻译平台 | 大型国际化企业为满足日常沟通和系统集成的需要，将机器翻译平台与其他企业级软件实现对接和集成，实现技术内容、沟通内容、客户信息在不同语言间的快速自动转换，翻译成可以理解的语言。 | 跨国企业、企业内容存在大量信息转换和交互，需要机器翻译与其他系统对接，比如客户关系管理系统。 |
| 用户创建的海量信息 | 往往存在于互联网企业，由海量用户上传的内容，比如电商中的产品介绍信息、论坛内容，航空商旅上的用户留言和评价，旅游网站上旅行者留下的旅行日记、攻略或用户感受。 | 电商、在线论坛网站等需要获取社交网络上用户信息和评论的大型企业。 |
| 支持实时聊天（人机交互） | 客户与售前或售后服务人员（或售后机器人系统）之间的实时聊天系统，需要机器翻译作为后台内容转换的核心系统和技术，实现多语言之间的实时聊天。 | 售后服务或客户服务部门或提供专业售后服务的公司。 |
| 信息分析与监测 | 将抓取、收集或购买的多语言海量信息（大多数是社交舆情信息）翻译成单一目标语言，并使用相对固化的模板对翻译后的内容进行分析，通过套用模板实现对多个地区和多语言的目标市场信息的分析。常见分析包括情感分析、市场分析和对售后服务反馈信息的量化分析等。 | 从事市场分析和分析报告或提供内容信息分析的公司。 |
| 信息挖掘（eDiscovery） | 将多语言的海量专利或法规信息，通过机器翻译转换成可以用于分析和检索的单一语言，并通过关键词搜索或匹配功能，实现在海量信息中对关键信息的检索、参考和搜索，以达到提供此类专业信息咨询服务的商业目的。 | 大型专利申请服务公司或律师事务所。 |
| 富媒体信息分析及检索 | 使用机器翻译和语音识别技术进行整合，可以实现对富媒体内容（包括音频、视频和多媒体脚本文字）的检索和搜索，同时也可以实现对富媒体信息的数字化管控。 | 安全部门、负责安全信息或情报检索的企业。 |
| 企业安全智能机器翻译系统 | 构造企业安全智能机器翻译系统，即安装在企业局域网内部的服务器或私有云上，可以有效防止内部员工随意上网使用开放式机器翻译软件，保障信息安全。 | 信息安全要求高或高涉密企业或行业（比如金融、制药等）。 |
| 提高翻译效率 | 使用机器翻译可以先将内容完成语言转换，达到大致可以理解的程度，然后若需要高质量的翻译，可以由专业译员在机器翻译的基础上进行译后编辑，提高翻译质量的准确率。 | 专业翻译公司或拥有大量专职译员的企业。 |

表 2-4　其他企业的机器翻译场景应用

## 七、机器翻译技术的发展趋势

虽然机器翻译研究与应用的历史只有短短的 60 多年，但是其发展速度迅猛，机器在翻译过程中的主导作用越来越强化。比如：基于规则的方法完全靠人编纂翻译规则；基于统计的方法能够从数据中自动学习翻译知识，但仍需要人来设计翻译过程的隐性结构和特征；基于深度学习的方法则可以直接用神经网络描述整个翻译过程。尽管如此，机器翻译是否可以替代人工翻译目前还没有权威性的答案。近年来，基于深度学习的神经机器翻译成为最热门的研究领域之一。根据刘洋（2016）和黄国平（2018）对未来机器翻译发展趋势的预测，未来的研究方向可能集中在以下六个方面。

## 1．架构

产生表达能力更强的新架构，例如基于用户反馈的翻译模型自学习架构和基于群体智慧的翻译资源获取架构。近期提出的神经网络图灵机和记忆网络可能成为下一个关键技术。

## 2．训练

训练复杂度降低，从而更有效地提高翻译质量，而且直接优化评价指标能够显著提升翻译性能。面向弱规范或不规范文本的机器翻译训练模型开始出现。

## 3．先验知识

机器翻译无论怎样发展，大数据将始终是腾飞的基石。目前的机译方法是完全从数据中自动学习翻译知识。今后的机译将利用先验知识指导翻译过程，并与现有的知识库相结合。基于注意力的翻译模型的研究工作将有进一步的突破。翻译模型的领域自适应问题将得到解决，机器翻译系统可以自动分析原文所属行业，自动调用该行业的垂直机器翻译模型。

## 4．多语言

目前国内的机译方法主要是处理中文和英文等资源丰富的语言，今后将会通过优化与升级处理更多的语言对。Bengio 研究组提出的基于共享注意力机制的多语言翻译方法也值得进一步的研究。

### 5．多模态

目前的机译方法主要关注文本翻译，未来将会用向量表示贯通文本、语音和图像，实现多模态翻译。光学字符识别与对比技术、语音识别与对比技术、人像识别与对比技术将不断应用在翻译领域。混合的机器翻译方法将得到进一步的开发和推广。

### 6．语言理解

现在我们所看到的人工智能机器翻译大多属于无理解的神经网络机器翻译，而有理解的人工智能翻译将让机器的判断和决策具有可解释性，让机器具有翻译的推理能力，而机器对语言的理解能力将是机器进入更高级智能的关键所在。我们有理由相信，基于深度学习的神经网络机器翻译方法会因突破翻译理解能力的大关而取得更大的进展，发展成为新时期机器翻译的主流技术，为翻译领域带来翻天覆地的变化。

## 八、小结

本章介绍了理性主义指导下的基于规则的传统机器翻译、经验主义指导下的基于统计的机器翻译和基于深度学习的神经网络现代机器翻译的基本原理，并且介绍了它们的区别。基于规则的机器翻译因过于依赖人工定则而日趋减少；基于统计的机器翻译使用算法和统计模型对短语的翻译做出最好的猜测，可对于句子的翻译则显得捉襟见肘；神经网络机器翻译模拟人脑的运作方式，分析神经通路的相互关联性建立各种模型进行编码和解码，从而使机器在翻译工作中形成类似于人脑的判断。基于深度学习的神经网络机器翻译技术日新月异，神经网络图灵机、记忆网络、对偶学习、推敲网络等新技术也崭露头角。

此外，本章还对机器翻译的自动和人工质量评价指标进行了简要介绍，对其应用场景进行了分类举例，最后对机器翻译的未来发展进行了展望，并介绍了近期发展方向。

==============================

## 思考与讨论

1. 简要说明机器翻译的定义。

2. 简要说明 RBMT、SMT 和 NMT 的基本原理和区别。

3. 机器翻译的质量有哪些评价指标？你认为哪种评价指标最重要？为
   什么？

4. 机器翻译的应用场景有哪些？请以企业的实践应用为例加以说明。

5. 机器翻译技术的未来发展趋势如何？未来机器翻译会取代人类翻译吗？
   为什么？

# 第三章
## 计算机辅助翻译的原理

计算机辅助翻译技术关注的是"如何应用计算机软件，最大限度地实现翻译流程的自动化，提高人工翻译的效率，保证人工翻译的质量，并能够管理翻译流程（徐彬等，2007）"。因此，翻译记忆系统、术语管理工具、对齐工具和质量保证工具是保障 CAT 软件实现其主要功能的四大模块。由于所有的 CAT 软件都是基于翻译记忆技术架构的，因此该技术是 CAT 软件的核心模块（朱玉彬、陈晓倩，2013）。

## 一、机器翻译与计算机辅助翻译的区别

计算机辅助翻译，类似于计算机辅助设计（Computer-aided Design, CAD），能够帮助译者优质、高效、轻松地完成翻译工作。计算机辅助翻译与机器翻译的区别在于在翻译任务中，计算机和人谁起到了主要作用。计算机辅助翻译是人起主导作用，在计算机软硬件辅助下完成整个翻译，与完全的机器翻译或人工翻译相比，质量相同或更好，翻译效率取决于文本内容以及翻译记忆库中是否存在已有的翻译记忆语料；另一方面，则是词汇或术语管理技术，可以帮助解决译文术语一致性的问题。

除了工作原理不同，计算机辅助翻译与机器翻译在翻译结果、全新句子的翻译能力、典型商用工具方面也有所不同。见表 3-1。

| | 计算机辅助翻译 | 机器翻译 |
|---|---|---|
| 基本原理 | 基于搜索和索引的翻译记忆技术，对双语句对建立索引，在翻译时根据用户设置的匹配率，将目标语言句子提示给用户。 | 基于规则、统计或神经网络等方法的建模技术的原理和实现更复杂。 |
| 翻译结果 | 可能匹配，也可能不匹配。 | 通常都会给出翻译结果。 |
| 全新句子翻译能力 | 无（参考先前译文，在先前译文基础上进行翻译加工）。 | 有（无参考译文，通过算法而产生全新译文）。 |
| 典型商用工具 | SDL Trados | 谷歌翻译（Google Translate） |

表 3-1 计算机辅助翻译与机器翻译的区别

## 二、主要的计算机辅助翻译工具

翻译工作者所需的通用型 CAT 工具主要包括独立的文字处理工具、光学字符识别工具、文件格式转换工具、桌面排版工具、电子词典、搜索引擎、语料库等；而专用型 CAT 工具虽然林林总总、各有千秋，但是它们都包含如下工具：

### 1. 翻译记忆工具

翻译记忆工具适用于翻译内容重复率较高的文档，以便充分利用先前的翻译结果来辅助以后的翻译。一般说来，科技、法律和商务领域的文档在内容重复率上远高于文学、新闻等领域。如果译员使用同一个翻译记忆库数年，仅翻译一两个特定领域（如法律、医学）的文档或服务于同一个客户，那么翻译记忆库所发挥的功效可使翻译效率倍增。

### 2. 双语对齐工具

对齐是指比较原文及其译文，匹配对应的原文和译文句子，将其捆绑在一起作为翻译记忆库中翻译单元的过程。对齐工具可以自动或者手动添加翻译单元并进行维护。许多 CAT 专用软件（比如 Transit、memoQ、Transmate、SDL Trados WinAlign）都已整合了双语语句对齐工具。独立的对齐软件有 ABBYY Aligner、AlignFactory、hunalign（开源软件）和 Tmxmall（单机版）等。

### 3. 术语管理工具

对于政府机构和商业组织来说，它们在内部交流和与外界沟通时所使用的技术文档和营销材料等需要保持术语的高度一致性，这就需要用到术语管理工具。术语管理工具用于创建、存储、维护和检索多语种术语库，一般包含术语数据库和查询软件，允许译员在翻译时检索一个或多个术语库。

### 4. 术语提取工具

术语提取是指从某种语言的电子文本中识别可作为术语的单词和短

语，或者从双语文本（即平行语料库）中识别可能的术语及其译文，经人工确认后输入到术语库中。

术语提取主要有两种方式：语言学方式与统计方式。采用语言学方式的提取工具一般利用词性标注和短语切分（如名词＋名词、形容词＋名词）来提取术语短语；采用统计方式的提取软件则查找那些出现频率超过用户所设定值（比如在一个文档中必须出现两次或以上）的词汇。与语言学方式相比，该方式的长处在于它不局限于某种语言。不过，统计方式的缺点在于它可能会忽略很重要但出现频率低的术语，可能会把一些频率高的词误认为是术语。一些术语提取软件将这两种方式结合起来以进行优势互补。

## 5．本地化工具

本地化是指将一个交互式数字产品按特定国家或地区或语言市场的需要进行加工，使之满足特定市场的用户对语言和文化的特殊要求，典型的本地化对象是软件与网站。与翻译相比，本地化不能一味地"忠实"于原文，而是要让产品在语言和文化上适合受众。本地化软件可以将待译内容与不需要翻译的代码区分开来，通过可视化本地化工具（例如 Alchemy Catalyst，SDL Passolo 等）让译员在翻译过程中随时看到文本的运行显示界面和上下文信息，利用翻译记忆和术语库来保持译文的前后一致性并提升翻译的效率，而且可以对本地化后的软件进行测试。

软件本地化的流程大致包括以下步骤：

① 分析待译材料，确定本地化需求。

② 确定本地化项目实施时间表与预算。

③ 准备翻译记忆库和术语表。

④ 提取资源文件，创建本地化翻译文件包。

⑤ 对软件用户界面进行翻译。

⑥ 翻译软件帮助和用户手册文档。

⑦ 对软件进行编译和测试。

⑧ 进行软件截屏。

⑨ 制作帮助文档、用户手册文档并排版。

⑩ 对本地化软件进行验证，向客户交付。

目前可供选择的本地化软件很多，比如 Alchemy Catalyst、SDL Passolo、Microsoft LocStudio、Lingobit Localizer、Multilizer、RC-WinTrans、Sisulizer 等。

### 6．翻译质量管理工具

翻译质量管理工具用于自动识别翻译中的错误，比如格式错误（包括字体、字号、缩进、行距等），标点错误，数字错误，漏译以及乱码，还包括检查术语翻译是否符合客户提供的术语表，相同句子的译文是否一致等。

依据其存在形式，翻译质量管理工具可分为嵌入式与独立式。目前的主流翻译记忆软件和本地化软件都具备翻译质量自动检测功能。

### 7．翻译管理工具

翻译管理按其主要功能分三种：①商务管理，着眼于项目管理（如分配任务并实时追踪任务完成情况）、资源管理（如管理译员库）与财务管理（包括创建请款单、连接采购与会计系统、创建财务报告等）；②流程管理，着眼于流程、团体合作（如共享文件）与内容衔接（如导入导出文件）；③合作平台（亦称语言管理），着眼于个人与他人的在线合作（比如拼写和语法检查、翻译平台、译文和术语在线校核等）。

目前市场上面向翻译公司的主流翻译管理软件有 20 款以上，按安装方式可分为三类：①安装在本地计算机上使用；②安装在服务器上供在线使用；③采用客户端—服务器的形式。第一类适用于自由译员和小型翻译公司，后两者适用于大型公司。它们在功能上的侧重点有所不同，有的强调项目管理功能，有的强调流程管理功能，有的强调语言管理功能。一般都允许翻译经理、项目经理、财务经理、销售人员、全职译员和自由译员等不同身份的用户登录，登录后的界面各不相同。这些翻译管理软件基本都是付费使用的，开源或免费翻译管理软件主要有 GlobalSight 和 Vitroff，这两者都基于互联网。自由译员经常使用独立的专用翻译管理工具，例如 Translation Office 3000 和 Translators Office Manager 等。

## 三、计算机辅助翻译行业的技术标准

### 1．TMX 标准

翻译记忆交换标准（Translation Memory eXchange, TMX）是由本地化行业标准协会（Localization Industry Standards Association，LISA）下属的可重复利用容器 / 内容开放标准（Open Standards for Container/Content

Allowing Re-use, OSCAR）制定小组制定的开放式、基于可扩展标记语言
（eXtensible Markup Language，XML）的标准，用于存储和交换使用翻译
记忆软件创建的翻译记忆数据。目前多数翻译记忆和本地化软件都支持
TMX 格式，如此译员便可以导入使用其他翻译软件创建的翻译记忆库。

## 2．SRX 标准

SRX 即断句规则交换标准，同样是由 OSCAR 制定的基于 XML 的标
准。断句是指将文本切分成多个可翻译的片段，可以是句子、段落或短
语。SRX 标准可以使翻译记忆软件根据断句规则进行调整，以尽可能减少
损失。

## 3．TBX 标准

TBX 即术语库交换标准，是由 OSCAR 与其他标准组织共同制定的基
于 XML 的标准。用户可以在采用 TBX 标准的各种术语管理工具之间交换
术语库数据，有效提高术语管理的效率，降低术语管理的难度。

## 4．XLIFF 标准

XLIFF 即本地化数据交换格式标准，由结构化信息标准促进组织
（Organization for the Advancement of Structured Information Standards, OASIS）
发布。软件本地化中所涉及的格式很多，比如 EXE、DLL、RC、OCX、
XML 等，各软件开发商和本地化服务商所用的工具各不相同。在这种情况
下，采用 XLIFF 标准会增强各本地化工具之间的互操作性，简化本地化流
程，提高本地化效率。采用 XLIFF 格式进行本地化的一般流程是：软件开
发商利用转换工具将需要本地化的各种数据格式的文件转化为 XLIFF 格式
的文件，然后传递给本地化服务商；本地化服务商利用支持 XLIFF 格式的
本地化工具对其进行本地化处理，然后将完成的内容以 XLIFF 的格式提交
给软件开发商；软件开发商再利用转换工具将 XLIFF 文件还原为原始数据
格式（崔启亮，2017）。

## 四、计算机辅助翻译的核心——翻译记忆技术

### 1. 翻译记忆技术的意义

翻译记忆是一种用于储存源文本及其译文的语言数据库（Bowker，2002）。其工作原理是"用户利用已有的原文和译文，建立起一个或多个翻译记忆库，在翻译过程中，系统将自动搜索翻译记忆库中相同或相似的翻译资源（如句子、段落），给出参考译文，使用户避免无谓的重复劳动，只需专注于新内容的翻译。翻译记忆库同时在后台不断学习和自动储存新的译文，扩大记忆量（方梦之，2004）"。对于系统提供的参考译文，译者可以完全照搬，也可以修改后使用。

如今，翻译记忆技术对翻译的作用已经受到普遍认可，翻译记忆系统的使用不再是专门的语言机构和语言服务商的专利，越来越多的自由译者也开始使用翻译记忆库来提高自己的翻译效率。翻译记忆系统在文本导入与分析、标点识别与文本标记、语言分析、术语提取、句段切分与对齐等整个译前、译中与译后的过程中都起到了重要的作用。

### 2. 翻译记忆技术的两种模型

根据国内研究者的分类，目前翻译记忆模型即翻译数据存储方式共有两种（王华伟、崔启亮，2005）。

#### （1）引用模型

这种模型是利用"双语文本字符串检索技术（Gow，2003）"检索引用其在文档中出现的位置。MultiTrans、LogiTrans 和 STAR Transit 等翻译记忆系统使用这种数据存储方式。该模型在建立大型翻译记忆库时更为快捷，用户检索的任何结果都附有上下文语境，双语文本保持完整，但是这也使"引用模型"翻译记忆数据较难实现共享与交换（苏明阳，2007）。另外，该模型的翻译记忆数据必须要在当前翻译的文本全部完成后才能更新储存在翻译记忆库之中。

#### （2）数据库模型

这是当今最普及也是最重要的翻译记忆存储方式。此种模型的翻译记忆数据以"翻译单元（Translation Unit）"形式储存，使源语言句段与目标语言句段一一精确对应。目前 Trados、Déjà Vu、雅信、雪人等国内外绝大

多数翻译记忆系统使用的都是这一存储模型。数据库模型与引用模型恰恰相反，它的翻译记忆数据更有利于管理和维护，数据可以即时更新，可以识别并处理相同文本中的重复性信息。这也是为什么在信息高速流通与共享的今天，"数据库模型"翻译记忆存储方式流行并普及的原因。但是，数据库模型也有不足之处，由于没有上下文语境，双语文本保存较为零散。目前的翻译记忆交换标准 TMX 也是以数据库模型为基础建立起来的通用模型，该模型被国际上知名的大型翻译软件公司所认可，其设计出的翻译记忆系统都能识别导入的 TMX 文件。

## 五、小结

本章简要介绍了计算机辅助翻译的几类常用工具、行业标准及其核心技术的基本工作原理。计算机辅助翻译技术关注的是如何在以人为主导的翻译实践中，以各种现代化技术手段为辅助，在不影响翻译质量的基础上尽可能地提高翻译效率，优化翻译项目流程。计算机辅助翻译以翻译记忆技术和工具为引领，以包括双语对齐、术语管理、本地化、质量管理、翻译管理等各类工具为载体，以翻译记忆交换标准、断句规则交换标准、术语库交换标准和本地化数据交换格式标准为国际通用准则，不断在引用模式和数据库模式下取得突破，辅助翻译工作者和翻译公司不断提高翻译的质量和效率。

## 思考与讨论

1. 简要说明计算机辅助翻译与机器翻译的区别。
2. 简要说明计算机辅助翻译所涉及的各种常用工具。
3. 简要说明计算机辅助翻译行业的几种重要标准。
4. 为什么说翻译记忆技术是计算机辅助翻译的核心技术？

# 第四章
## 语料库及其检索工具

　　顾名思义，语料库（corpus）就是语言材料库，是指经过科学取样和加工的大规模电子单语或多语文本库，借助计算机分析工具，使用者可开展相关的语言理论及应用的研究与实践。它的产生和发展与计算机技术发展密切相关。计算机辅助翻译软件中的术语库和记忆库就是两种非常重要的语料库。计算机辅助翻译，就是利用术语库与记忆库在译前和译中为翻译提供语料参考，提高翻译效率，增进译文质量，优化翻译流程。

## 一、语料库概况

### 1. 语料库的特征

　　语料库除了上面提到的定义，还有两个非常重要的定义：语料库是自然语言文本的集合，用于表征语言的状态或种类（Sinclair，1991）；语料库是一组机器可读的真实文本，这些文本被抽样以代表特定的语言或语言种类（McEnery and Wilson，2001）。从以上三个定义不难看出，在现代语言学的意义上，语料库至少包含如下三个特征：语料库中存放的是在语言的实际使用中真实出现过的语言材料；语料库是以电子计算机为载体承载语言知识的基础资源；真实语料需要经过分析、加工、处理，才能成为有用的基础资源（俞士汶、柏晓静，2006）。

　　结合上面对语料库特征的总结不难看出：首先，术语库和记忆库各自所存放的术语和句子都是在语言的实际使用中真实出现过的；其次，两者各自的内容都是以计算机辅助翻译软件为载体的；最后，挂载了术语库和翻译记忆库的计算机辅助翻译软件，为翻译工作者自动提供可用术语和参考译文的过程就是辅助翻译软件对真实语料经过自动分析、加工、处理，成为有用的基础资源（参考译文）的过程。所以，计算机辅助翻译软件中的术语库和记忆库也是一种语料库，而且是意义重大的现代语料库。

## 2．语料库的类型

语料库划分类型的主要依据是它的研究目的和用途。依据语料采集原则与方式，语料库可以分成四种类型。异质的：没有特定的语料收集原则，广泛收集并原样存储各种语料；同质的：只收集同一类内容的语料；系统的：根据预先确定的原则和比例收集语料，使语料具有平衡性和系统性，能够代表某一范围内的语言事实；专用的：只收集用于某一特定用途的语料。

除此之外，按照语料的语种，语料库也可以分成单语的（例如英国国家语料库、布朗语料库和翻译英语语料库）、双语的（例如北京大学的现代汉语语料库、北京外国语大学的中英双语在线语料库）和多语的（例如国际英语语料库）。按照语料的采集单位，语料库又可以分为语篇的、语句的、短语的。

双语和多语语料库按照语料的组织形式，还可以分为平行（对齐）语料库（例如翻译记忆库和术语库）和比较语料库。前者的语料构成译文关系，多用于机器翻译、双语词典编纂等应用领域，后者将表述同样内容的不同语言文本收集到一起，多用于语言对比研究。还有一种是已经累积了大量各种类型的语料库，如面向文本分类研究的中英文新闻分类语料库、路透社文本分类训练语料库和中文文本分类语料库等。

下面从语种划分的角度列举一些国内外常用的语料库，供学习者参阅。

（1）单语语料库资源

- 美国当代英语语料库（Corpus of Contemporary American English, COCA）
- 英国国家语料库（British National Corpus, BNC）
- 美国开放国家语料库（Open American National Corpus, OANC）
- 国际英语语料库（International Corpus of English, ICE）
- 美国历史英语语料库（Corpus of Historical American English, COHA）
- 商务信函语料库（Business Letter Corpus, BLC）

（2）双语语料库资源

- 英汉平行语料库（English Chinese Parallel Concordancer, E-C Concord）
- 兰开斯特汉语语料库（Lancaster Corpus of Mandarin Chinese, LCMC）

### 3. 语料库对译员翻译能力的促进

目前对翻译能力的研究多将翻译能力进行细分。Schäffner 和 Adab（2000）把翻译能力分为语言能力、文化能力、文本能力、领域 / 专题能力、搜索研究能力、转换能力。

尽管翻译能力的模型各有不同，但其中涉及的核心能力可归结为下面几项：双语运用能力、转换能力、专题领域能力和运用工具资源的能力。而现有的研究表明，语料库在译员培养中的运用可以较好地推动核心翻译能力的提升，可整体提升译员运用工具资源的能力。其中，大型通用单语参考语料库能够为译员提供可靠的语言使用素材，进而提升译员的双语运用能力；平行语料库提供的对应双语语料能够帮助译员采用更加实际的翻译对策，能够有效地提升译员的转换能力和运用工具资源的能力；而小型的专用可比语料库和专门用途语料库的运用，既可以提供某领域的专门知识和术语，也可以帮助译员学习专用文体特有的语言表达方式（朱一凡等，2016）。

## 二、语料库研究简史

语料库是语料库语言学研究的基础资源，也是经验主义语言研究方法的主要资源，应用于词典编纂、语言教学、传统语言研究以及自然语言处理中基于统计或实例的研究等。

### 1. 20 世纪前期的语料库研究

20 世纪 70 年代以前，是语料库研究小有成绩的启蒙时期。1928 年《牛津英语词典》第一版诞生，就是利用由四百多万条手工收集的"引文条"构成的非电子"语料库"编纂而成；丹麦语言学家 Otto Jespersen 所著《现代英语语法》（1909–1949）所使用的卡片（非电子语料库）数目多达 40 万张（王建新，1998）；1960 年，英国语言学家 Randolph Quirk 搜集了当时人们使用的书面和口头材料，形成了英语用法调查语料库（Survey of English Usage Corpus）；在 20 世纪 60 年代初，美国的 Nelson Francis 和 Henry Kucera 召集了一些语料库语言学家，建设了布朗语料库（Brown Corpus of American English），该语料库是世界上首个用于语言学研究的计算机可读语料库。

## 2．当前语料库翻译研究的重点及方法

20 世纪 70 年代以后，电子语料库的发展逐渐成熟，越来越得到学界的认可。特别是 90 年代以来，语料库的重要性日趋明显，语料库研究发展迅速，呈现出繁荣景象。目前，基于语料库的研究方法已经逐渐扩展到语言教学、话语分析、翻译研究、词典编纂和自然语言处理等多个领域。语料库逐渐由单语种向多语种发展，各种语料库深加工技术层出不穷，语料库在语言研究各领域得到更加广泛的应用，主要有以下特点：规模大、语种多的语料库增加；语料库应用范围不断扩大；语料库渐成独立领域；语料库相关软件不断发展（何中清、彭宣维，2011）。

作为一种有效的语言应用的研究工具，语料库具有广泛的应用属性。在翻译研究中，双语语料库是重要的语料来源，为翻译研究者提供了大量的语料实例，是翻译研究不可或缺的助手。它大大方便了翻译研究者查询和获得大量的双语数据，克服了以往因为条件所限而无法观察或发现的语言事实和特征。它不仅可以揭示语言使用频率与典型性用法、翻译实例与翻译规范等之间的关系，还可以通过对翻译活动的倾向性特征（如翻译共性）的研究，为翻译活动本身提供证据，即进一步解释翻译是什么、翻译又是如何进行的。语料库语言学推动了翻译研究向以实证性、描写性为特征的语料库研究范式方向发展（闫如武，2017）。

以数据为基础的翻译语料库研究范式，作为全新的翻译研究途径，彻底改变了先前翻译研究只注重特定语言单位转换的传统，可以从整体考查大规模文本，从微观入手描写双语转换的宏观特征。依靠双语语料库提供的语言现象的数据，翻译研究者利用索引检索工具对原始数据进行处理，得出语言频率和概率的量化数据分布信息，然后对有关的翻译语言假设进行验证，或对数据的总体特征和趋势进行观察和描写，最后提出新解释。总之，翻译的语料库研究为国内外的翻译研究带来了研究方法和研究理念上的重要变革，深化了对翻译理论与实践等一系列问题的探讨。

21 世纪以来，基于语料库的口译研究已经成为口译学科的发展方向之一，在中国发端于 2007 年上海交通大学举办的"语料库与译学研究国际学术研讨会"。此后，该领域的研究主要包括理论构建、建库方案和应用分析等方面。

口译研究中的语料库是按照一定的采样标准采集能够代表某一种口译（包括同声传译、交替传译、手语传译等）译语的语言与语体特性和口译职业特点的电子文档，内容为由源语和译语转写的语料，并可进行词性附码、标注等自动化和手动加工处理。与当前上千万词库容的笔译语料库相

比，口译语料库容量相对较小，主要受口译语料获取途径窄、隐私性强、版权限制严、转写技术滞后和标注不统一等因素的制约。

2007 年至今，中国实现了从语料库翻译学到语料库口译研究的迁移和融合，不仅研制了中小规模的口译专门语料库，还进行了应用研究。这类研究推动了 21 世纪初口译研究跨学科和跨范式的发展与转型，这使研究者避免了以典型但数量有限的语料对口译策略和口译过程等进行主观的判断和假设，还原了口译语言转换的客观规律与规范。此外，基于语料库的口译研究能实现大规模数据的检索和统计，既有利于对已有的口译理论和研究结论进行量化的重复性验证，提高其代表性和普遍性，又有利于探索全新的课题（如译员风格、语义韵），从而推动口译研究的全面发展（李洋，2016）。

## 三、在线语料库的功能及其使用

在线语料库有两种：一种是网络即为语料库，网络本身就是一个规模巨大的语料库，例如必应、谷歌和百度等各种搜索引擎，它们提供的数据量大、全面、更新快；另一种是网络作为语料来源，以互联网中的电子文本作为离线语料库的语料来源，它们所提供的语料一般都有简要的分析可供参考，有免费的（检索词数量或检索功能受限），也有付费的。

### 1．UTH 语料库简介

UTH 语料库由上海佑译信息科技有限公司（uTransHub Technologies Co., Ltd., UTH 国际）建立，是全球最大的多语言大数据中心。UTH 国际包括以下语言数据库：

**（1）芝麻搜索**

芝麻搜索是一个多功能语料库暨教学、科研大数据平台。该平台可实现多语文档、句对及术语库的查询与检索，支持双语文档、句对、术语的上传管理，支持用户上传文件并通过 UTH 文件解析功能转化为平行文本，可以自由建立文库共享圈以实现文库可自定义的共享、交流与传播，支持语料对齐、校对、语料降噪、词频分析统计及相关辅助功能。

**（2）涉外法律文本写作与翻译英汉平行语料库**

该法律语料检索平台有 900 余组中英对照的平行语篇，来自国内外 60

多家法律机构近10年来所处理的真实法律案件，并对这些中英平行法律语篇按照题材和内容进行了精细的分类。平台对数据库中的中英平行文本做了质量标注，分为TR（Translation+Review）和TEP（Translating+Editing+Proofreading）两个质量层次，对应了翻译产业界的操作标准，能够兼容翻译记忆文件格式，可无缝对接计算机辅助翻译工具，并可与机器翻译兼容，支持相关数据的调用、导入和导出。该平台还能够兼容txt和Excel格式的术语文件、词典文件及双语对照文件的导入与解析。

### （3）"一带一路"旅游与文化多功能语料库

UTH国际的"一带一路"旅游与文化多功能语料库是一款专注于"大旅游"领域（旅游、酒店、休闲娱乐、航空、电子商务等）的英汉平行暨可比语料库，具有段段对照，搜索关联（篇章、段落、句子、短语/搭配、术语/词汇）展示，多维度检索，多格式呈现，词频统计，私有云上传与下载，质量分层与智能编辑等功能。

平行语料与可比语料的聚合展示和关联检索是该语料库平台的一大特点。除了包含海量双语平行文档外，每一组平行文档都有与之对应的国外景点、酒店、餐饮等相似内容题材的英文文本作为可比语料同步呈现，二者共同组成了一个综合语料库。英文原文的可比语料提供了一个英语母语语境中旅游类文字专有的表达形式，从而避免单独平行语篇的翻译腔和中文文本在句法、用词和特定文化因素等方面对译文的影响。

### （4）生命科学英汉平行语料库

该平台包含大量医学类平行语料，来自国内外知名出版物，覆盖中医、西医、制药、医疗器械、医学专利、营养学、食品健康与安全等多方面的内容，且语料为多模态呈现形式，可用于围绕"大医学"领域开展的特色专业外语/翻译教学，亦可应用于医学相关的教学、科研工作。

## 2. 美国当代英语语料库（COCA）在翻译中的应用

目前被誉为最大的免费英语语料库，包含5亿多词的文本，这些文本由口语、小说、流行杂志、报纸以及学术文章等五种不同的文体构成。美国当代英语语料库被业内许多人认为是用来观察美国英语当前发展变化的最合适的英语语料库。见图4-1。

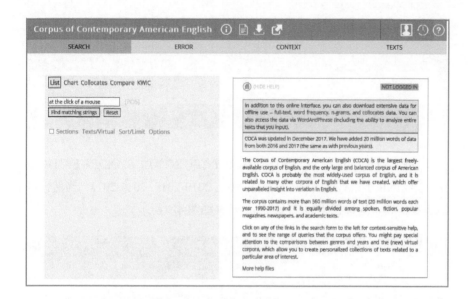

图 4-1 美国当代英语语料库界面

我们在做翻译的时候，总是想快速找到专业且时效性很强的术语语料，然后再对应到准确地道的应用场景，甚至进行词语搭配和近义词区分，COCA 可以实现这些功能。它具有如下特点：

**（1）语料丰富且更新较快**

COCA 自 1999 年持续保持更新，每年都要更新大约 2000 万的词汇，比普通词典包含更多的新语料。比如 make polite remarks, knucklehead 等，很多传统词典都没有收录，但在语料库中都可以查到。

**（2）搜索速度快且开放性强**

COCA 语料库虽然庞大，但是瞬间就可以找到检索结果。在不登录的情况下，每个用户每天只可以使用 10 到 15 次的检索机会；注册之后，就可以根据注册级别扩大使用权限。

**（3）语料来自正式文本**

COCA 的语料主要以美式英语的正式文本为来源，包括演讲、小说、报纸、期刊等，为译者提供了更专业的语料素材，并且可以查到词汇在不同文本和语境中的使用情况。

译者在翻译时常会遇到一些语言问题，比如"吸引注意力"是 attract attention 还是 draw attention、"好久不见"译为 long time no see 是否为中式表达等等。这些琐碎的知识点都可以在语料库中找到答案。比如在网站上搜索 attract attention，将词组输入到如图 4-1 所示的对话框中，点击对话框下面的 Find matching strings 按钮，可以看到下面的结果。

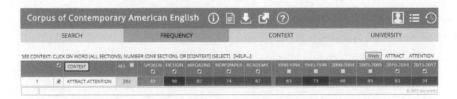

图 4-2 attract attention 语料库词频

在图 4-2 中勾选 CONTEXT, ATTRACT ATTENTION, SPOKEN, FICTION, MAGAZINE, NEWSPAPER, ACADEMIC, 2010-2014, 2015-2017，当然也可以根据需要灵活选择要勾选的内容，结果如图 4-3 所示。

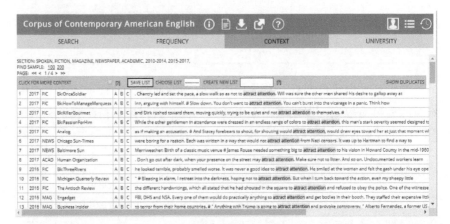

图 4-3 检索 attract attention 应用语境

结果表明（检索日期为 2019 年 5 月 18 日）：在语料库中有 364 处例证说明 attract attention 这个表达是没问题的，并详细列出了该表达在各类文体及各个年代应用的频率（见图 4-2）；再用相同的方法验证 draw attention，出现了 1158 处例证和应用频率的详细数据。这说明 attract/draw attention 这两个用法都正确，但是 draw 与 attention 的搭配频率（应用场景）要远远多于 attract。经过检索，long time no see 在美国英语中也有较高的应用频率，达到 55 次，小说和口语的应用较多，分别达到 39 次和 14 次。以上的词频检索可以运用 COCA 首页的 CHART 功能呈现数据的图表。如果想要对应用语境进行详细研究，COCA 也支持检索语料具体应用场景数据文档的下载。

（4）提供模糊搜索和同义词、词汇变形的检索功能

main 和 major 都有"主要"的意思，两者有哪些区别呢？在 COCA 网站中选择 Compare 功能，然后在 Word1 和 Word2 中分别输入 main 和 major，Collocates 框中输入 _nn*（表示查询的是与 main/major 搭配的名词），

最后在下方的数字框中分别选择 3 和 3（表示查询文本中与 main/major 相距三个单词及以内的所有名词）。我们可以得到这样的结果：

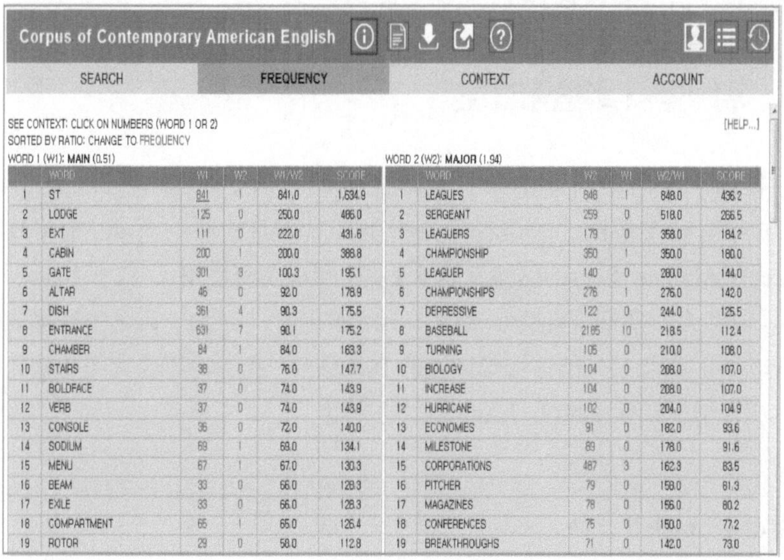
Corpus of Contemporary American English

SEARCH　FREQUENCY　CONTEXT　ACCOUNT

SEE CONTEXT: CLICK ON NUMBERS (WORD 1 OR 2)　[HELP...]
SORTED BY RATIO: CHANGE TO FREQUENCY

WORD 1 (W1): **MAIN** (0.51)

| | WORD | W1 | W2 | W1/W2 | SCORE |
|---|---|---|---|---|---|
| 1 | ST | 841 | 1 | 841.0 | 1,634.9 |
| 2 | LODGE | 125 | 0 | 250.0 | 486.0 |
| 3 | EXT | 111 | 0 | 222.0 | 431.6 |
| 4 | CABIN | 200 | 1 | 200.0 | 388.8 |
| 5 | GATE | 301 | 3 | 100.3 | 195.1 |
| 6 | ALTAR | 46 | 0 | 92.0 | 178.9 |
| 7 | DISH | 361 | 4 | 90.3 | 175.5 |
| 8 | ENTRANCE | 631 | 7 | 90.1 | 175.2 |
| 9 | CHAMBER | 84 | 1 | 84.0 | 163.3 |
| 10 | STAIRS | 38 | 0 | 76.0 | 147.7 |
| 11 | BOLDFACE | 37 | 0 | 74.0 | 143.9 |
| 12 | VERB | 37 | 0 | 74.0 | 143.9 |
| 13 | CONSOLE | 36 | 0 | 72.0 | 140.0 |
| 14 | SODIUM | 69 | 1 | 69.0 | 134.1 |
| 15 | MENU | 67 | 1 | 67.0 | 130.3 |
| 16 | BEAM | 33 | 0 | 66.0 | 128.3 |
| 17 | EXILE | 33 | 0 | 66.0 | 128.3 |
| 18 | COMPARTMENT | 65 | 1 | 65.0 | 126.4 |
| 19 | ROTOR | 29 | 0 | 58.0 | 112.8 |

WORD 2 (W2): **MAJOR** (1.94)

| | WORD | W2 | W1 | W2/W1 | SCORE |
|---|---|---|---|---|---|
| 1 | LEAGUES | 848 | 1 | 848.0 | 436.2 |
| 2 | SERGEANT | 259 | 0 | 518.0 | 266.5 |
| 3 | LEAGUERS | 179 | 0 | 358.0 | 184.2 |
| 4 | CHAMPIONSHIP | 350 | 1 | 350.0 | 180.0 |
| 5 | LEAGUER | 140 | 0 | 280.0 | 144.0 |
| 6 | CHAMPIONSHIPS | 276 | 1 | 276.0 | 142.0 |
| 7 | DEPRESSIVE | 122 | 0 | 244.0 | 125.5 |
| 8 | BASEBALL | 2185 | 10 | 218.5 | 112.4 |
| 9 | TURNING | 105 | 0 | 210.0 | 108.0 |
| 10 | BIOLOGY | 104 | 0 | 208.0 | 107.0 |
| 11 | INCREASE | 104 | 0 | 208.0 | 107.0 |
| 12 | HURRICANE | 102 | 0 | 204.0 | 104.9 |
| 13 | ECONOMIES | 91 | 0 | 182.0 | 93.6 |
| 14 | MILESTONE | 89 | 0 | 178.0 | 91.6 |
| 15 | CORPORATIONS | 487 | 3 | 162.3 | 83.5 |
| 16 | PITCHER | 79 | 0 | 158.0 | 81.3 |
| 17 | MAGAZINES | 78 | 0 | 156.0 | 80.2 |
| 18 | CONFERENCES | 75 | 0 | 150.0 | 77.2 |
| 19 | BREAKTHROUGHS | 71 | 0 | 142.0 | 73.0 |

图 4-4　main/major 各自搭配情况检索

从图 4-4 中可以看出，与 major 搭配的大都是 leagues/sergeant/championship/milestone 这类重大事件、重要职务或团体（抽象事物），但与 main 搭配的更多为 ST (street)/cabin/gate 这类常见对象（具体事物）。而且某些特定单词只能跟 major 搭配，比如 major milestone 这一搭配在语料库中出现了 89 次（点击数字后可以进入搭配应用场景 CONTEXT），但 main 出现的次数是 0 次，说明在美国英语中很可能没有 main milestone 这样的用法。其他频率显示 0 的地方，都表示 COCA 语料库中没有此种搭配。

如果将"这个小镇到处都是精美别致的建筑"译为 The town is full of exquisite architecture. 我们不是很确定形容词 exquisite 是否贴切，也可以通过 COCA 找到相关表达和应用场景。在 COCA 首页选择 List 功能，输入 [=exquisite] architecture（这个指令表示寻找 exquisite 的近义词，并且该近义词要能够与 architecture 搭配），结果如图 4-5。

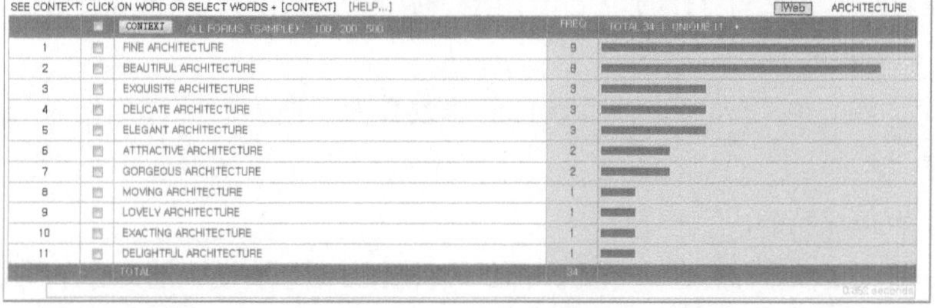
Corpus of Contemporary American English

SEARCH　FREQUENCY　CONTEXT　HELP

SEE CONTEXT: CLICK ON WORD OR SELECT WORDS + [CONTEXT]　[HELP...]　IWeb　ARCHITECTURE

| | | CONTEXT　ALL FORMS (SAMPLE): 100 200 500 | FREQ | TOTAL 34 \| UNIQUE 11 + |
|---|---|---|---|---|
| 1 | | FINE ARCHITECTURE | 9 | |
| 2 | | BEAUTIFUL ARCHITECTURE | 8 | |
| 3 | | EXQUISITE ARCHITECTURE | 3 | |
| 4 | | DELICATE ARCHITECTURE | 3 | |
| 5 | | ELEGANT ARCHITECTURE | 3 | |
| 6 | | ATTRACTIVE ARCHITECTURE | 2 | |
| 7 | | GORGEOUS ARCHITECTURE | 2 | |
| 8 | | MOVING ARCHITECTURE | 1 | |
| 9 | | LOVELY ARCHITECTURE | 1 | |
| 10 | | EXACTING ARCHITECTURE | 1 | |
| 11 | | DELIGHTFUL ARCHITECTURE | 1 | |
| | | TOTAL | 34 | |

图 4-5　与 architecture 搭配的 exquisite 近义词检索结果

根据语料库给出的建议，fine/beautiful/delicate/gorgeous 这几个表达都可以用来替换 exquisite，如果想进一步查询全部或某个近义词的应用语境，勾选该词条后点击 CONTEXT 按钮即可。

## 四、离线语料库检索工具

目前，面向语料库的语料检索工具比较著名的有 WordSmith Tools（英国利物浦大学设计的语料库分析工具，商业软件）、AntConc（日本 Laurence Anthony 设计的语料库分析工具，可以免费使用）、CUC-ParaConc（中国传媒大学平行语料检索软件）、PowerGREP（可用于语言特征提取的商业软件）和北京外国语大学开发的 PatCount。我们将简要介绍几款软件及其应用情况，并重点学习 AntConc 的使用。

### 1. WordSmith Tools

WordSmith Tools 是一个在 Windows 环境下运行的综合软件包。它主要用来观测文字在文本中的表现，包含语境共现检索工具（Concord）、词频列表检索工具（WordList）、关键词检索工具（KeyWords）、文本分割工具（Splitter）、文本替换工具（Text Converter）和文本浏览工具（Viewer）等六个程序，其中前面三个程序是主要的文本检索工具，后面三个程序属于辅助性工具。这六个程序的各项设置由一个叫文字匠工具控制器（WordSmith Tools Controller）的程序来控制。

### 2. CUC_ParaConc

CUC_ParaConc 是一个免费的软件，设计目的是减轻研究者的工作量。软件主要用于检索双语、多语平行语料，支持对 Unicode、UTF8、ANSI 等编码的纯文本语料检索，支持多个国家的平行语料检索，包括汉语、英语、法语、俄语、韩语、日语、泰语等。多语检索可以实现 1 对 16 的平行语料，即一个原文对齐的 1—16 个语种的译文。软件从 0.3 版本开始，增加了较多功能：

① 英汉双语界面，并可以自己修改界面，把界面翻译成任意一种语言；

② 排序功能；

③ 对于双语保存在一个文本中的平行语料，可以自动识别其对齐形式；

④ 关键词居中变色功能；

⑤ 1 对 16 多语检索。

## 3.PowerGREP

PowerGREP 是一个功能强大的文本处理软件，它的设计初衷是为计算机编程服务，并非用于语料库语言学领域，但是它也可以在信息提取、语料库建设等方面服务于语料库语言学。此外，它还具备在本地或互联网上搜索信息、统计词汇搭配、标注语料库等功能。

## 4.PatCount

北京外国语大学中国外语教育研究中心开发了一种新型文本分析工具 PatCount，可以很方便地根据使用者的需要而设定，统计大批量文本中的各种语言特征出现的频率，如用户自定义的词汇、短语、被动语态、进行体、从句等多种语法结构，极大地方便了文本的自动分析。PatCount 是中介语对比分析方法和计算机辅助错误分析方法的强大助手，对于推动语料库研究方法的发展具有十分重要的意义。此外，PatCount 支持汉语，这使得它具有更大的应用前景（梁茂成、熊文新，2008）。

## 5.AntConc 的功能

AntConc 这款免费软件具有索引、词表生成、主题词计算、搭配和词族提取等多种功能，被誉为语料库软件深度学习的首选软件。AntConc 首页界面如图 4-6 所示。

AntConc 的 7 大菜单，其实相当于以下 7 个问题：偶尔相邻的单词有哪些（Concordance）；偶尔相邻的单词相距有多远（Concordance Plot）；一定范围内经常出现的词有哪些（File View）；经常相邻的词有哪些（Clusters）；经常相伴的词有哪些（Collocates）；具有单独词性或单独词义的一般词有哪些（Word List）；有多种词义或多种词性的关键词有哪些（Keyword List）。

图 4-6
AntConc 首页界面

## （1）Concordance

选择要分析的文件，并存在"语料文件列表（Corpus Files）"中，我们可以一次选择多个文件。一旦选择好了准备进行分析的文件，在"检索词输入栏"输入一个词（组），就可以点 Start 这个按钮来进行 Concordance 了（其他 6 个菜单的检索都是从这个 Start 按钮开始）。如图 4-7 所示。

图 4-7 是找与 word "偶尔相邻的单词有哪些"，也就是看"左右两侧 10 个词左右的范围的语境"，中间是搜索词 word，KWIC 是 Key Word In Context 的缩写，方便我们集中观察每个含有搜索目标的"局部文本"。下一步是肉眼观察，但是，我们看到的结果只是按照在原文中出现的先后顺序而呈现，所以不利于观察左右两侧的相同搭配词的相互对比。这时，我们通过排序以便观察检索结果，AntConc 的默认标准是"右侧第一个词最优先，其次是右侧第二个词，再次是右侧第三个词"（如图 4-7 下方的"关键词排序设置"）。在"检索词输入栏"的右侧，还有一个 Advanced 按钮，当我们需要对多个词进行先后检索，却不希望多次输入而希望一次输入就看到多次检索的结果的话，就点击该按钮。

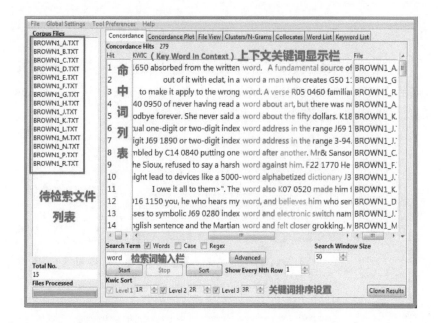

图 4-7
Concordance
检索界面

## （2）Concordance Plot

检索了某个词（组）之后，我们可以点 Concordance Plot 来看在所有检索的文件中的"词（组）分布"，即"偶尔相邻的单词相距有多远"。出现的 Concordance Plot 视图，如图 4-8，显示了与 word "偶尔相邻的单词相距有多远"。以"Plot: 1"文件名为 BROWN1_A.TXT 的检索文件为例，该文件中的检索词 word 共有 15 个，即"Hits: 15"，其分布状态见"Plot: 1"下的黑杠。如图 4-8 所示。

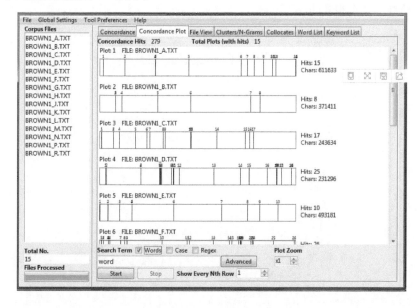

图 4-8
Concordance
Plot 检索界面

### （3）File View

对着检索出来的位居中央的单词 word 把鼠标左键点一下，就会自动调转到原文件中的对应的部分（见图 4-9 中的黑色方块），这是 File View 功能，即检索"一定范围内经常出现的词有哪些"。

图 4-9　File
View 检索界面

### （4）Clusters/N-Grams

Clusters（词簇）就是"连续多个词且含有某个词（组）的文本片段"，即检索"经常相邻的词有哪些"。如图 4-10 所示。

图 4-10
Clusters 检索界面

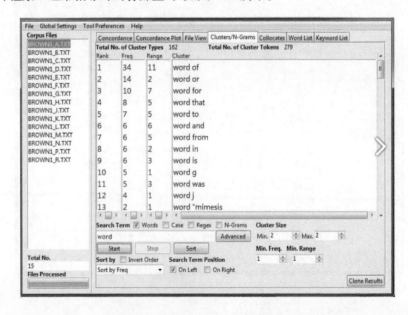

图 4-10 表明，在 BROWN1_A 文件中，按照频率由大到小排序（见图 4-10 左下方的 Sort by Freq），在包括检索词 word 在内的两个单词组成的连续体中（见图 4-10 下方的 Cluster Size 设置），word 与 of 搭配的频率最高，达到了 34 次，其次是 word 与 or 的搭配，达到了 14 次。如果我们没有给出搜索词就要生成一系列的连续词块，那就要勾选 Search Term 中的 N-Grams 了，把 Cluster Size 设置为 4 或 2 到 5，就能让 AntConc 列出某个 "宽度" 或 "宽度范围" 的所有单词块。

### （5）Collocates

Collocates 的功能是发现 "经常相伴的词有哪些"，词典学家们也正是借此而确定 "收入正式条目" 的搭配性词（组）。搭配也可能不都是手牵手或肩并肩的，而是有其他若干词 "间隔" 的，所以在 AntConc 中，我们可以指定 "间隔程度"。图 4-11 右下方设置为从左侧的第 5 个位置到右侧的第 5 个位置；我们也可以指定至少要出现多少次才能算得上搭配且列入输出的 "检索排行榜"（图 4-11 的右下方 Min. Collocate Frequency 设置为 5），这样能避免太多的低频或只有一两次的单词也 "脱颖而出"；当然，"搭配排行榜" 也可以用多种方式进行排序（点击图 4-11 的左下方 Sort by Stat 旁的下箭头）；Sort by Word 就是按照单词字母顺序，Sort by Freq（L）就是 "以左侧频率为排序标准"，Sort by Word End 就是以每个词从尾部往头部逐个字母的排序顺序，Sort by Stat 是按照默认的搭配强度计算方式的取值来排序（MI 值或 T-Score 值）。图 4-11 表明有 91 个单词（见图左上角 Total No. of Collocate Types）符合检索要求，其中与检索词 word 搭配强度最高的是 digit（强度值达到 11.28793）。

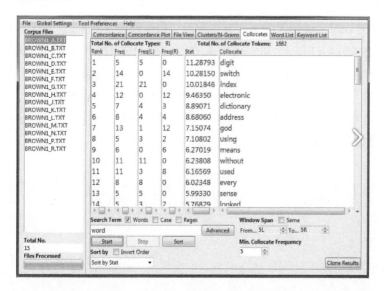

图 4-11
Collocates 检索
界面

## （6）Word List

Word List 回答的是"具有单独词性或单独词义的一般词有哪些"。Collocates 功能是依赖 Word List 功能的，所以我们还没有主动生成 Word List 之前，AntConc 就会提醒"即将自动产生 Word List 再产生 Collocates 列表"。图 4-12 是按照与检索词 word 的搭配频率进行排序的（见左下角 Sort by Freq），其中 the 最高，达到 70,002 次。

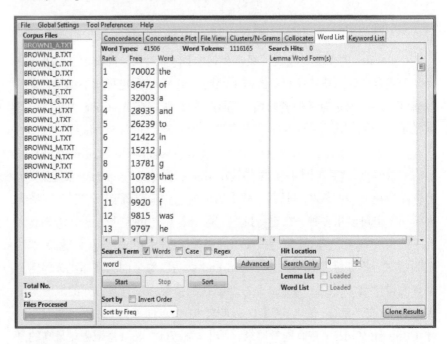

图 4-12　Word List 检索界面

## （7）Keyword List

Keyword List 回答的是"有多种词义或多种词性的关键词有哪些"这一问题。图 4-13 显示 BROWN1_A.TXT 文件中有 270 个关键词，按照关键词指数由大到小排列（见图 4-13 左下角 Sort by Keyword），其中 a 的频率最高，达到 32,003 次；它的关键词指数（Keyness）也是最高的，达到 +559.37（"+"表示正数排名指数，"–"表示倒数排名指数）；它的效果指数（Effect）也是最高的，达到 0.0546。

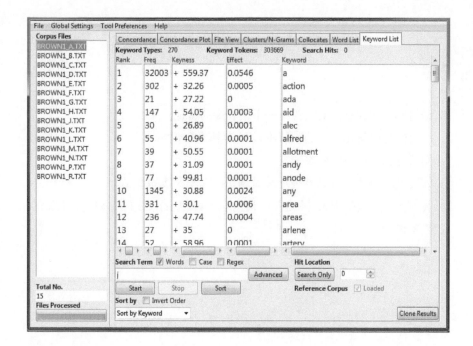

图 4-13 Keyword List 检索界面

# 五、小结

本章介绍了语料库的基本概况、发展简史、分类、常用在线语料库（如 COCA）和以 AntConc 为代表的几种常用的语料库检索工具。从语料库的经典定义不难看出，语料库具有三大特征：以计算机为载体的语料库中存放的是在实际使用中真实出现过的语言材料；语料库是承载语言知识的基础资源，但并不等于语言知识本身；真实语料需要经过加工（分析和处理），才能成为有用的资源。根据语料库这三大特征可以推断出，计算机辅助翻译软件中的术语库和记忆库属于双语平行语料库，对它们的深入研究将进一步提升计算机辅助翻译软件的性能，从而最终提高翻译效率和质量。

语料库的应用整体提升了译员运用工具资源的能力，可以为译员提供可靠的语言素材以及某领域的专门知识和术语，最终全面提升译员的双语运用能力和转换能力。

## 思考与讨论

1. 语料库是如何定义的？总结一下语料库的特征。
2. 简要说明语料库研究的发展阶段和典型历史事件。
3. 简要说明语料库的分类情况。
4. 简要说明语料库研究方法及其对翻译研究与实践的意义。
5. 你使用过哪些在线语料检索工具？写一篇使用在线语料库检索工具的体验报告。

# 第五章
## 电子词典、术语与术语库

计算机辅助翻译不光要有功能强大的翻译平台，比如 SDL Trados Studio，还需要很多翻译辅助工具，比如电子词典、术语库、在线百科全书等，以提高翻译的准确性和效率。在本章，我们将重点学习电子词典和术语库的相关知识与技能。

## 一、电子词典

电子词典是一种将传统的印刷词典转成数码方式、进行快速查询的数字学习工具，具有便于携带、查询快捷、功能丰富等特点，成为人们移动学习、办公的掌上利器。电子词典分为小型掌上电子词典、手机词典 APP 和电脑词典。本章主要介绍在电脑上使用的电子词典，它能够辅助 SDL Trados Studio 进行翻译，从而提高翻译效率。

电子词典和术语库都有检索查询功能，但电子词典并不是术语库。二者主要区别在于：电子词典里面收录的词条庞大，一般以常用词居多，而且一个词条通常包含多个释义和用法；为了解释这些词条，电子词典还提供许多例句来说明这些词条在不同语境下的用法。而术语库（也称术语数据库）本质上也是一种电子词典，但收录的词条一般都是专业词汇，词条的意思比较单一；术语库充分利用计算机速度快、存储量大的特点，配合 SDL Trados Studio 这样的 CAT 软件来储存和查询各种专业领域的术语，同时还能随时添加和更新术语。

## 二、电子词典在 SDL Trados Studio 中的应用

我们在用 SDL Trados Studio 进行翻译时，如果在翻译记忆库或术语库里查询不到相关的内容，或者手头上没有相关的翻译记忆库和术语库，一款桌面电子词典就可以应急。功能强大的桌面电子词典一般都有屏幕"取

词"和"划译"的功能。屏幕"取词"很简单，只需要将鼠标移动到要查询的单词上，释义就会自动弹出。图 5-1 展示的就是微软必应词典的屏幕取词功能。

图 5-1　微软必应词典的屏幕取词

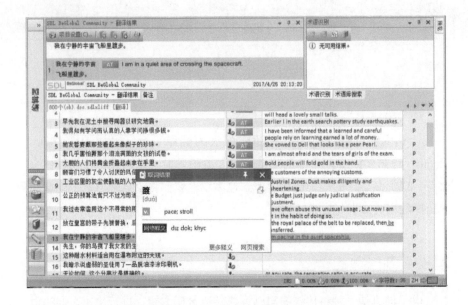

屏幕"划译"也不复杂。先用鼠标选中要翻译的内容，比如一句话或一个段落，这时在其上方就会出现一个词典图标，将鼠标移到图标上就会出现一个机器翻译的弹窗，这就是词典的屏幕"划译"功能。见图 5-2。

图 5-2　微软必应词典的屏幕划译

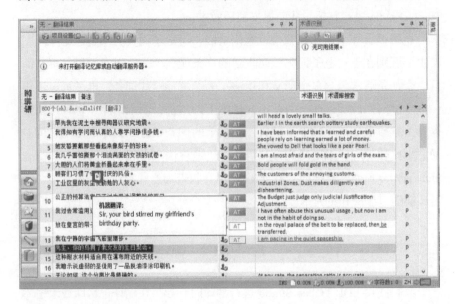

## 三、各具特色的桌面电子词典

在电脑上使用的电子词典品牌较多，各具特色。本章重点介绍几款常见的桌面电子词典，因为这几款词典都可以配合 SDL Trados Studio 来完成翻译任务。

### 1．网易有道词典

有道词典（桌面版）是由网易有道出品的基于搜索引擎技术的语言翻译软件，颇受用户好评。

有道词典有三大功能：可以通过独创的网络释义功能，囊括互联网上的流行词汇与海量例句；完整收录《柯林斯英汉双解大词典》《朗文当代高级英语辞典》等多部权威词典数据；支持多语种快速翻译，集成中、英、日、韩、法等多语种专业词典，切换语言环境即可快速翻译所需内容。

有道词典的另一个特点就是智能"取词"和"划词"，并首次推出光学字符识别（Optical Character Recognition, OCR）取词功能，可在多款浏览器、图片、PDF 文档中实现词义动态排序及词组智能取词。

### 2．金山词霸

金山词霸是一款使用简便、功能强大的词典，拥有广泛的用户群，支持多种浏览器取词和划译。金山词霸具有强大的离线词典功能，在没有网络的情况下也可以使用；拥有英汉 / 汉英词库，包含百万词条，可以满足基本查词需求。此外，它还包含 147 本词典，涵盖金融、法律、医学等多个行业的近 80 万个专业词条。

金山词霸拥有英式、美式的真人语音，长词、难词和词组都可以读出来。另外，它还有文本转语音朗读功能，中英文句子都可以朗读。

### 3．微软必应词典

微软公司开发的必应词典结合了互联网在线词典及桌面词典的优势，依托必应搜索引擎技术，可以及时发现并收录网络新词。词典拥有近义词比较、拼音搜索、搭配建议等多种功能。此外，它还具有中英文单词和短语查询、例句搜索、多语言互译等多种功能，以及丰富的英语学习插件，比如必应背单词、单词挑战和必应电台等。

和有道词典、金山词霸一样，必应词典也具有"取词""划译"和单词本等功能，还有真人模拟朗读功能，还可以提供较为准确的整句或篇章翻译。

### 4. 灵格斯词霸

灵格斯词霸是一款简明易用的词典与文本翻译软件，支持80多种语言的词典查询、全文翻译、屏幕取词、划词翻译、例句搜索、网络释义和真人语音朗读功能；还提供海量词库免费下载，专业词典、百科全书、例句搜索和网络释义一应俱全。

此外，灵格斯词霸将谷歌翻译、微软翻译、百度翻译、有道翻译等直接嵌入了自己的词典之中，方便译员在同一个窗口内直接进行全文翻译并查看不同的翻译结果。

以上介绍了几款主流的桌面电子词典，其中有些电子词典还拥有基于网页的"在线词典"功能，这样查询的内容更新、范围更大。作为译员，如何取舍完全取决于个人需求和偏好。这几款电子词典都可以与SDL Trados Studio 配合使用，在桌面上进行"取词"和"划译"，无论有没有术语库和记忆库，都可以协助 SDL Trados Studio 完成一般文档的翻译。

## 四、术语与术语库

### 1. 什么是术语？

术语（term）是特定专业领域中一般概念的词语指称，所以又称为专业词汇或科技名词。冯志伟（2011）在《现代术语学引论（增订本）》中给出了这样的定义：术语是用来表达某一专业或学科领域中的概念的词语，具有明显的专业化、标准化特征，被视为"人类科学知识在语言中的结晶"。对于企业或组织来说，术语包括为内外沟通、企业宣传、品牌一致等目的所约定俗成的用语规范，因此术语被视为全球化企业语言资产的重要组成部分。

术语是科学文化发展的产物。术语可以是词，也可以是词组，用来标记生产技术、科学、艺术、社会生活等各个专门领域中的事物、现象、特性、关系和过程。另外，术语根据使用范围，还可以分为纯术语、一般术语和准术语。其中纯术语专业性最强，如"等离子体"；一般术语次之，如"压强";而准术语,如"塑料",已经渗透到人们的生活中,逐渐和一般词汇相融合。

同一个单词,在不同学科中可能会有不同的释义,比如 plasma,在生物领域指"血浆",在物理专业指"等离子"。再比如普通的名词 film,在不同情境中也要有不同的翻译,在日常用语中多指"电影"或"胶片",在物理专业中则常被译为"薄膜"。在特定领域里使用专业用语,我们必须使用统一的术语。如果在同一个翻译项目中,对同一术语的翻译不同,读者可能会认为它们指的是不同的事物。

## 2．术语的基本特征

### （1）专业性

术语是用来表达各个专业的特殊概念的。比如在医学领域,lymphoma 指淋巴瘤,没有其他指代,只有专业人士能够接触到,所以术语的通行范围有限,使用的人较少。

### （2）科学性

术语的语义范围准确,它不仅标记一个概念,而且使其意思精确,与相似的概念相区别。比如 AIDS（Acquired Immune Deficiency Syndrome）,翻译为"艾滋病",即获得性免疫缺陷综合征。

### （3）单义性

术语与一般词汇的最大不同点在于它的单义性,即在某一特定专业范围内是单义的。例如 electrocardiogram（心电图）,它是单义的,只用于医学专业。但是也有少数术语属于两个或更多专业,如汉语中"运动"这个术语,分属于政治、哲学、物理和体育等多个领域,但表达的概念是不一样的。再比如 agent 这个词,在经济、娱乐等领域可以翻译为"代理人,经纪人";在军事领域 agent 可翻译为"特工";在化学专业,agent 又表示"（化学）溶剂"。

### （4）系统性

在科学或技术领域,每个术语的地位只有在某一专业的整个概念系统中才能加以规定,比如术语"磁共振成像"（magnetic resonance imaging, MRI）,也称核磁共振成像,是利用原子核在磁场内共振所产生信号经重建成像的一种成像技术，现成为一个重要的辅助诊断手段应用于临床医疗与医学研究。

### （5）本地性

术语往往由本民族使用的文字词汇（包括一些词素）构成。成为术语后，与原词的意义部分地或完全地失去了联系。术语也可来自专名（人名、地名），如"瓦特"（Watt），"喀斯特"（Carst）等等。但一般的专有名词不是术语，尽管它们也以单义性为基本特征。术语还常来自外来语，通过音译（如"雷达""坦克"）、意译（如"硬件""软件"）、半音半意译（如"拖拉机""加农炮"）或从其他语言共用的词汇借入（如"空港""通勤"）。

## 3．什么是术语库？

术语库（Term Bank）也称术语数据库，是一种类似于数据库的集中存储库，它允许对源语言和目标语言中的已核准术语进行系统管理。术语数据库作为一种统一科技语言和开展国际合作的重要工具，日益受到越来越多的国家和组织的重视，特别是近十多年来有了迅猛的发展。将术语库与现有翻译环境配合起来使用可提高译文前后一致性，使翻译工作更加高效。

术语库又称为自动化专业词典，是术语研究和词典编纂发展过程中的一个新阶段。它充分利用计算机特有的功能，大量储存各种术语，同时还能随时添加和更新术语，加强了对术语的管理，最大限度地适应了科学技术飞速发展对术语提出的新要求。输入计算机的术语，要求具有明确的概念和准确的名称，输出的术语应符合规范化的要求，这就促进了术语标准化和规范化的进程。同时它也是一种现代化的术语传输手段，能准确及时地向各方面的用户提供准确的术语信息。

术语库又不同于一般的电子词典。首先，词典里的词条一般都提供多义解释；而术语库里的词条一般都是单一解释。其次，电子词典里包含各种词汇，有专业的也有普通的词条；而术语库提供的一般都是专业性很强的词条，或者是某一专业领域的特殊短语。第三，一般的电子词典不支持添加新词，原有词条解释相对固定；而术语库支持添加新词，自定义词条编辑和维护，而且一个术语库可以支持两种以上的语言对，比如在一个术语库里可同时查询英、汉、韩、日的词条。最后，术语库的检索查询功能也与电子词典不同，它可查询术语的全部记录，也可查询某一部分或某一方面的术语。SDL Trados Studio 翻译系统的术语库还支持智能自动化查询，用户可以创建自己的术语库，并且可以分享、收藏和更新术语库。

# 4. 世界著名术语库

根据国际术语学情报中心 1989 年的统计，世界各国已建成和正在建立的术语数据库共有 74 个，分布在 36 个国家、地区和国际组织中。在这些术语库中，有综合性的，也有专业性的；有国家级的，也有地区或集团性的；有多语种的，也有双语的；有规范化甚至具备法律效力的，也有一般资料性的。近十年来，该中心没有再公布有关术语库的统计。乐观地估计一下，可能是国际上新建术语库太多，统计不过来了。下面我们简要介绍几个国内外比较著名的术语库，以供译员查询使用。这些术语库在现阶段（截止日期为 2017 年底）都可通过互联网访问。

## （1）欧盟互动术语数据库

欧盟是建立术语库和提供术语查询服务的开创者，也是世界上最早建立术语库的机构之一。早在欧洲共同体筹建时期，它就建立了 Eurodicautom（European Automated Dictionary），字面上翻译为"欧洲自动化词典"，实际上它是一个服务于欧盟的术语数据库。该术语库始建于 1975 年，1980 年上线，收词达 40 万条，使用法、德、意、英、荷、丹麦语等 6 种语言，主要为翻译工作者和欧盟内的工作人员服务。这 6 种语言的术语库在各成员中是公认的，拥有法律效力。

1999 年，欧盟启动了一个新的术语库项目，为所有欧盟术语资源提供一个基于网络的基础平台，提高信息的可用性和标准化程度。2007 年，欧盟新术语库上线并正式对外开放，被命名为欧盟互动术语库（Interactive Terminology for Europe, IATE），用于取代 Eurodicautom。

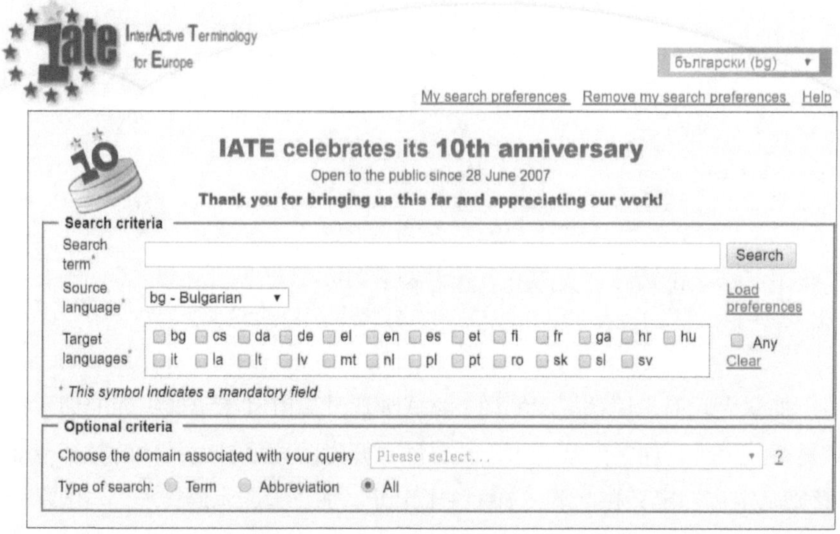

图 5-3　欧盟互动术语数据库

63

欧盟互动术语数据库整合了 Eurodicautom 等多个数据库，收录了约870 万条术语，涵盖建筑、化学、冶金、渔业、贸易、信息技术、核技术、农业、机械制造、医药、法律、统计、通信、环境、交通、管理和经济等专业领域。自 2004 年开始被欧盟官方机构用于收集、传播和管理与欧盟相关的术语。如今，欧盟互动术语库支持 25 种语言的术语查询，提供高度互动和机构间的数据库访问，在世界上任何地方、任何人都可以通过网络免费访问使用。

### （2）加拿大政府术语数据库

该数据库最初是由加拿大蒙特利尔大学研制的。1974 年，加拿大政府要求在各政府机构中使用英语和法语的标准术语，加拿大政府的文件都要有英语和法语两种文本，因此术语规范化的负担很重。蒙特利尔大学开发的这个术语库，目的就是为了提高加拿大政府翻译服务的工作效率，正好填补了这个空缺。

加拿大联邦翻译局在长期的英法互译工作中，已积累了成千上万的英语术语和法语术语，因而自建库以来，术语数据库的英法术语条目与日俱增。到 2008 年底，加拿大政府术语数据库的词条已达 390 万条。另外，西班牙语术语库也正在建设。

图 5-4　加拿大
政府术语数据库

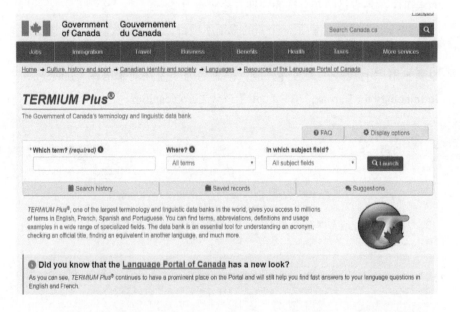

加拿大政府术语数据库的词条格式要比欧盟互动术语数据库的词条格式复杂。另外，加拿大政府术语数据库在开发阶段就针对具体的数据范畴（特别是定名、定义和上下文）标注了出处。加拿大的术语管理，与国际标

准化组织发布的术语规范相吻合，因此加拿大所采用的术语规范多数已被采纳为国际规范。众多加拿大术语学家参与了国际标准化组织规范的制定和起草过程，建立起了完善的数据管理和认证体系，尤其是对术语的标准化有着严格的程序规定。

长期以来，加拿大政府术语数据库的用户主要是加拿大联邦政府的翻译人员，以及在加拿大的某些驻外机构。此术语库更新比较快，数据库维护人员和用户都可添加新术语。2009 年之前，数据库采取 CD-ROM 的形式销售，而且还以付费的形式在互联网上供用户查阅。2009 年 10 月之后，术语库完全免费开放，任何人都可以联网查阅。

（3）联合国多语术语库

联合国多语术语库一开始是一个搜索网站，汇集了联合国所有的术语。2013 年 4 月以后，它逐步成为所有参与联合国术语工作的团队的门户网站。该术语库拥有 6 种官方语言和 85,000 个词条。虽然能检索的词条不算多，但其检索功能强大。通过输入关键词，可以得到许多联合国认可的多语种翻译结果。比如用 environment 作为关键词进行查询，可以搜集到很多有关环境的术语和语境，而且是多语言同时显示。再比如，设定好查询语言为英语、法语、汉语之后，查询 agent 在各个不同领域的术语，联合国多语术语库页面显示如下：

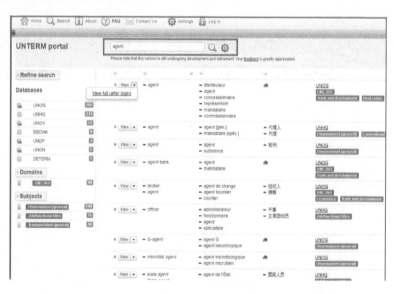

图 5-5 联合国多语术语库

（4）中国规范术语数据库

中国规范术语数据库是中国知网和全国科学技术名词审定委员会的合

作项目，根据名词委历年审定公布并出版的数据研制而成。规范术语数据库在帮助专业工作者规范使用本领域的专业术语、提高专业水平、审定科技名词、实现科技名词的规范化等方面有着不可替代的作用。

图 5-6　中国规范术语数据库

目前，中国规范术语数据库拥有 30 万条科技术语，内容实时更新。中国知网除了免费向读者提供中国规范术语查询以外，还向公众免费提供中国工具书网络出版总库的术语查询。

图 5-7　中国工具书网络出版总库术语查询

（5）国内外其他大型术语库

①法国标准化协会术语库

法国标准化协会术语库 1972 年开始建设，1976 年初步建成，收词 15,000 条，可进行英文与法文互译，也可按字序或专题排列词条。该术语库只收集标准术语，对于所有术语的控制非常严格，每一条术语都根据法国标准化组织和 ISO 的有关术语标准做过认真的审查和核校。

② 西门子公司术语库

该术语库 1967 年建于慕尼黑，主要储存术语数据，也有成语、百科和文献数据，使用的语言有英、法、西、俄、意、葡、荷、德等，功能较多，各种语言均可自由输入、输出和互译。该术语库可向翻译、编辑、专业语言和文献工作人员提供服务。近几年又有很大发展，术语达 200 万条，是目前规模最大的术语库之一。

③ 瑞典技术术语中心术语库

该术语库 1968 年开始建立，先从术语汇编自动化入手，到 1978 年已建成第四代。它具有高度自动化水平，可用于远程信息传输，具有归档、更新、排序和注释词典等功能。作为一个官方性的术语库，它储存术语 70,000 多条，还收集有通讯录和文献数据等。

④ GLOT-C 数据处理中文术语数据库

此术语库主要由冯志伟教授研制完成，是世界上第一个中文术语数据库。它收入了国际标准化组织从 1974 年到 1985 年期间 ISO-2382 标准中的全部数据处理术语。GLOT-C 有两个特点：一是重视术语结构与歧义的研究，提出"潜在歧义论"；二是重视术语库基本理论的研究，提出了"术语形成的经济律"，证明了术语系统的经济指数与术语平均长度的乘积恰恰等于单词的术语构成频度之值，并提出"FEL 公式"来描述这一定律。GLOT-C 中文数据库的建立，为中文术语的计算机处理提供了有效的经验。

## 5．常用术语库软件

在现代计算机技术的支持下，术语的积累不再通过手工方式进行，更多的是利用计算机技术和信息技术来进行，规模可以无限扩大。术语库软件就是为翻译过程提供系统化术语支持的软件，可以生成、搜索、维护并管理术语，在译员翻译的过程中自动识别和搜索术语库中存储的、在当前语段中出现的术语，并给出翻译提示。以下是几种术语工具的简单介绍。

### （1）Lexikon 术语库工具

Lexikon 术语库工具可为企业定制词汇管理工具，帮助企业有效管理术语，使企业内部的词汇管理过程全部自动化。该软件是数据库驱动的网络应用工具，允许不同的用户创建、管理和发布多语词汇库。软件有内置的自动化翻译流程，采用符合 Unicode 编码的语言技术，动态支持各种语言组合，包括双向和双字节编码文字。

### （2）T-Manager 术语库工具

该软件根据用户需求在运行中管理术语库，也可以从外部工具中导入术语。其主要功能包括：帮助统一词库，确保不同术语库或机器翻译词典之间的一致性；分析具体词汇表或机器翻译词典，根据用户需要将某一术语库修订或将旧词汇表转化为 SYSTRAN 机器翻译词典等。

### （3）Sun Gloss 术语库工具

由美国 Sun Microsystems 公司发布，是该公司使用的词汇管理工具，可以直接查询英文术语及各种译文，也可为用户定制和导出术语库，供离线使用。该公司的术语库是开放的，外界用户也可以通过注册成为会员后使用。

### （4）AnyLexic 术语库工具

除了具有创建、编辑并与外界交换词典的功能外，该术语库工具能将所有的术语都储存在一个数据库里，对翻译公司和自由职业者非常有用。此工具导入 / 导出词典格式包括 TXT、CSV、XLS 等，完全支持 Unicode 编码。

除了这些比较有代表性的术语库工具，本书所提及的 CAT 软件都自带或拥有配套使用的术语库管理工具，如 SDL MultiTerm、memoQ、Déjà Vu X、Wordfast、Transit 和雅信 CAT 等，供译员和其他有关人员在翻译过程中使用。

## 五、小结

当我们使用计算机辅助翻译软件或翻译平台进行翻译时，重要的就是充分利用和整合各种机助翻译工具来提高译文的准确性、一致性和翻译效率。本章重点介绍了电子词典、术语与术语库的有关定义和概念，以及译员在使用 SDL Trados Studio 过程中如何整合这些词典和术语库，以达到上述目的。掌握了这些词典工具和术语库，翻译工作者在翻译过程中就会更加得心应手，如虎添翼。

一款功能强大的电子词典可以提高翻译效率。无论查询一般词汇还是专业词汇，桌面电子词典的屏幕"取词"和"划译"功能都非常好用，尤其是在缺乏专业术语库的情况下，电子词典就派上了用场。为此，本章介绍了几种各具特色的电子词典，比如网易有道词典、金山词霸、微软必应词典、灵格斯词霸等。

术语和术语库对于翻译的重要性不言而喻，正确使用术语可以使译文用词保持一致，查询各种专业术语库可以让译文具有专业性、科学性、系统性，甚至具有法律约束力。作为一种统一的科技语言和国际合作的重要工具，术语库越来越受到各个国家和组织的重视。本章着重介绍了世界上著名的专业术语库，比如欧盟互动术语库、加拿大政府术语库、联合国多语术语库、中国规范术语库，以及国内外其他大型术语库。这些术语库的创建是术语库标准化和规范化的结果。正确查询和使用这些术语库，可以使翻译过程变得更为科学、翻译结果更为专业、语言更为准确。

本章还介绍了几款主流的术语库软件工具。我们将在后续章节里，继续介绍如何利用 SDL MultiTerm 2011 Desktop 等术语库软件来创建、管理、添加、导入和导出译员个人的专业术语库。

===========================

## 思考与讨论

1. 简要说明电子词典的屏幕"取词"和"划译"功能。
2. 使用网易有道词典或其他电子词典，说明其主要特点。
3. 什么是术语？它与词或词组有什么不同？
4. 简要说明术语的基本特征。
5. 什么是术语库？它与电子词典有什么不同？
6. 世界上著名的术语库都有哪些？简要概括其中两个术语库的特点。

# 第六章
## 使用 SDL Trados Studio 2011（上）

SDL Trados Studio 基于翻译记忆库和术语库等技术，为快速创建、编辑和审校翻译提供了一整套集成工具。据介绍，全球超过 250,000 名专业译员使用这一软件工具，而使用此软件的业余或兼职译员可谓不计其数。全球超过 80% 的翻译供应链采用此软件，它可将翻译项目完成速度提高 40% 以上，帮助译员快捷地完成项目管理、翻译编辑和译后审校等工作。

## 一、SDL Trados Studio 简介

Trados 公司 1984 年成立于德国，在 2005 年 6 月被 SDL 公司收购，产品随之被命名为 SDL Trados Studio，经过不断更新换代，功能日趋成熟、完善。

### 1. SDL Trados Studio 软件版本

SDL Trados Studio 软件几乎每年都有更新，版本以年代命名。下面简要介绍几个经典版本及其特点。

SDL Trados Studio 2007 版发布于 2007 年 4 月。它支持翻译记忆库和术语库，并提供 WinAlign 对齐工具，是最后一个与 Microsoft Office 界面集成的版本。该版本虽然有引号乱码等问题，但是简单易用，至今仍有不少译员和翻译公司在使用。

SDL Trados Studio 2009 在 2009 年 6 月发布。从这个版本开始，Trados 更改了名称，同时也更改了软件界面，不再与 Microsoft Office 界面集成，也不提供对齐功能。因此在使用这个版本的同时，还要保留 2007 版可创建翻译记忆库的 WinAlign 工具。操作界面的大更改和软件兼容性的问题造成使用不便，因此该版本的市场占有率并不大。

SDL Trados Studio 2011 在 2011 年 8 月发布。这是 SDL 公司第一款比较成熟的基于翻译项目的 CAT 工具，不仅改善了翻译的功能，提高

了效率，还改进了 WinAlign 对齐工具，兼容性有大幅度提高。这个版本是 Trados Studio 的经典版本，功能强大，尤其是译员可通过注册成为"BeGlobal 社区"的用户，使用其在线的、免费的翻译记忆库。目前使用这一版本的译员和翻译公司占多数。

之后，SDL 公司又先后发布了 SDL Trados Studio 2014 和 2015 版本。这两个版本的软件兼容性更好，界面开始向 Microsoft Office 2010 和 2013 的操作界面看齐，功能也有所增强。

从 SDL Trados Studio 2011 版开始，SDL 提供了双语审校更新。双语审校的目的是发现并改正译文中的语言错误，比如拼写、语法、句法和用词等方面的错误。这个功能对译员和翻译项目经理来说是非常实用的。

SDL Trados Studio 2015 版新增加了单语审校更新功能。单语审校是通过阅读译文对表达风格和用词进行微调，确保其能够符合目标读者的阅读和表达习惯。这一功能被命名为 Retrofit，意思是从已完成审校的目标文件或者译文中再次更新，即将译文修订的内容再导回至项目中对应的双语文件和翻译记忆库。

目前，SDL Trados Studio 2017 是最新版本（截止日期为 2018 年 5 月）。下面是笔者使用这一软件的初步印象。见图 6-1。

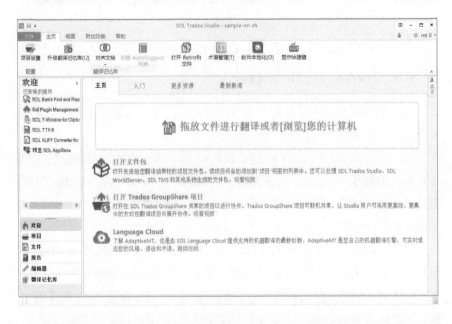

图 6-1　SDL Trados Studio 2017 欢迎界面

SDL Trados Studio 2017 的界面更像是 Microsoft Office 2016，简洁、专业、美观，各个模块更加好用；但功能上与前面几个版本没有本质上的区别，特别是与 SDL Trados Studio 2011 相比，基本界面、导航栏和翻译编辑器功能、翻译记忆库和术语库调用等方面都没有质的飞跃。

下面是 SDL Trados Studio 2011 的欢迎界面，界面布局与 2017 版非常相近，见图 6-2。

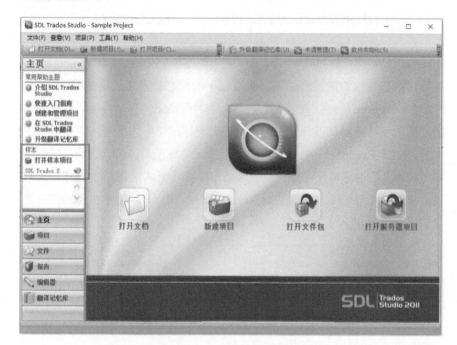

图 6-2　SDL Trados Stadio 2011 欢迎界面

当然，2017 版与 Microsoft Office 的兼容性更佳，而且支持把待翻译文件直接拖放到打开的编辑界面中进行翻译，方便又快捷。它把升级翻译记忆库、对齐文档、创建 AutoSuggest 词典、打开 Retrofit 文件、术语管理、软件本地化等重要功能全部都集成到一个操作界面，以方便译员调用不同的翻译功能模块。SDL MultiTerm 2017 还重新设计了术语管理模块，全局更改或批量更改也变得更为简单，译员可以轻松地添加和编辑新术语。在 Trados Studio 2017 界面的主页上，译员可以方便地查看有关模块的帮助文件和观看某些操作视频。在本教程中，我们将详细了解 SDL Trados Studio 2011 版的操作，而 SDL Trados Studio 2017 版的具体功能和特点也将单列一章进行介绍。

## 2．SDL Trados Studio 2011 版的功能与特色

前面我们对 SDL Trados Studio 几个版本进行了介绍，并简要阐述了它们各自的功能和特点。对于广大入门用户，不是功能越强大或越新就越好，而是要实用、适用和好用。SDL Trados Studio 2011 及其后续版本基本上都符合这一原则。

前面所提及的几个版本中，最容易从互联网上获得且无使用期限制

的就是 SDL Trados Studio 2011。从笔者长期的使用经验来看，SDL Trados Studio 2011（Professional Service Pack 2, Pro SP2 版本）基本功能齐全，在实用、适用和好用等方面取得了较好的平衡，非常适合翻译初学者。

其实，使用 SDL Trados Studio 2011 版的最大优势是可以免费使用其在线翻译记忆库。软件安装完毕后，它会提醒用户注册成为 "BeGlobal 社区" 用户。我们知道，SDL Trados Studio 的核心技术之一就是翻译记忆，SDL Trados Studio 2011 支持在线的、免费的翻译记忆库。当我们创建一个新的翻译项目并对其进行设置时，可在 "翻译记忆库和自动翻译" 对话框中选择 SDL BeGlobal Community 作为翻译记忆库使用，而且这个记忆库的自动翻译准确性也可圈可点。业余译员和新接触到 CAT 的学生没有日积月累的专业翻译记忆库，SDL Trados Studio 2011 的这一功能多少能够弥补这一缺憾。见图 6-3。

图 6-3　使用 SDL BeGlobal Community

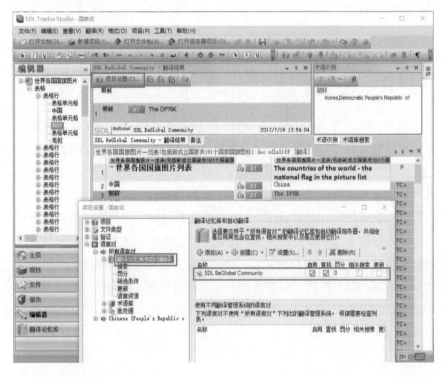

最后要强调的是，使用 SDL Trados Studio 2011 版是以研究和教学为目的的非商业性行为。如果译员使用 SDL Trados Studio 2011 是以营利为目的，还是有责任去维护该软件的版权。

# 二、SDL Trados Studio 2011 的安装

## 1. 安装环境

### （1）硬件环境

安装和运行 SDL Trados Studio 2011 对硬件要求并不高，只是硬件配置的高低会影响软件运行的效率。其次，电脑硬件要求各方面性能均衡，各部件不能有短板。SDL Trados Studio 2011 对硬件的要求如下：

CPU: Intel 或 AMD 各型号 CPU 均可，推荐使用 Intel 四代酷睿以上的CPU，比如四代酷睿 i7-4500U（低电压笔记本 CPU）。当然 CPU 越新越强大，运行速度越快。

内存：推荐使用 4GB 以上内存。运行 Windows XP 至少需要 1GB 内存，而运行 Windows 10（64 位）至少需要 4GB 内存。

硬盘：推荐 C 盘留有 5GB 以上的空余存储空间。

### （2）软件环境

在安装 SDL Trados Studio 2011 之前应该清理优化一下电脑，并了解它运行的软件环境，比如说操作系统是否运行流畅，是否发生过兼容性的问题，是否已经安装了 Microsoft Office 等。

操作系统可以是 Windows XP、Windows 7、Windows 8 或 Windows 10，32 位或 64 位操作系统，家庭版或专业版均可。推荐使用 Windows 7 旗舰版，或者 Windows 10 专业版。

安装 Microsoft Office 2003、2007、2010、2013 版本均可，如果安装 Microsoft Office Professional Plus 2013，它有 32 位或 64 位两个版本可选，建议与操作系统安装同样的版本。

不建议安装 Microsoft Office 2016 和 Microsoft Office 2019 "D" 版本和试用版本，因为有部分的 Office 2016/2019 版本（32 位或 64 位）与 SDL Trados Studio 2011 存在兼容性问题。

## 2. 安装 SDL Trados Studio 2011

建议安装 SDL Trados Studio 2011 SP2 这一版本，下载完整的安装包并解压。安装前最好退出杀毒软件，因为这样系统运行速度比较快，而且多数杀毒软件和安全卫士会阻止软件包里某些程序的运行。

鼠标左键双击 SDL Trados Studio 2011 SP2 的安装程序，进入安装界面。

单击 Accept 继续。见图 6-4。

图 6-4 SDL
Trados Studio
2011 SP2 的安
装（1）

在接下来的安装对话框里，选中 I accept the terms of the license agreement，单击 Next 继续。见图 6-5。

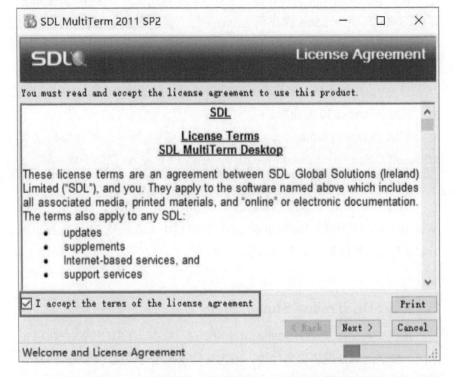

图 6-5 SDL
Trados Studio
2011 SP2 的安
装（2）

根据网速不同，安装过程中可能需要较长时间来下载和安装 Microsoft

Visual C++ 2008 Redistributable SP1 和 Microsoft. NET Framework 4 等 58 个
软件。如果是 Windows XP 系统，还会安装 Microsoft. NET Framework v3.5
等软件，整个过程自动检测，自动下载安装。见图 6-6。

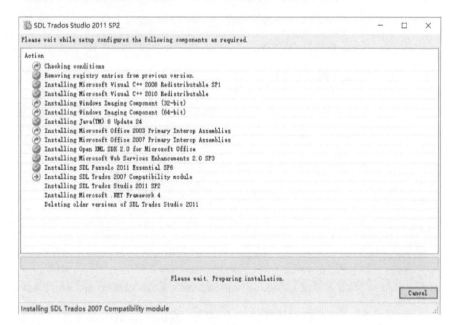

图 6-6　SDL
Trados Studio
2011 SP2 的安
装（3）

　　安装程序完成后，单击"确定"。这时，桌面上会创建 SDL Trados
Studio 2011 SP2 和 SDL Passolo Essential 2011 SP6 的快捷方式。至此，软件
安装成功。见图 6-7。

图 6-7　SDL
Trados Studio
2011 SP2 安装
完成

　　在桌面上双击 SDL Trados Studio 2011 快捷方式，程序启动后会弹出对
话框，要求用户注册成为 SDL BeGlobal 社区会员。见图 6-8。

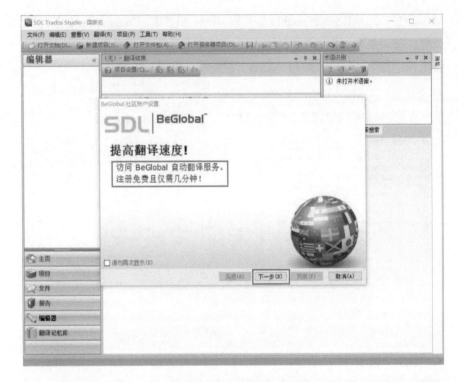

图 6-8 注册成
为 SDL BeGlobal
社区会员（1）

单击"下一步"，在对话框里输入名字、姓氏（即 SDL 的账号）和电
子邮件地址，选中"我已阅读并同意本条款和条件"，然后单击"完成"，
等待 SDL 社区发到邮箱中的邮件。打开邮件，点击"激活账号"，至此注
册完成，正式成为 SDL BeGlobal 社区会员。见图 6-9。

图 6-9 注
册成为 SDL
BeGlobal 社区
会员（2）

接下来，程序可能会弹出对话框，要求更新程序，或者在重新打开软件时弹出对话框要求更新程序，点击"取消"来取消更新。然后，在菜单栏上点击"工具"->"选项"，点击左边栏里的"自动更新"，并去掉右边栏"应用程序启动时自动检查是否存在更新"勾选框里的对钩，关闭自动更新。见图 6-10。

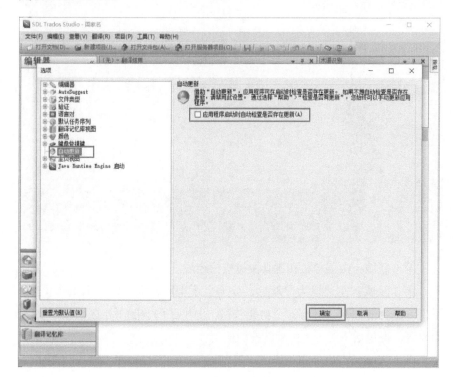

图 6-10 关闭自动更新

## 三、SDL Trados Studio 2011 界面及功能

### 1. 导航栏上的"主页"

双击 SDL Trados Studio 2011 图标，启动程序，稍等片刻便可以看到如图 6-11 所示的主页界面。如果程序启动时弹出"注册"对话框，勾选"请勿再次显示"，这样下次启动程序就不会出现了。

（1）主页界面

主页界面由三个工作区域组成，见图 6-11。

图 6-11　主页界面

第 1 区域：由菜单栏和工具快捷按钮组成。

第 2 区域：左边栏为导航栏，分为上下半区，上半区显示工作状态，下半区是功能按钮，共有 6 个功能按钮。上半区内容随下半区按钮的改变而改变，也包括了对下半区功能按钮的解释。

第 3 区域：右边为主工作区，这里显示的内容也随第 2 区导航按钮的改变而改变。翻译工作和其他操作主要是在这一区域进行。

点击左边导航栏上的"主页"功能按钮也同样进入主页界面，主页的功能就是快速打开待翻译的文档或新建项目等。主页左边栏里（上半部分）是常用帮助主题和样本，如操作指南等内容，译员可以随时查阅。主页右边区域里有四个快捷图标：打开文档、新建项目、打开文件包和打开服务器项目。下面首先讲解"打开文档"。

## （2）打开文档

点击"打开文档"图标，程序弹出对话框，选择要翻译的文档。这里我们选择"什么是计算机 .doc"（中文），需要将其翻译成英语。

由于 Trados Studio 的翻译工作都是基于项目的，也就是说，要翻译一个文档，得先创建一个项目。点击"打开文档"和点击"新建项目"都是创建了一个新的翻译项目。但不同的是，点击"打开文档"，程序会引导译员对翻译项目进行快速设置。

选择"源语言"为简体中文，"目标语言"为美式英语，然后"添加"或"创建"记忆库。这里我们选择 SDL BeGlobal Community 并勾选"启用"。如果我们有术语库，也可在项目设置中"添加"术语库。单击"确定"继续。见图 6-12。

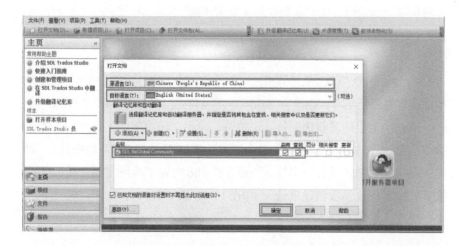

图 6–12 在主页上直接打开文档

此时，程序自动打开"编辑器"，我们可以借助加载的机器翻译对此文件进行初步翻译。关于"编辑器"的功能，我们会在下面继续讲解。见图 6-13。

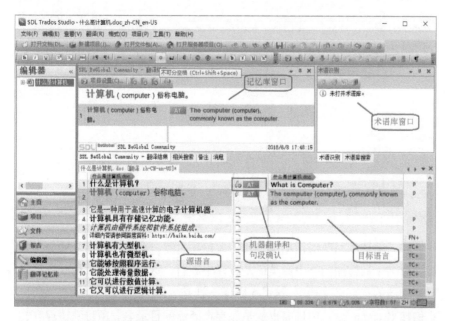

图 6–13 使用"编辑器"翻译文档

翻译完成后，保存文档，软件会提示保存的路径，比如：D:\Documents\什么是计算机.doc_zh-CN_en-US.sdlxliff。此 *.sdlxliff 文件只是双语编辑文件，并不是最终的译文。然后回到导航栏上的"项目"视图，可以看到已经建立了一个名为"什么是计算机"的项目。关于如何导出译文，还需要通过"批任务"->"生成目标翻译"来完成。具体操作将和下面的"编辑器"一同讲解。

接下来是"新建项目"的讲解。主页上的"打开文件包"和"打开服务器项目"的功能，我们也会在后面章节讲解。

### （3）新建项目

我们需要将"什么是计算机 .doc"中文文件翻译为英文，但我们没有本地文件翻译记忆库，也没有术语库。所以首先，我们得新建一个项目。

点击主页上的"新建项目"快捷键，弹出"新建项目"向导，或者直接单击左边导航栏的"项目"，并在工具快捷按钮上点击"新建项目"，同样也可进入"新建项目"向导。Trados Studio 内置了项目模版，我们可以接受"根据项目模版创建项目"下方的 Default（默认），直接点击"下一步"继续。见图 6-14。

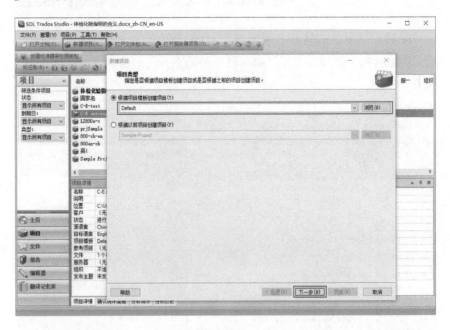

图 6-14 新建项目向导

在"新建项目"对话框里，我们要给项目起一个名字，名字最好是用英文命名（最好注明是中译英还是英译中项目，这样以后可利用此项目设置添加新的待翻译文档）。这里待翻译文档是"什么是计算机 .doc"，所以我们起名 computer，项目名也就是保存在硬盘的目录名。项目默认保存在 C 盘"我的文档 \Studio 2011\Projects\"。如果需要对源文件进行编辑，勾选"允许对支持的文件类型进行源编辑"。见图 6-15。

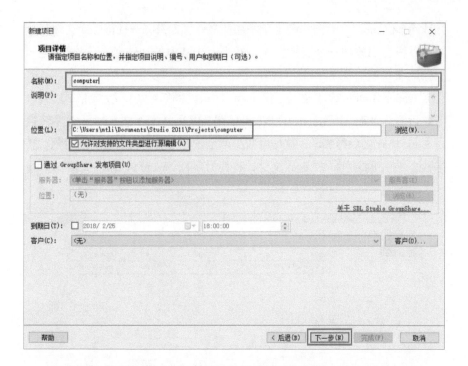

图 6-15　项目
详情

接下来在"项目语言"对话框里选择"源语言"为 Chinese (People's Republic of China)，并在下方选择"目标语言"为 English (United States)。点击"添加"，然后"下一步"继续。见图 6-16。

图 6-16　选择
源语言和目标语
言

在项目文件对话框里，点击"添加文件"，浏览找到待翻译文件"什

么是计算机 .doc", 点击"确定"添加此文件。如果有一批待翻译文件, 我们可以将它们放到一个文件夹里, 然后点击"添加文件夹", 这样新建一个翻译项目就可添加多个待翻译文件。见图 6-17。需要注意的是, 虽然 SDL Trados Studio 2011 支持 Microsoft Office 2003 – 2013 版本格式文件, 比如后缀为 *.doc 和 *.docx 的 Word 文件, 但还是推荐把 *.docx 文件转换为 *.doc 格式之后再翻译, 这样可减少两个软件可能出现的兼容性问题。具体做法是打开要翻译的 *.docx 文件, 将其另存为"Word 97–2003 文档"即可。

图 6-17 添加待翻译的文件

在"翻译记忆库和自动翻译"对话框里, 我们可以点击"添加", 给翻译项目设置一个或多个本地的"文件翻译记忆库", 还可以点击"添加", 选择 SDL BeGlobal Community, 这样新的翻译项目就可使用 SDL 公司的在线翻译记忆库（强烈推荐使用）。一般来说, 我们需要添加至少一个本地翻译记忆库（即使是空的记忆库也要添加, 用于自动存储编辑后的句段）和 SDL BeGlobal 社区自动翻译记忆库。见图 6-18。关于翻译记忆库的创建、维护与对齐, 本书后续的章节将作详细讲解。

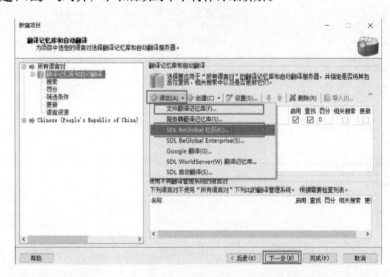

图 6-18 添加文件翻译记忆库

如果计算机里没有本地记忆库，可以点击"创建"，选择"新建文件翻译记忆库"，然后跟随向导，创建一个空的本地文件翻译记忆库。注意：中译英翻译记忆库是不能用于英译中的翻译项目的，反之亦然。单击"下一步"继续。见图 6-19。

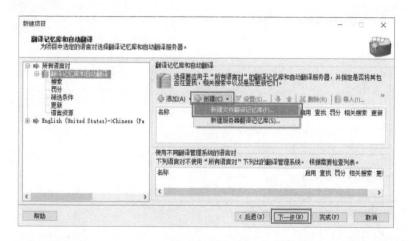

图 6-19 新建文件翻译记忆库

这里需要说明一下：一个翻译项目可以添加两个以上的翻译记忆库，而翻译记忆库除了能够自动搜索提供翻译提示以外，还可以将译员已完成的翻译句段自动添加进翻译记忆库，以备后用；而 SDL BeGlobal 社区记忆库虽然好用，但是译员自己翻译的句段无法保存在"社区"记忆库中。所以我们至少需要添加一个本地翻译记忆库，以便利用译员之前的翻译句段；它可以是新建的，也可以是以前存储在电脑里的记忆库。

接下来在弹出的对话框里，填写新创建的记忆库的名称，比如键入 computer，记忆库文件默认保存在 C 盘"我的文档 \Studio 2011\Translation Memories\"，单击"下一步"继续。见图 6-20。

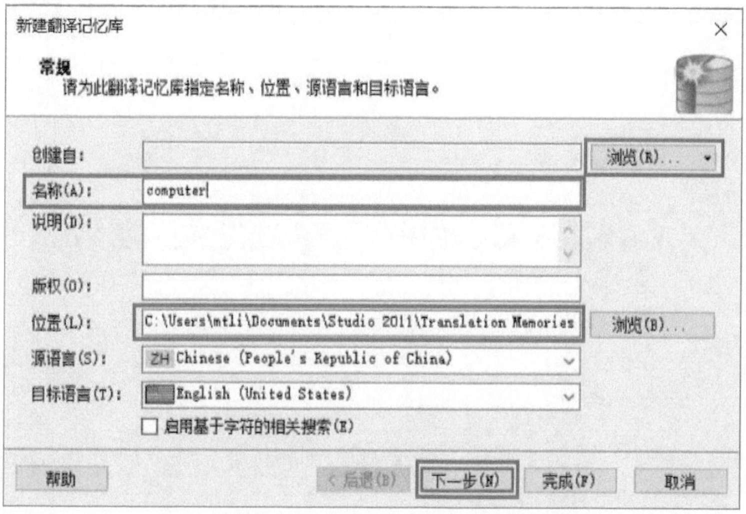

图 6-20 新建翻译记忆库的名称与存储

接下来是新建翻译记忆库的"字段和设置"对话框，为翻译记忆库指定字段和设置。这里一般不用设置，单击"下一步"继续即可。见图 6-21。

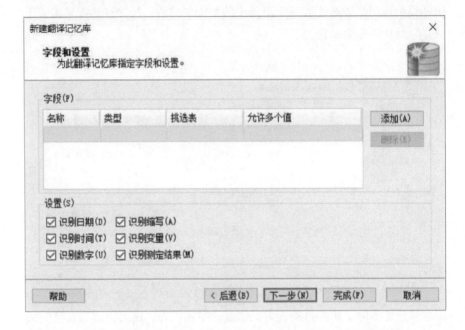

图 6-21　新建翻译记忆库的字段和设置

接下来是"语言资源"对话框，是为新建的翻译记忆库选择语言资源模板或指定语言资源的。这里也无须进行设置，单击"下一步"继续，直至"完成"。见图 6-22。

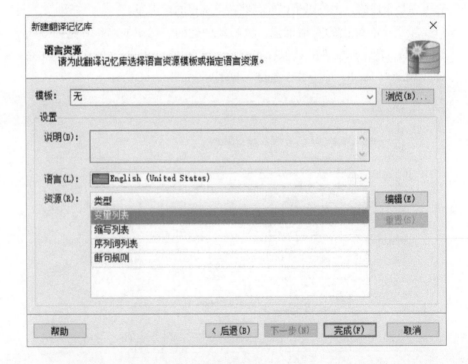

图 6-22　新建翻译记忆库的语言资源

　　至此，我们就创建了一个空白的本地文件翻译记忆库。随着翻译工作不断深入和增加，本地翻译记忆库的容量也在不断更新和扩大。如图 6-23 所示，SDL BeGlobal Community 记忆库的后两个选项"相关搜索"和"更新"是灰色的，无法选中。也就是说，机器翻译的结果无法自动保存在这个社区记忆库，但有了本地文件翻译记忆库，我们就可将所有采纳的机器翻译句段保存在本地机上。单击"下一步"继续。

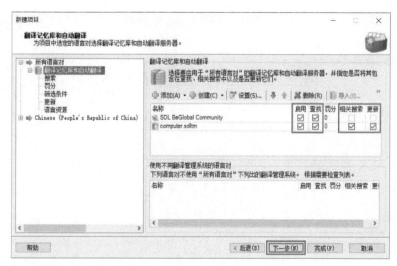

图 6-23 翻译记忆库添加完毕

　　在接下来的"术语库"对话框中，可以"添加"一个术语库，如果暂时没有，也允许以后再添加。我们需要用 SDL MultiTerm 2011 Desktop 来创建一个新的术语库。关于术语库的创建和管理等，将在后续的章节中讲解。单击"下一步"继续。见图 6-24。

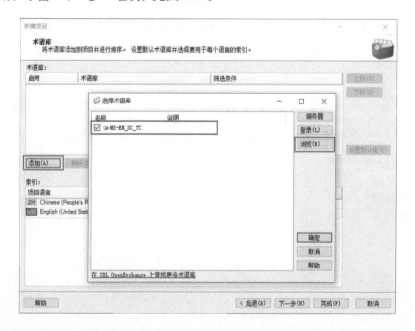

图 6-24 添加术语库

接下来是 SDL PerfectMatch 对话框，为项目中的待翻译文件添加以前翻译过的双语文档，选择"使用原始翻译原文和状态"。这一功能有助于提高翻译的准确性，译员不需要对完全（100%）匹配的内容进行校对，从而提高了效率。如果没有以前翻译的双语文档，则无须设置，单击"下一步"继续。见图 6-25。

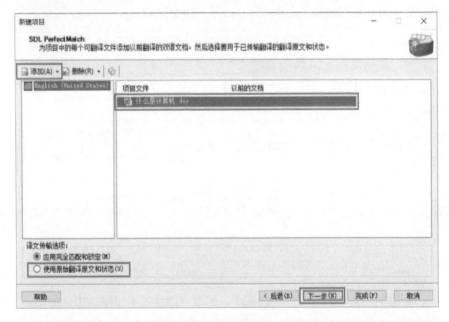

图 6-25　应用 PerfectMatch

在"项目准备"对话框里，如果设置为"不使用项目 TM 准备"，则向导在不创建项目翻译记忆库的情况下，转换、分析和预翻译文件；如果设置为"准备"，则向导会自动对翻译文件进行格式转换，应用 PerfectMatch，分析文件，并应用翻译记忆库和预翻译文件。通常我们采用默认设置，即"准备"。见图 6-26。

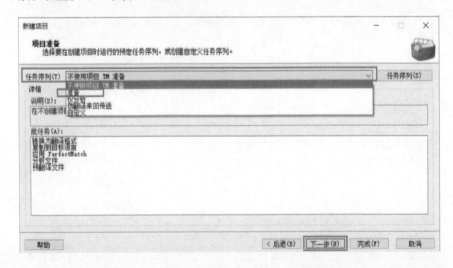

图 6-26　项目准备

在"批处理设置"对话框里，我们不用设置，向导会进行三项自动处理：分析文件、预翻译文件和模糊匹配段，直接点击"下一步"继续。见图 6-27。

图 6-27 批处理设置

在"项目汇总"对话框里可以浏览此新建项目的具体信息，包括项目名称、存储路径、源语言和目标语言，以及翻译项目的设置，单击"完成"。见图 6-28。

图 6-28 新建项目汇总

在这一步向导会按照前面的设置进行批处理，批处理一共有 6 项，具体是：①转换为翻译格式；②复制到目标语言；③应用 PerfectMatch；④分析文件；⑤预翻译文件；⑥更新项目翻译记忆库。右边显示"错误：0"

和"警告：0"，这表示此项目创建成功，可进入"编辑器"进行翻译。如果批处理出现错误，请重新运行该向导。如果想保存此项目作为模版，以备将来在其他项目中使用，可以勾选对话框底部的第二或第三选项。最后点击"关闭"按钮，完成新建翻译项目。见图 6-29。

图 6-29 新建项目完成

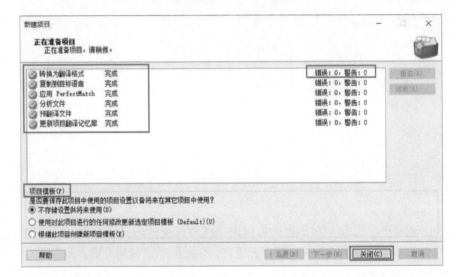

## 2. 导航栏上的"项目"

在左边导航栏上点击"项目"，这时在右边上半部分的窗口里我们就看到了 Sample Project。见图 6-30。

图 6-30 突出显示的当前项目样本

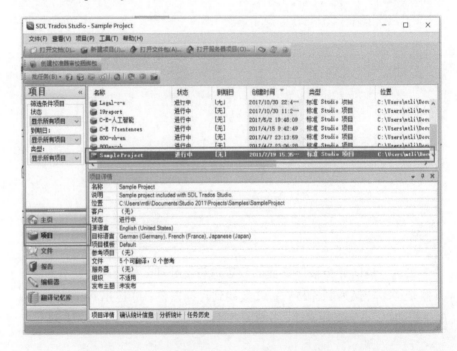

右边窗口分上下两个部分，窗口上半部分是项目列表，突出显示的就是"当前项目"，也称"激活的项目"。双击某一项目，这一项目就成为"当前项目"，就可以在"文件"模块中显示，并可以在"编辑器"模块打开。

窗口下半部分是项目具体表述，比如项目名称、说明、文件位置等。我们可以看到，这个样本项目的源语言是英语，目标语言有德语、法语、日语，本项目包含 5 个可翻译文件等信息。

如果要切换项目，直接点击项目列表中的某一项目，我们会看到此项目已经变为突出显示的"当前项目"了。如果是新创建的项目，此项目也会自动成为"当前项目"。只有"当前项目"才可以进入下面的"文件"和"编辑器"模块。

## 3. 导航栏上的"文件"

点击左边导航栏上的"文件"，或者在"项目"视图里双击当前项目，就会进入"文件"模块，看到当前项目里包含的所有待翻译文件。见图 6-31。

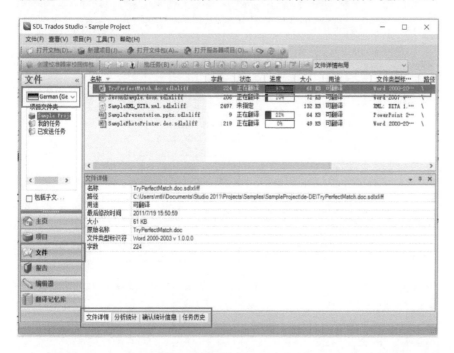

图 6-31　待翻译文件列表和详情

首先我们在左边导航栏上半部分看到，样本项目中第一个待翻译文件的目标语言是德语，如果目标语言还有其他语言，下拉此框就可见其他目标语言。

在右边窗口的上半部分里，我们看到有 5 个待翻译文件，第一个待翻译文件显示的信息有：文件名 TryPerfectMatch.doc.sdlxliff，这里文件名后缀 .doc 表示原文是 Microsoft Word 文档，后缀 .sdlxliff 表示是 SDL 用于翻译的双语文件格式；字数是 224；状态是正在翻译；进度是 97% 等。

在右边窗口的下半部分里，我们看到第一个待翻译文件的"文件详情"，比如名称、路径、用途、最后修改时间等。在右边窗口的下端，我们还可以看到"分析统计""确认统计信息"以及"任务历史"等文件详情。点击"分析统计"，可以看到此翻译文档与 PerfectMatch 的匹配程度，以及上下文匹配、不匹配、（源语言字数）总计等详细信息，这些文件信息对译者和审校人员而言是非常宝贵的。

## 4．导航栏上的"报告"

接下来，点击左边导航栏上的"报告"，我们可以在右边主窗口查看翻译项目的详情汇总报告。见图 6-32。

图 6-32 待翻译文件列表和详情

由于此翻译项目并没有完成，所以右边窗口里显示的是"预翻译文件报告"，其实就是该翻译项目详情的汇总报告，包括了所有文件翻译的进展详情、项目设置的细节、翻译匹配的分析统计以及各个待翻译文件的详情，比如源语言的类型、句段、字数等统计信息。

如果预翻译过程顺利，没有出现错误，即可进入到下一"编辑器"模块。此外，当该项目全部编辑和翻译完成后，点击导航栏上的"报告"，也可了解该项目详情。此汇总报告对于译者，尤其是译后审校人员了解翻译项目详情至关重要。

## 5．导航栏上的"编辑器"

在左边导航栏上点击"编辑器"，就打开了 Trados Studio 最重要的模块，翻译项目的主要工作都要在这里完成。需要注意，虽然"编辑器"被打开，但里面并没有文件可翻译。要打开待翻译的文件，必须回到导航栏上的"文件"，在右边窗口上半部分里选中要编辑的文件，双击它就可以打开并翻译该文件了。当然，也可选中待翻译文件，点击鼠标右键，选择"打开并翻译"，同样也可打开该文件并开始翻译（编辑）了。

我们根据之前的向导新创建了一个英译中项目，待翻译文件的名称为 Basic-Computer-Skills.ppt.sdlxliff，是一个关于计算机基本技巧的 PPT 文档。在"文件"视图下，双击该文件名，即可打开并翻译该 PPT 文件。

在正式开始翻译之前，有必要介绍一下"编辑器"的界面以及各个编辑窗口的功能。见图 6-33。

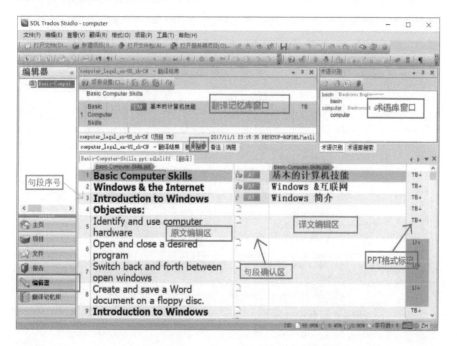

图 6-33　编辑器工作区域

编辑器工作区域分为三个窗口：上面两个分别是"翻译记忆库窗口"和"术语库窗口"；下面一个是编辑器窗口，这里又分为 5 栏（区），从左至右分别是：句段序号、原文编辑、句段确认、译文编辑和（Microsoft Office）格式标记。句段序号是 SDL Trados Studio 为待翻译的文档自动编排的。原文编辑区域里的文字一般不需要编辑，当然如果需要也可点击鼠标右键选择"编辑原文"。句段确认是指某一句段翻译完毕后用组合键（Ctrl + Enter）来确认。译文编辑区域是译员翻译、修改译文的区域。最后一栏是 Microsoft Office 或者其他文档（如 PDF）的格式标记，比如图 6-33 中的 TB+ 代表 PPT 文件中的文本框。将鼠标移至此区域，就会显示这种格式标记是什么。

使用"编辑器"来翻译此篇 PPT 文档并不复杂，因为我们在创建这个项目时，已经为其设置了翻译记忆库（一个空白本地记忆库和 SDL BeGlobal Community）和术语库，而且在翻译之前我们已经对 PPT 文档进行了批处理（分析和预翻译文档等）。

在编辑器窗口里，用鼠标点击译文的第一行，"翻译记忆库窗口"就会显示，它已经搜索到了匹配句段并给出了翻译提示，原文和译文之间的 CM 表示此句段有"上下文匹配"（Context Match），而在下方窗口的"句段确认"里面也显示一个铅笔图标和 AT（Automatic Translation）。如果译员接受此自动翻译的句段，可以使用组合键 Ctrl + Enter 确认，这时，铅笔图标就变成了铅笔打钩的图标了。此时 Trados Studio 会自动将翻译好的句段存入本地翻译记忆库（这也就是为什么一定要为翻译项目设置一个本地翻译记忆库的原因），并且自动进入下一个句段的翻译。见图 6-34。

图 6-34 翻译记忆库给出翻译提示

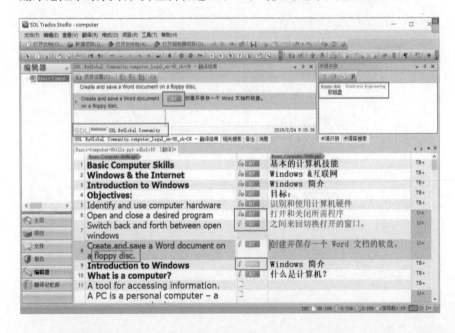

我们看到，在句段确认区中，大部分标记都是 AT，表示这些翻译都来自 SDL BeGlobal Community 的机器翻译，而且翻译的准确性也可圈可点，几乎不需要人工修订。只有一个标记为 100%，表示这一句段来自本地翻译记忆库（其实也是保存了前面的机器翻译的结果），匹配度为 100%。

由此可见，翻译记忆库在 SDL Trados Studio 辅助翻译的过程中起着至关重要的作用，译员的工作似乎只需要确认句段即可。如果我们经常翻译某一个专业的文献，比如计算机科学，就会逐渐积累自己的专业翻译记忆库；以后再翻译计算机类文献，SDL Trados Studio 就会更快、更高效地给出 CM 翻译搜索提示，比 AT 提示准确性高很多，基本上可直接按 Ctrl + Enter 进入下一个句段。

术语库在翻译项目中的作用也很重要。比如我们新建一个医学的中译英翻译项目，待翻译文档是一篇 PPT 格式的医学文件，并为其设置了翻译记忆库（一个空白本地记忆库和 SDL BeGlobal Community）和术语库（本处命名为 Medicine），而且在翻译之前我们已经对 PPT 文件进行了批处理（分析和预翻译文档等）。当我们在"编辑器"中翻译第 3 句段时，右上角的"术语库窗口"会自动识别并显示有关的医学术语。见图 6-35。

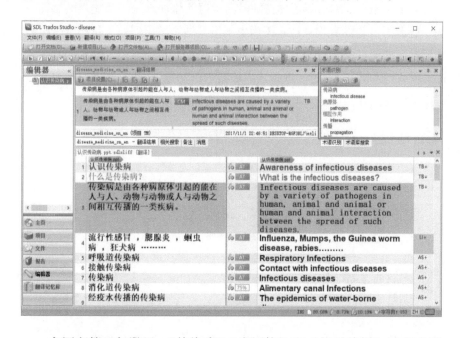

图 6-35 编辑器中的术语识别

在原文第 3 句段里，"传染病""病原体"和"相互传播"这些术语的上方都用横线进行了标记。这样可以保证我们（包括本翻译项目的其他译员）在翻译时使用一致的术语，比如"传染病"统一译为 infectious diseases，而不是 contagious illness。见图 6-35。

如果机器自动翻译的结果不准确，比如图 6-36 中的"蛔虫"没能正确翻译出来，而术语库则给出了提示 eelworm，此时，我们只需将鼠标光标移动到译文区要插入的位置，然后选择术语库里提示的术语，点击右键"插入术语翻译"即可。见图 6-36。

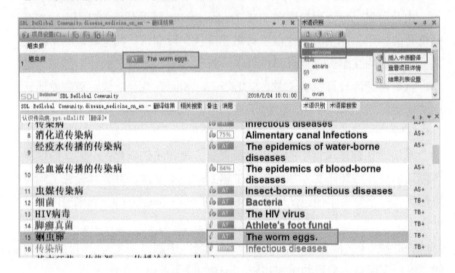

图 6-36 插入术语库识别的术语

Trados Studio 编辑器还支持随时向术语库添加术语的功能。比如有一些专业术语可能没有收录在术语库中，但又是经常用到的，我们可以在原文编辑区和译文编辑区分别选中该术语；例如"传播途径"和 the route of infection，点击鼠标右键，选择"添加新术语"，这样就把新术语添加进术语库了。见图 6-37。

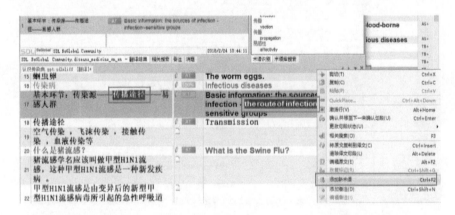

图 6-37 添加新术语

在添加新术语时，编辑器底部会打开一个"术语查看器"窗口，我们可以在窗口内对术语进行编辑，比如进一步解释，最后一定要记住点击"保存"。见图 6-38。然后，我们就可以在上面的术语库窗口里看到添加的新术语了。

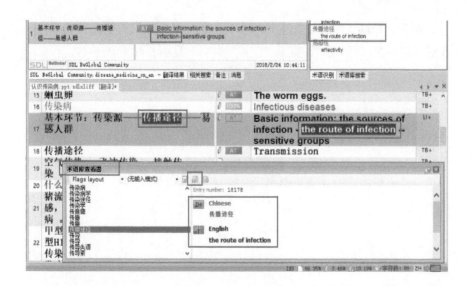

图 6-38 编辑
和保存新术语

至此，导航栏上"编辑器"的主要功能与操作流程大体上讲解完毕。如果翻译文件也编辑完毕，请一定要"保存"该文件。我们可以在菜单栏点击"文件"，选择"保存"，也可使用快捷键组合 Ctrl + S。建议在使用"编辑器"翻译的过程中，每隔 5 到 10 分钟就保存一下正在翻译的文件，这样可以避免程序（或人工编辑）在翻译过程中出现的意外故障。

此时翻译项目还差最关键的一步即可完成：生成目标翻译文件（译文）。我们在"编辑器"里保存好已经翻译完的文件后（双语编辑文件 *.sdlxliff），点击菜单上"项目" -> "批任务" -> "生成目标翻译"。另一种方法是返回导航栏上的"文件"视图，选中该文件，点击鼠标右键，弹出"批任务" -> "生成目标翻译"。见图 6-39。

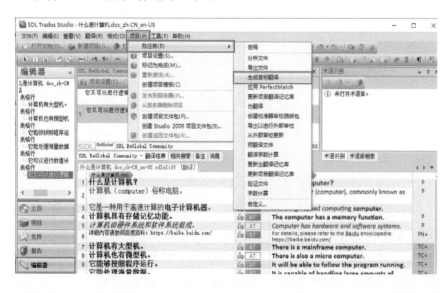

图 6-39 保存
编辑文件并生成
目标翻译（译文）

此时，Trados Studio 会弹出向导，一步一步引导我们生成目标翻译，我们只需点击"下一步"，直至"完成"即可。见图 6-40 和图 6-41。

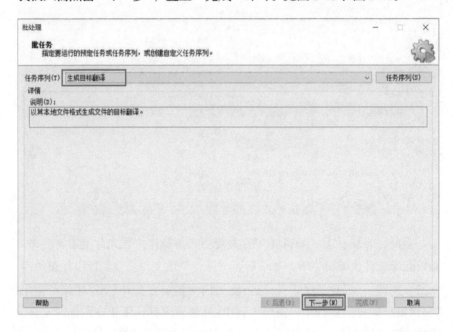

图 6-40 运行"批任务"->"生成目标翻译"

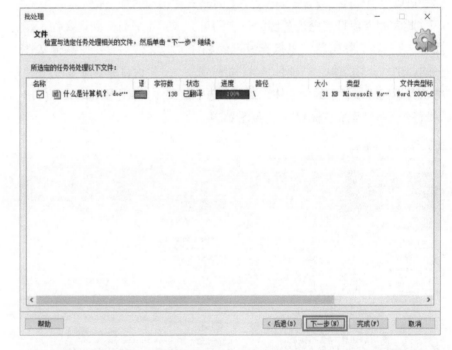

图 6-41 "批任务"->"生成目标翻译"完成

"生成目标翻译"的向导结束后，"编辑器"自动关闭正在编辑的文件。我们返回导航栏上的"文件"视图，选中该文件，点击鼠标右键，选择"浏览文件所在的文件夹"。见图 6-42。

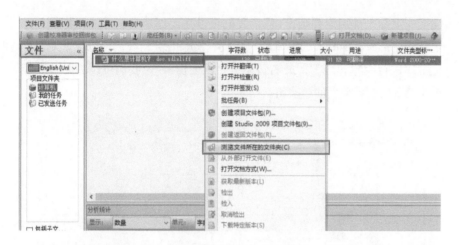

图 6-42　浏览文件所在的文件夹

在打开的文件夹内，可以看到刚刚生成的译文（Word 文件），双击该文件打开译文。我们可以看到原文中例如字号、粗体和斜体等格式均被保留在译文中。至此，这一翻译任务就完成了。见图 6-43。

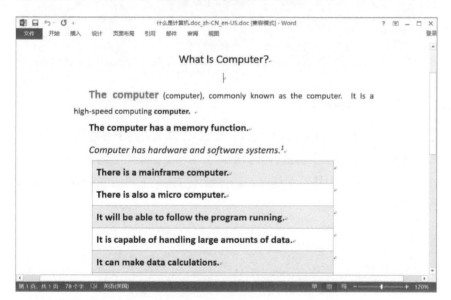

图 6-43　已完成的译文

## 6．导航栏上的"翻译记忆库"

翻译记忆库是包含源语言句段及其翻译版本的文件或数据库，其中包括的单个源语言和目标语言句段称为翻译单元（TU）。翻译记忆库的用途在于通过重复利用先前的译文来减少翻译新文档所用的时间和精力。

### （1）点击"翻译记忆库"

在导航栏上点击"翻译记忆库"，就会出现如图 6-44 的界面。在此视图里，上面是"搜索详情窗口"，我们可以在此创建筛选条件并将其应用于翻译记忆库；中间大的窗口是"TM 并排编辑器"，我们可以在此对翻译记忆库进行编辑和维护；最右边是"字段值窗口"，我们可以在此查看和编辑选定的翻译单元的字段值。

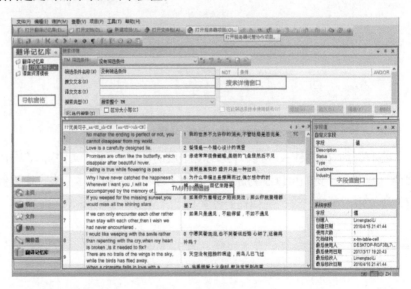

图 6-44 "翻译记忆库"的界面

## （2）打开并编辑翻译记忆库

点击导航栏上方的"打开翻译记忆库"，浏览并打开本地的翻译记忆库。导航栏上会显示所有已打开的翻译记忆库。如果需要编辑和维护，直接在"TM 并排编辑器"中编辑，具体操作方法与上面的"编辑器"操作方法类似。见图 6-45。

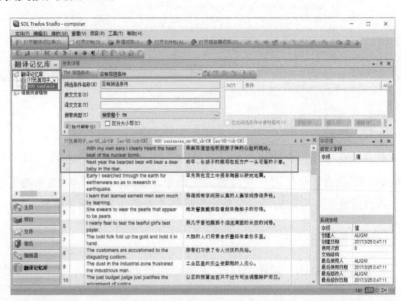

图 6-45 打开并编辑翻译记忆库

### （3）编辑后保存更改

在"TM 并排编辑器"中，我们一次只能看到 50 个翻译单元（TU），如果要看到更多翻译单元，需要向下翻页，点击工具栏上的"转至下一页"。在"TM 并排编辑器"中，我们可以对原文文本和译文文本的对齐句段进行修改、删除等操作，修订过的翻译单元格变为深灰色。在翻译单元中更改文本之后，接下来我们需要保存更改。单击工具栏上的"提交更改"（保存）按钮，修订后的翻译单元将被保存。见图 6-46。

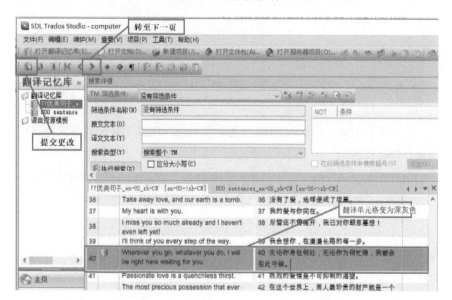

图 6-46　编辑并保存 TM

这里我们只是简要介绍"翻译记忆库"的界面及相关操作，具体如何创建、搜索和维护翻译记忆库，我们将在后续章节里详细介绍。

## 四、小结

本章主要介绍了 SDL Trados Studio 2011 的几个常用功能。SDL Trados Studio 2011 是一款能够满足广大译员和学生需求的、好用的翻译平台，使用它可加快翻译速度，提高工作效率。

安装 SDL Trados Studio 2011 后，能够免费使用 SDL 公司的在线机器翻译（记忆库）。对于初次接触计算机辅助翻译的学生和业余译员来说，使用 SDL BeGlobal Community 可以弥补没有翻译记忆库的缺憾，而且该记忆库的自动翻译准确性也很高，值得推荐。

SDL Trados Studio 2011 安装成功后，我们能够很快上手，因为 SDL Trados Studio 2011 使用了集成统一界面，翻译、审校、项目管理、统计信息、记忆库查询和管理、术语操作等，所有翻译工作皆可在一个界面中完成。这一操作模式免去了频繁切换窗口、寻找菜单和按钮的不便，提高了工作的效率和连贯性。

此外，本章还重点介绍了 SDL Trados Studio 2011 的六个功能模块，它们分别是：主页、项目、文件、报告、编辑器、翻译记忆库，并以图文对应的方式，对每一个模块和功能进行了详细介绍和操作示范。

## 思考与讨论

1. 简要介绍一下 SDL 公司及其产品 SDL Trados Studio 2011 的特点，并尝试安装该软件。

2. 利用 SDL Trados Studio 2011 创建一个新翻译项目，并为其设置翻译记忆库和术语库。

3. 用"编辑器"翻译一篇简单的中译英 Word 文档，保存并生成目标翻译。

# 第七章
## 使用 SDL Trados Studio 2011（中）

在这一章，我们将学习如何使用 SDL Trados Studio 2011 的拼写检查、AutoSuggest 和 AutoText 功能，如何对翻译项目进行科学管理，以及如何使用"批任务"里的几个重要功能，来进一步提高翻译编辑的效率。

## 一、拼写检查、AutoSuggest 和 AutoText 功能

SDL Trados Studio 2011 在翻译编辑器里提供了拼写检查、AutoSuggest 和 AutoText 功能，可以帮助翻译工作者提高翻译编辑的效率。目前，这三项功能仅支持主要西语的编辑与输入，也就是说，翻译项目的目标语言一定要是西语，比如英、法、德等语言；暂不支持目标语言为亚洲语言的编辑与输入，如汉语、日语、韩语等。

### 1．拼写检查

SDL Trados Studio 2011 提供的拼写检查为 Hunspell。这项功能以及它所依托的拼写词典在安装 Trados Studio 时就已经默认安装了。

#### （1）启用拼写检查工具

我们可以通过按 [F7] 键，随时对译文文档进行拼写检查。如果已启用键入时检查拼写选项（默认情况下启用），Trados Studio 会在我们输入内容时对译文文档自动进行拼写检查，并用波浪下划线标记拼写错误。当 Trados Studio 进行拼写检查时，会在为目标语言（主要是西语）启用的所有词典中进行查找。见图 7-1。

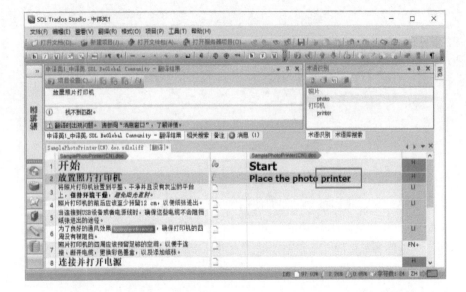

图 7-1 自动拼写检查功能

**（2）拼写检查工具设置**

我们可以对拼写检查进行设置，指定自己熟悉的拼写检查工具。具体做法是，在"编辑器"视图上点击"菜单"->"工具"->"选项"，在选项窗口中点击"编辑器"，然后点击第一项"拼写"，就可以指定以下设置：

- 在"活动拼写检查"下拉选项中，选择要使用的拼写检查工具。
- 拼写检查期间将忽略的句段元素和句段类型。
- 要使用的自定义词典。

注意：根据所选拼写检查工具，此页面会提供不同的设置以供使用。见图 7-2。

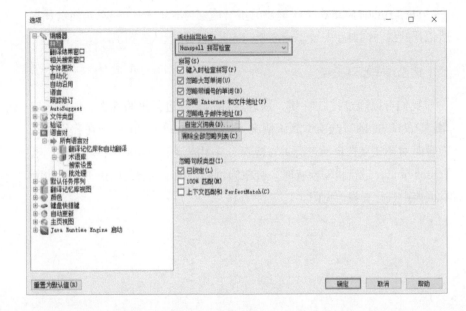

图 7-2 设置拼写检查工具

（3）选择拼写检查工具

在"拼写"设置中，我们可以选择拼写检查工具：

- Hunspell: 此工具随 SDL Trados Studio 自动安装。
- Microsoft Word: 只有在安装了 Microsoft Word 时，此工具才可用。

注意：Microsoft Word 中文版在安装时，只默认安装了英语语言。如果要使用其他西语语言，则要在 Microsoft Word 中进行添加。Microsoft Word 拼写检查工具的优势在于可以继续使用自己添加的 Microsoft Word 的自定义词典。

## 2．AutoSuggest 功能

AutoSuggest 是一种新颖的翻译编辑工具，主要功能是当我们输入译文时，能够自动借鉴之前的翻译，为翻译工作者提供翻译建议。AutoSuggest 的建议主要来自 AutoSuggest 词典、加载的术语库和自动文本。而且，Trados Studio 2015 之后的版本还支持翻译记忆库和自动翻译，以及片段匹配。

（1）AutoSuggest 的作用

AutoSuggest 词典包含了从翻译记忆库（*.sdltm）或 tmx 文件中提取的词汇和短语。在文字输入过程中，AutoSuggest 词典和术语库等可自动提供建议。当输入某个词汇的前几个字符后，系统会显示来自 AutoSuggest 词典的以相同字符开头的建议词汇和短语列表。如果列表中有我们要输入的词汇或短语，我们可以在列表中进行选择以自动填写相关词汇或短语。如果我们继续输入，则建议的单词列表将不断进行更新。

例如，在已经加载了 AutoSuggest 词典的情况下，我们刚刚输入 pri，系统就会自动弹出带有图标的建议词汇和短语：printer, printing of your pictures, print to a printer 等。小图标表示该建议来自术语库；而大一些的图标则表示该建议来自记忆库。我们只需移动上下键，选择建议的词汇和短语后按回车键，即可完成翻译过程中的快速输入。见图 7-3。

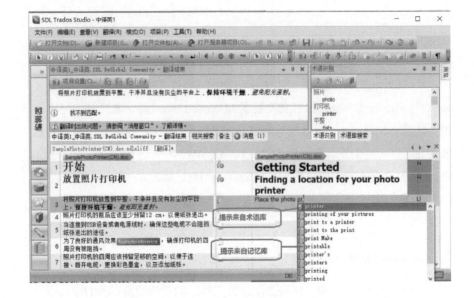

图 7-3 使用
AutoSuggest
词典

## （2）为翻译项目添加 AutoSuggest 词典

SDL Trados Studio 2011 的默认设置是启用 AutoSuggest 的。鼠标点击"菜单"->"工具"->"选项"，在"选项"对话框中点击 AutoSuggest，然后就可更改默认的设置。见图 7-4。

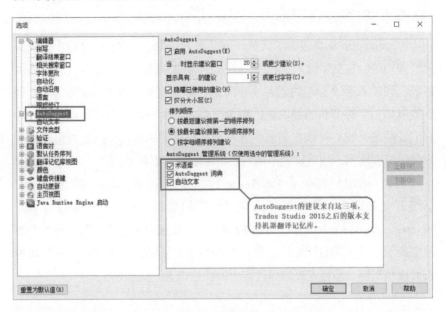

图 7-4 设置
AutoSuggest
词典

当新建翻译项目时，向导并没有提示要加载 AutoSuggest 词典，所以我们要为翻译项目手动加载 AutoSuggest 词典。具体做法为：在翻译编辑器的页面上，点击"项目设置"，再点击"语言对"，接着点击下面的"AutoSuggest 词典"，然后在右边的窗口里点击"添加"，浏览本地的文件夹，加载已经制作好的 AutoSuggest 词典（*.bpm），最后点击"确定"。整个加载的过程同加载翻译记忆库一样。见图 7-5。

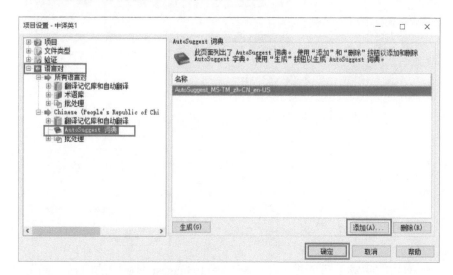

图 7-5　加载 AutoSuggest 词典

### （3）制作 AutoSuggest 词典

制作 AutoSuggest 词典需要使用翻译记忆库，即从现有的翻译记忆库中提取词汇和短语。选择翻译记忆库需要注意两点，一是翻译记忆库的格式必须是 *.sdltm 或 *.tmx 文件；二是翻译记忆库必须足够大，至少要包含 25,000 个翻译单元才能创建有用的 AutoSuggest 词典。Trados Studio 2015 之后的版本对此要求有所降低，翻译记忆库里的翻译单元不少于 10,000 个，否则无法生成 AutoSuggest 词典。

具体步骤如下：在翻译编辑器页面，在菜单栏里点击"工具"->"生成 AutoSuggest 词典"，进入"新建 AutoSuggest 词典"向导；也可直接在"项目设置"->"AutoSuggest 词典"对话框里，点击"生成"按钮，进入向导。见图 7-6 和图 7-7。

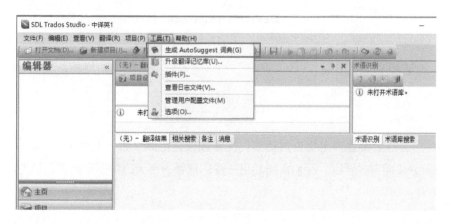

图 7-6　新建 AutoSuggest 词典（1）

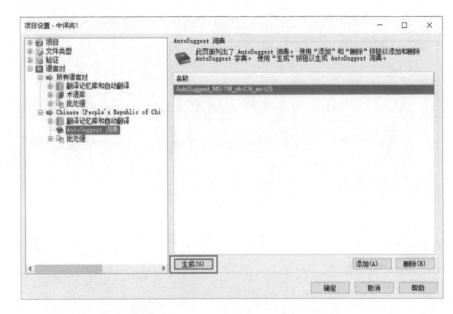

图 7-7　新建 AutoSuggest 词典（2）

　　点击"生成"后就进入了"新建 AutoSuggest 词典"的向导。首先，选择翻译记忆库。点击"浏览"，加载本地的翻译记忆库文件。见图 7-8。浏览文件夹后，打开准备好的 legal_c-e.tmx 格式的记忆库文件，点击"下一步"继续。

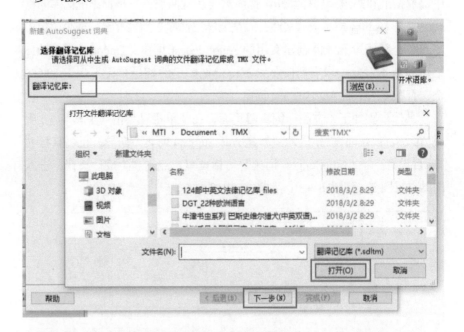

图 7-8　新建 AutoSuggest 词典向导

　　但是紧接着弹出警告对话框，提示翻译记忆库太小，无法生成 Auto-Suggest 词典。所以，我们需要后退一步，选择一个大的翻译记忆库。见图 7-9。

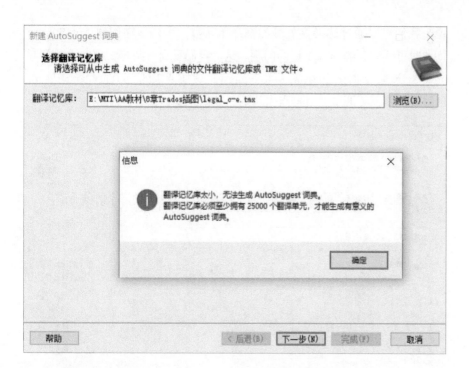

图 7-9　翻译记忆库太小的警告

重新浏览文件夹，选择一个大的记忆库文件 China_law_c-e.sdltm，经向导检查后确定此记忆库足够大，接着进入语言对的设置。在这里，我们可以设置源语言和目标语言。点击"下一步"继续。见图 7-10。

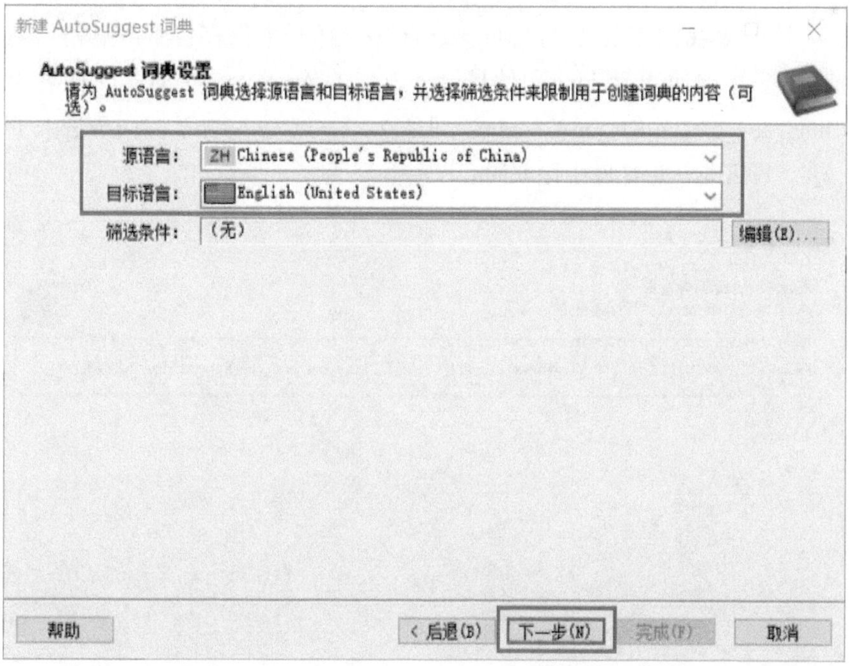

图 7-10　选择源语言和目标语言

接下来我们可以对 AutoSuggest 词典创建内存用量进行设置，也就是说，我们可以通过选择要处理的翻译单元数，来调节在创建 AutoSuggest 词典时可能遇到的内存不足的问题。这里我们看到一共有 26,718 个翻译单元需要处理，刚刚超过生成 AutoSuggest 词典所要求的 25,000 个翻译单元。所以我们不需要调节，直接点击"下一步"继续。见图 7-11。

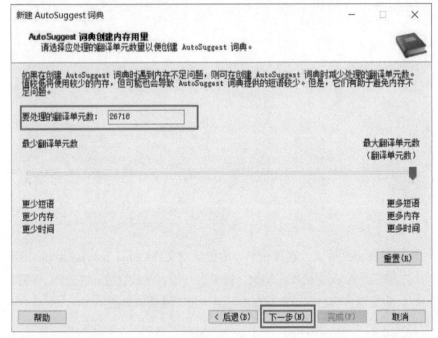

图 7–11　选择要处理的翻译单元数

接下来我们需要为 AutoSuggest 词典选择一个保存位置。点击"浏览"，选择本地硬盘上的文件目录。新建的 AutoSuggest 词典文件名为 China_law_c-e_zh-CN_en-US.bpm。见图 7-12。点击"完成"，向导进入下一步，即开始从记忆库中提取词汇和短语。

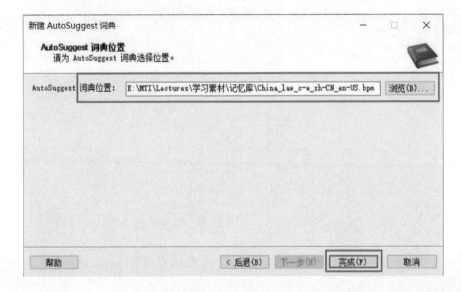

图 7–12　为 AutoSuggest 词典选择位置

最后一个步骤是生成 AutoSuggest 词典，其中包含三个分步骤：①将翻译记忆库导入 tmx 文件；②提取双语词汇和短语；③提取之后删除临时 tmx 文件。根据翻译记忆库里翻译单元数目的不同，这一步花费的时间大约为 2 到 5 分钟。AutoSuggest 词典生成之后，点击"关闭"完成。见图7-13。

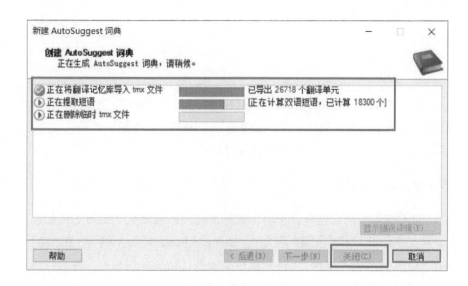

图 7-13　生成 AutoSuggest 词典

至此，我们成功创建了一个属于自己的 AutoSuggest 词典。至于它在翻译过程中能起到多大作用，则取决于翻译记忆库的大小和质量，以及自动文本（AutoText）的大小。注意：这种类似于联想输入的 AutoSuggest 建议，只适用于英语及其他西语的输入，对中、日、韩等亚洲语言的输入则不适用。

## 3．自动文本

SDL Trados Studio 2011 提供的另一项功能就是自动文本，可以帮助我们快速地输入西语的长句或长单词。这些长句或长单词可以是我们事先导入或录入的文本，用法与 AutoSuggest 词典一样，在输入西语文本时能自动给出建议。

### （1）设置自动文本

在菜单栏上点击"工具"->"选项"，在弹出的选项对话框左上角点击 AutoSuggest，其下就是"自动文本"。点击它，进入"自动文本"的设置。见图 7-14。

图 7-14　设置
自动文本

在"选项"对话框的右边，可以设置目标语言，除了英语之外，还可以选择其他西语作为目标语言。如果有以前编辑好的自动文本条目文件，可以点击"导入"，将其导入文本条目列表中。

**（2）录入自动文本条目**

如果需要，我们也可以手动录入经常使用的自动文本条目。比如在"自动文本条目"一栏里键入英文 the Belt and Road Initiative（"一带一路"倡议），然后点击"添加"，将此条目添加进自动文本列表中。用同样的方法，我们还可以添加其他英文句子或长单词，例如 University of Science and Technology of China（中国科学技术大学）、School of Humanities and Social Science（人文社科学院）和 Archaeometry（考古定年学）等。添加完毕之后，点击"确定"。

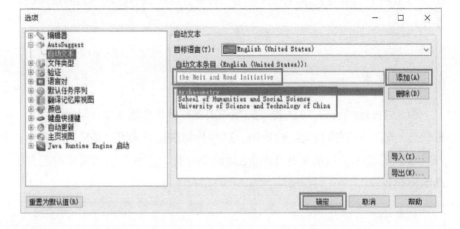

图 7-15　录入
自动文本条目

**（3）自动文本演示**

现在我们就可以利用自动文本功能，快速地输入西语的长句或长单词了。比如要输入 University of Science and Technology of China 时，只需键入

Univ 这四个字母，自动文本就会弹出建议，按回车键确认即可完成输入。
见图 7-16。

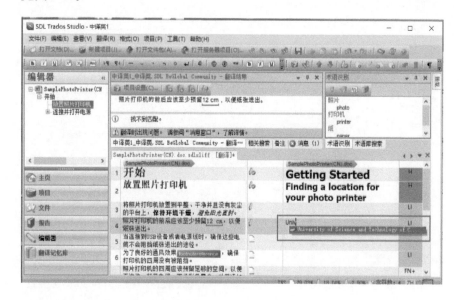

图 7-16　自动
文本弹出建议

## 二、翻译项目管理

### 1．利用现有项目翻译新的文档

　　SDL Trados Studio 2011 采用完全基于项目的工作方式，使得管理翻译
项目和翻译资产的工作变得非常便捷。也就是说，要想翻译一篇文章，必
须先建立一个翻译项目。在翻译项目里，我们可以设定翻译的工作环境，
比如设定语言对、记忆库、术语库、AutoSuggest 词典等。但是每次翻译一
篇新的文档都要新建翻译项目多少有些麻烦，不过我们可以利用先前创建
的翻译项目来翻译一篇新的文档。

　　利用现有翻译项目来翻译新的文档有两个明显的优势：一是不用新建
项目，也便于对翻译文档进行归类和管理；二是无须添加翻译记忆库和术
语库等，无须设定其他翻译环境。下面我们将分 10 个步骤来讲解如何为已
有的项目添加新的文档。

　　首先要确认翻译项目的语言对是否与新的文档一致，即确定是英译中
还是中译英。比如下面的翻译任务是将一篇新的中文文档翻译成英语。在
"主页"视图的下方，单击导航栏上的"项目"，查看现有翻译项目的语言
对的方向。当然，如果翻译项目的名称能反映出语言对的翻译方向则更
好。如图 7-17 所示。我们可以看到，现有的翻译项目是中译英，源语言为

中文，目标语言为英文。我们可以利用这个现有的翻译项目来翻译新的中文文档。

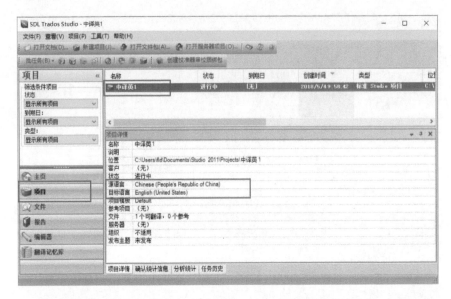

图 7-17　查看语言对

转到导航栏上的"文件"，导航栏的左上角显示的目标语言为英语，下拉此语言栏，选择源语言为中文，因为我们必须要切换到项目源语言才能添加文件。见图 7-18。

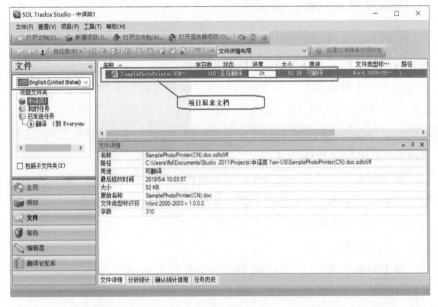

图 7-18　切换到项目源语言

在导航栏的左上角，先选择源语言为 ZH Chinese（People's Republic of China），在右边窗口的原有文档上点击鼠标右键，弹出菜单，选择"添加文件"。见图 7-19。

图 7-19　添加新的文件

浏览文件夹，选择一篇新的中文文档，比如选择并打开一篇名为"机器翻译.ppt"的文档。然后选中新添加的 PPT 文档，点击鼠标右键，在弹出的菜单里选择"批任务"->"准备"。这里要注意，新添加的中文文档的内容要尽量与原来翻译项目里的文档同属一个专业，这样就可以充分利用原有翻译项目里设定的翻译记忆库和术语库。见图 7-20。

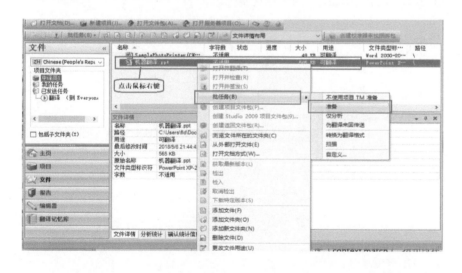

图 7-20　为新的文件运行批任务

点击"批任务"里面的"准备"后，进入批任务向导。这项任务的目的是对新的文档进行转换、分析和预翻译等。如图 7-21 所示。点击"下一步"继续。

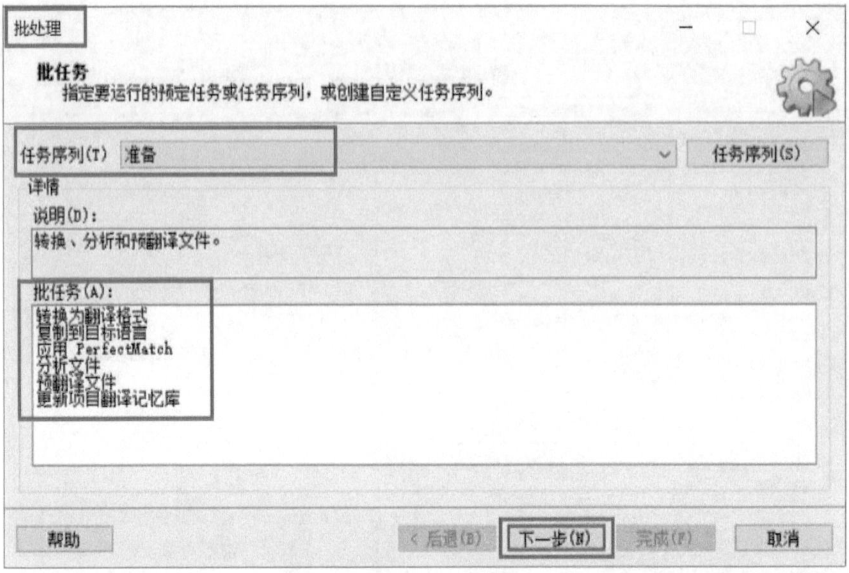

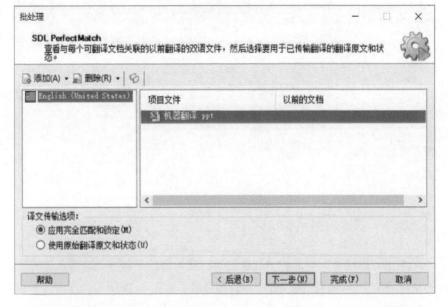

图 7-21 执行批任务

接下来是应用 SDL PerfectMatch（具体说明见下文），查看新文档是否与以前翻译过的双语文件有相似的句段，然后点击"添加"，浏览文件夹并添加上以前所做的类似的翻译文档。见图 7-22。简言之，就是将新的文档与翻译项目里或者是本地的原先翻译好的文档进行比较，分析并验证翻译项目里的记忆库和术语库等设定是否适用于新的 PPT 文档。如果没有以前的双语文件可添加，也可忽略此步骤。

图 7-22 应用 SDL PerfectMatch

验证新添加的文件"机器翻译.ppt"。如图 7-23 所示，点击"完成"。

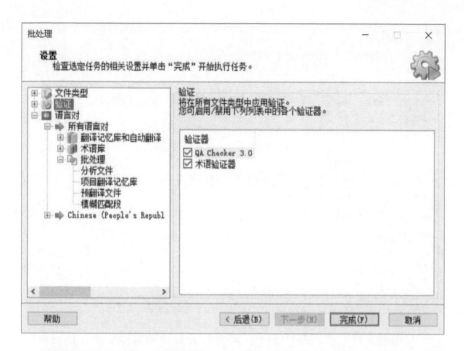

图 7-23　验证
新添加的文件

对新添加的文件"机器翻译.ppt"进行批处理。如图 7-24 所示。点击
"关闭"结束向导。

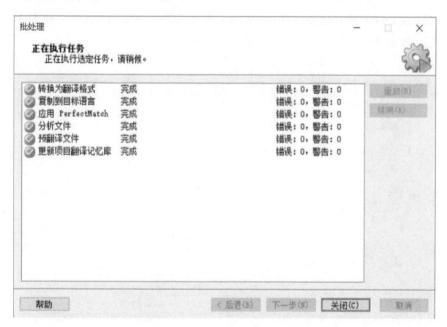

图 7-24　进行
批处理

返回导航栏左上角的语言栏，下拉选择目标语言为 English（United
States），见图 7-25。在"文件"视图下，我们可查看该 PPT 文档的详细信
息，包括文件保存的路径等。Trados Studio 已经将新文件拷贝到现有的翻
译项目文件夹里了。

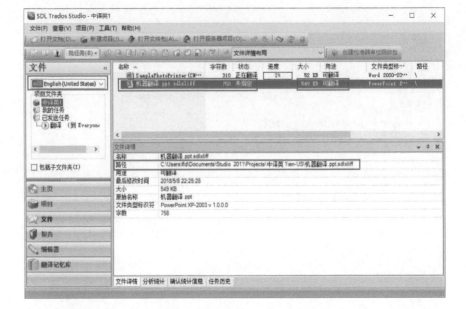

图 7–25 查看
该 PPT 文档的
详细信息

双击新文件"机器翻译.ppt",即可打开翻译编辑器对该文档进行翻译。原有的翻译项目设置了 SDL BeGlobal Community 自动翻译记忆库,所以打开翻译编辑器时,新的 PPT 文档已经被自动预翻译好了,接下来只需对自动翻译的译文进行校对修订即可。见图 7-26。具体如何利用自动翻译记忆库来翻译文档,将在后续章节里进行介绍。

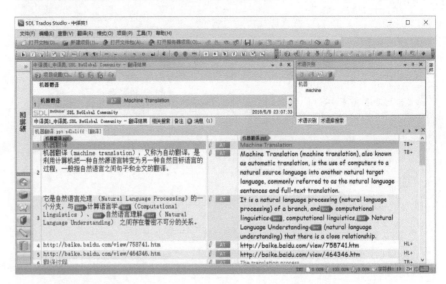

图 7–26 打开
并翻译新文件

## 2．实时预览功能

预览窗口用于预览原文或译文文本,或者并排预览原文和译文。我们可以在预览窗口中选择如何预览,以及预览何种文档。预览功能可以让我们随时直观地查看译文的翻译效果，避免出现译文格式混乱。

## （1）打开预览窗口

在翻译编辑器窗口下，点击编辑器右上角的"预览"按钮（在术语库窗口的右边），预览窗口就会自动向左弹出。然后点击其中的"单击此处生成初始预览"。

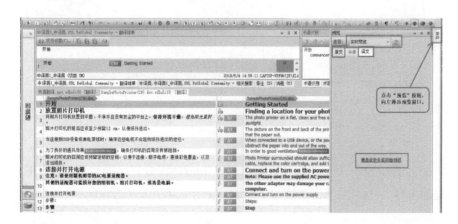

图 7-27　打开预览窗口

## （2）预览翻译结果

如果"预览"按钮不见了，也可从菜单栏上的"查看"来打开"预览"。我们可以调整预览窗口的大小，也可拖动它到合适的地方。在预览窗口里，我们可以选择预览方式，是"实时预览"还是仅仅"预览"。我们还可以选择预览"原文"或者"译文"。

"预览"和"实时预览"的区别是：前者可以预览到现在为止所做的翻译，当我们按"刷新"按钮时，预览才会更新；如果想要一边键入一边预览，即实时更新翻译内容，可以选择"实时预览"，只有当我们确认句段时，此类更新才会执行。

为了实现预览功能，我们必须在计算机上安装相应的 Microsoft Office 版本。比如 SDL Trados Studio 2011 适合安装 Microsoft Office 2007、2010、2013 等版本。如果安装的版本过高和过低，都会造成预览失败。另外，我们只能在预览窗口中预览以下类型的文档：Microsoft Word（.doc, .docx）、Microsoft PowerPoint（.ppt, .pptx）、RTF、PDF、XML 和 HTML。

## 3. 句段状态栏里的匹配建议

在翻译编辑器里，在原文区域和译文区域的中间是句段状态栏。句段状态栏在翻译时能提供多种匹配建议和标识，其中有三种匹配建议值得注意：① 百分数匹配（与翻译记忆库句段的匹配程度）；② AT 匹配（Auto Translation，自动翻译匹配）；③ CM 匹配（Context Match，上下文匹配）。见图 7-28。

图 7-28　状态栏里的匹配建议

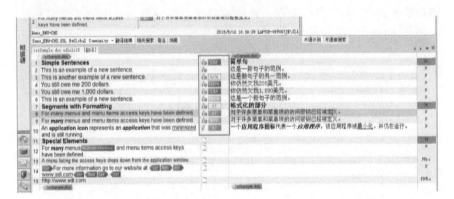

如图 7-29 所示，这里我们选了 10 个句段匹配建议标识（见右边方框里的内容），按照自上而下的顺序给予了说明（见左边方框里的内容）。

图 7-29　匹配建议标识的说明

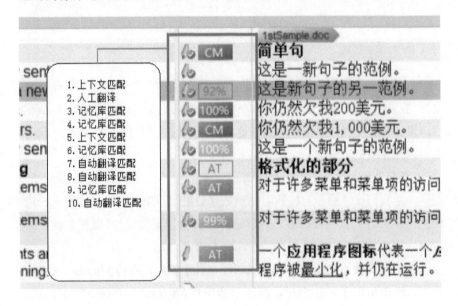

## 三、批任务的几个功能

SDL Trados Studio 2011 为了便于对翻译项目进行操作，将许多功能都集中在了"批任务"里。我们在"项目"视图和"文件"视图下，都可以使用"批任务"来实现翻译目的。要执行"批任务"，可以点击菜单栏的"项目"，打开"批任务"；也可以选中翻译项目或翻译文件，点击右键，

打开"批任务"。在"批任务"栏里，我们可以执行多达 17 项任务。如图
7-30 所示。我们将从这 17 项任务里面，挑选几个重要的功能逐一讲解。

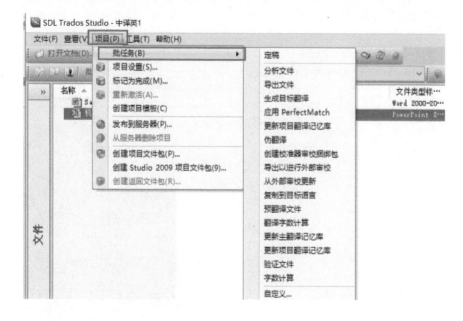

图 7-30　批任
务的功能

## 1．生成目标翻译

在翻译编辑器中，我们翻译完一篇文档后，首先需要保存翻译结果，
然后进行验证。确认此翻译任务完成后，回到导航栏上的"项目"视图或
者"文件"视图，点击右键，执行"批任务"->"生成目标翻译"。此时，
Trados Studio 会启动一个向导，帮助我们生成目标翻译。见图 7-31。

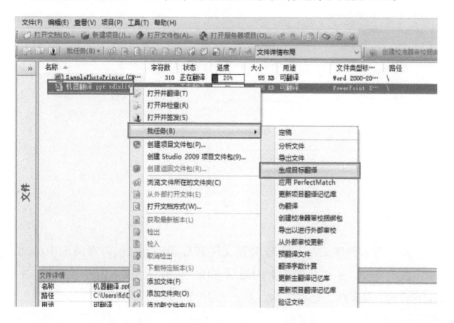

图 7-31　生成
目标翻译

Trados Studio 启动向导，我们一般不需要进行额外的设定，点击"下一步"或者直接点击"完成"，此方式导出的文件就是译文，我们可以直接将其交付给客户。见图 7-32。

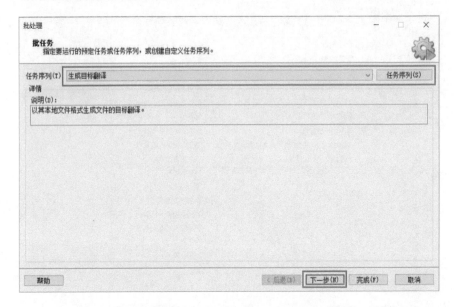

图 7-32　生成目标翻译向导

请注意，生成目标翻译之后，"批任务"也同时完成了"定稿"。如果再用鼠标右键点击该文件执行"批任务"时，我们在"批任务"菜单里只能看到"导出文件"和"自定义"两个选项。

如果要打开并查看翻译好的译文，我们只需点击"批任务"下面的"浏览文件所在的文件夹"，然后双击该文件就可以查看翻译结果了。见图 7-33。

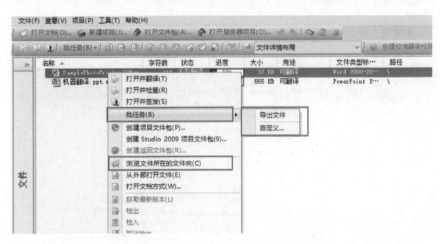

图 7-33　查看翻译结果

如果查看译文之后，还想对该文件进行翻译或修改，需要选中该文件，点击右键，选择菜单栏上的最后一项"恢复为 SDLXLIFF 文件"，才能继续编辑该文件。见图 7-34。

图 7-34　该文件"恢复为 SDLXLIFF 文件"

　　当然，我们还可以用另一种方法来获得最终翻译结果。具体方法是：在"编辑器"视图中，保存所有翻译工作并验证后，点击菜单栏的"文件"，然后点击"另存译文为"，这就相当于把译文导出到指定的本地目录下。见图 7-35。

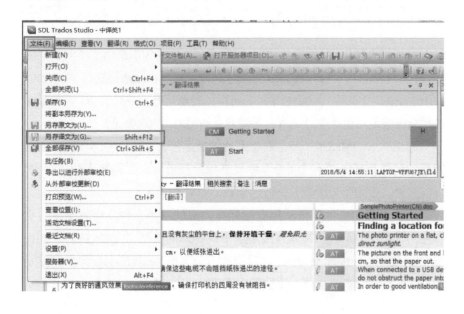

图 7-35　把译文导出到指定的本地目录

## 2．应用 PerfectMatch

　　PerfectMatch 也称为句段匹配，也就是此匹配已经通过上下文检查（即检查周围条目以确保它们相同），可视为"上下文匹配"的增强版。

如果我们经常为固定客户翻译文档，而每次翻译的文档差异不大，我们就可以应用 PerfectMatch。还有一种情况，就是当我们翻译完一篇文档后，客户又重新修改了原文，这时我们在翻译中也可以应用 PerfectMatch。

PerfectMatch 的工作原理是：将客户更新的源文件与相应的现有双语文档集相比较后取得匹配，而不是与翻译记忆库里面的句段相匹配。PerfectMatch 句段匹配流程包括上下文和断句检查，因此，这种匹配输出的建议可信度很高。PerfectMatch 得出的句段匹配（标记 CM）一般不需要再进行编辑，直接按 Ctrl+Enter 确定该句段即可。见图 7-36。

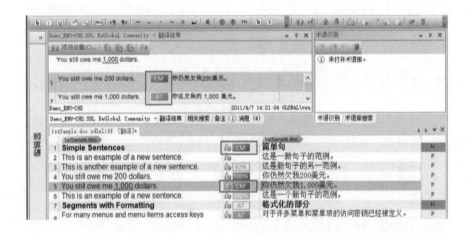

图 7-36　应用 PerfectMatch

在记忆库窗口可以看到，两个几乎完全一致的句子给出了不同的匹配建议：CM 和 AT。PerfectMatch 优先选择了 CM。在左边原文区域，1,000 dollars 中的 "1,000" 下面使用了下划线，表示这是 "非译元素"，在译文区域会智能地沿用此非译元素，不需要手动输入 1,000 美元。

应用 PerfectMatch 一般不需要手动加载运行，它已经在创建翻译项目时所做的 "批任务" -> "准备" 中与其他批任务（比如转换为翻译格式、分析文件、预翻译文件等）一起运行了。见本章的图 7-21。

当然，我们也可以手动加载已翻译完成的双语文件，为翻译新的文档应用 PerfectMatch。具体方法是选中待翻译的文档，点击右键，"批任务" -> "应用 PerfectMatch"，这时程序启动应用 PerfectMatch 向导，提示使用以前翻译的双语文档，并重新计算匹配结果。见图 7-37。

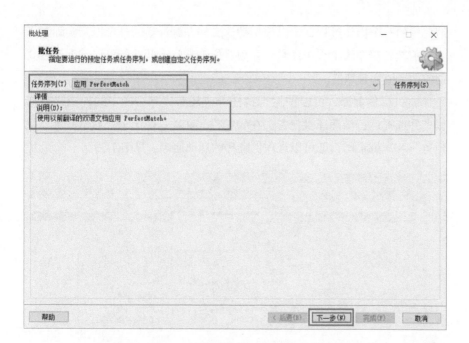

图 7-37  启动
应用 Perfect-
Match 向导

点击"添加"，为项目文件加载以前翻译的双语文档，如果加载的双语文档不符合 PerfectMatch 的要求，Trados Studio 会弹出对话框，提醒我们要加载的文档类型。见图 7-38。

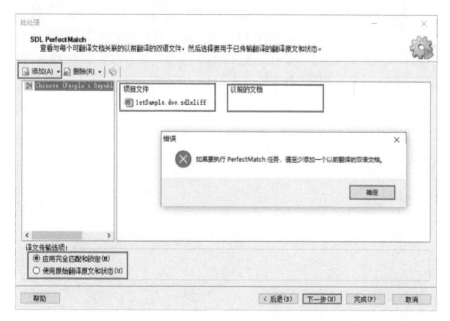

图 7-38  添加
以前翻译的双语
文档

## 3．伪翻译

"批任务"里的伪翻译不是为普通译员准备的功能，而主要是软件本

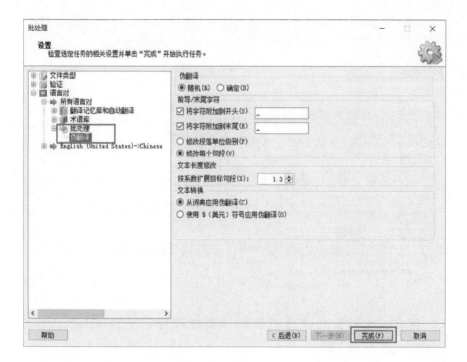

图 7-41　运行
伪翻译向导（2）

## 4．预翻译文件

　　相比"伪翻译"，"预翻译文件"对翻译文档的作用就大多了。我们一般不需要手动执行预翻译文件功能，因为它已经在创建翻译项目时的批任务的最后步骤里（任务序列：准备）同其他批任务（比如转换为翻译格式、分析文件等）一起运行了。见本章的图 7-21。

　　但是，当为现有翻译项目添加了新的文档后，如果该翻译项目已经设置好了翻译记忆库和术语库等翻译环境，运行"预翻译文件"就十分必要了。具体操作详见第二节翻译项目管理的"利用现有项目翻译新的文档"。

　　还有一种情况，为翻译项目添加了新的记忆库后，也需要运行预翻译文件这一功能。我们先看一下没有添加新的记忆库时的翻译状况。如图7-42 所示，除了有两个句段找到了匹配建议（100% 匹配）之外，其他句段都没有提供匹配建议。

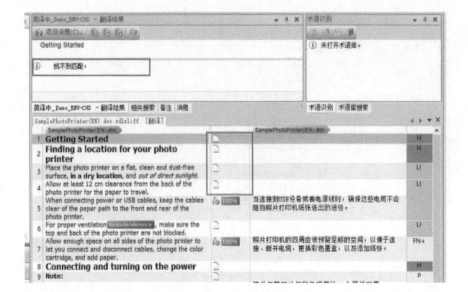

图 7–42　没有添加新的记忆库

现在，我们为此翻译项目添加新的翻译记忆库 SDL BeGlobal Community。见图 7-43。

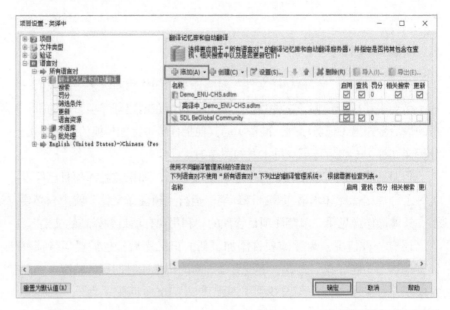

图 7–43　添加新的翻译记忆库

然后运行"预翻译文件"。Trados Studio 启动"批处理"向导，点击"下一步"，设置该任务的选项，这里我们选择"应用自动翻译"。见图 7-44。

再回到导航栏上的"文件"视图，用"编辑器"打开该文档，可以看到先前没有翻译的句段都已经由机器翻译自动完成了。接下来需要做的是根据自动匹配的建议修订译文，以及按 Ctrl + Enter 确认句段。见图 7-45。

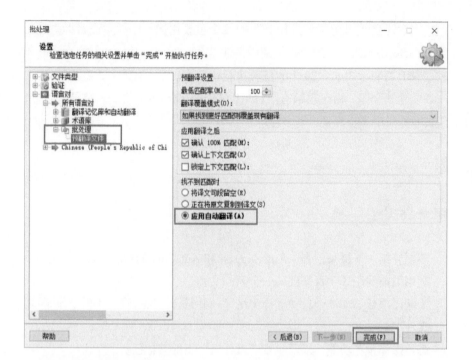

图 7-44　应用自动翻译

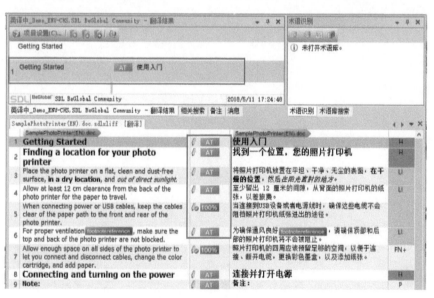

图 7-45　句段翻译已经自动完成

# 四、小结

这一章详细地介绍了 SDL Trados Studio 2011 的一些常用功能，并结合实例介绍了如何提高翻译效率，即如何使用拼写检查、AutoSuggest 和 AutoText 功能、翻译预览功能，以及如何利用以前的翻译项目来翻译新的文件等功能。

　　本章还着重讲解了"批任务"的几个重要用途，比如生成目标翻译、应用 PerfectMatch、伪翻译、预翻译文件等。

　　SDL Trados Studio 2011 的各项功能和操作技巧还有很多，我们将在下一章里继续介绍。由于篇幅有限，可能有些小技巧没有讲到，需要学习者在实际练习中不断探索、多多操练。

## 思考与讨论

1. 简要介绍一下拼写检查、AutoSuggest 和 AutoText 的功能与操作流程。
2. 利用以前的翻译项目来翻译一个新的文档。
3. 为翻译项目添加一个自动翻译记忆库，并进行"批处理"下的"预翻译文件"。
4. 练习操作预览功能，以及本章"批任务"下的其他任务。

# 第八章
## 使用 SDL Trados Studio 2011 （下）

SDL Trados Studio 2011 不仅进一步提升了翻译编辑的效率，还彻底改变了翻译项目译文审校的方式。在这一章里，我们将学习如何进一步提高翻译编辑的效率，如何利用网络机器翻译来解决缺乏翻译记忆库的问题，以及如何对译文进行验证和审校等。

## 一、记忆库和自动翻译

由上一章可以看出，翻译记忆库和自动翻译对翻译工作者意义重大，尤其是对那些没有翻译记忆库的业余译员来说，自动翻译记忆库（机器翻译）能帮助他们轻松驾驭日常翻译工作，甚至在专业翻译领域里也能做到游刃有余。

### 1．创建新的翻译记忆库

（1）创建分类专业翻译记忆库

翻译记忆库和术语库在翻译项目中起着举足轻重的作用，要提升翻译效率首先就要解决缺少翻译记忆库的问题。SDL Trados Studio 2011 支持将所有已翻译的句段自动存入默认的记忆库。经过一段时间的翻译，我们自然而然地就会积累足够大的翻译记忆库。由于翻译记忆库是分专业的，而且其双语记忆单元是单向的（英译中或中译英），所以我们需要按专业将平时所做的翻译工作存入记忆库。本书的后续章节将详细介绍如何创建和管理翻译记忆库。

（2）升级和导入翻译记忆库

我们可在升级翻译记忆库的向导中，将以前的记忆库升级为 SDL Trados Studio 2011 格式，比如对 SDLX 2007 文件翻译记忆库（*.mdb）

进行升级，也可将其他格式的记忆库数据文件导入新建的记忆库。以下多种格式的数据文件都可以导入记忆库：翻译记忆库交换文档（*.tmx、*.tmzgz），SDLXLIFF 双语文档（*.sdlxliff），TRADOStag 文档（*.ttx）和 SDL Edit 文档（*.itd）。

## 2．新的记忆库引擎

SDL Trados Studio 2011 支持同时挂载和连接多个翻译记忆库和多个服务器，以及多个自动翻译服务器。除了添加本地翻译记忆库之外（哪怕是一个空的记忆库），强烈建议为翻译项目挂载或添加一到两个自动翻译服务器。

SDL Trados Studio 2011 采用的是 New Revlex™ 翻译记忆库引擎，其中的上下文匹配和多 TM 查找功能可为翻译工作节省大量时间。

## 3．自动翻译

为了进一步提高翻译工作的效率，SDL Trados Studio 2011 平台支持三种类型的自动翻译服务器，而且支持通过 OpenExchange 平台的第三方插件扩展更多的自动翻译服务器功能，例如谷歌翻译和 Tmxmall Plugin 翻译。如图 8-1 所示，SDL Trados Studio 2011 可提供多种翻译记忆库，其中就包括了自动翻译记忆库。

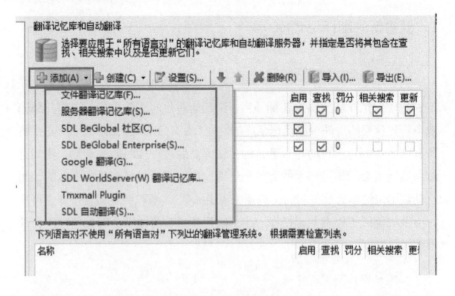

图 8-1　支持多种翻译记忆库

其中，除了文件翻译记忆库和服务器翻译记忆库以外，比较好用的自动翻译是 SDL BeGlobal 社区和 Tmxmall Plugin。

## （1）SDL BeGlobal 社区

　　SDL Trados Studio 2011 提供免费的在线翻译记忆库 SDL BeGlobal 社区。想要使用此自动翻译功能，首先要注册成为 SDL BeGlobal 社区会员。

　　注册方法很简单，两个步骤即可完成，具体方法在第六章里已有介绍。注册完成后，点击"项目设置"-> "语言对"-> "翻译记忆库和自动翻译"，为翻译项目添加 SDL BeGlobal 社区。这样我们就可以使用 SDL 在线自动翻译了。见图 8-2。

图 8-2　添加 SDL BeGlobal 社区

　　如果在第一次运行 SDL Trados Studio 2011 时，没有出现 BeGlobal 社区账户注册向导，也可以在"添加"SDL BeGlobal 社区之后，点击"设置"完成 SDL BeGlobal 社区账户的设置。如果在添加了自动翻译 SDL BeGlobal 社区之后，自动翻译提示窗口里搜索不到匹配建议，也可以对账号进行重新设置。如图 8-3。

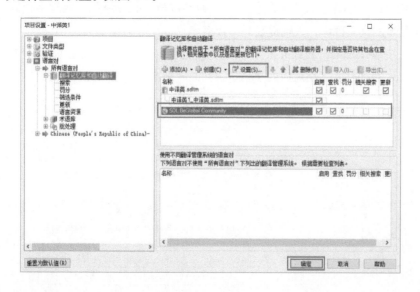

图 8-3　对账户进行重新设置

我们可以根据向导提示，完成"更改详情""重发确认电子邮件"和"测试连接"这三个步骤，之后便可以使用 SDL 在线的自动翻译了。见图 8-4。

图 8-4　BeGlobal 社区账户设置

## （2）使用记忆库插件 Tmxmall Plugin

自动翻译还可以使用基于云端的机器翻译插件 Tmxmall Plugin，支持谷歌、百度、有道、搜狗等神经网络机器翻译接入。借助 Tmxmall Plugin，我们可以在翻译过程中以较低成本快速获取机器翻译结果，实现多语言、多领域的批量翻译，大幅提高翻译效率。

安装 Tmxmall Plugin 很简单。首先，到 Tmxmall 官方网站下载与 SDL Trados Studio 2011 相对应的 Tmxmall Plugin 版本，见图 8-5。

图 8-5　下载
Tmxmall Plugin
插件

Tmxmall Aligner 单机版

Tmxmall 记忆库插件

Tmxmall 术语库插件

Tmxmall 机器翻译插件

CAT软件下载

Tmxmall产品说明

### Tmxmall 记忆库插件

借助SDL Trados的云端翻译记忆库插件Tmxmall Plugin，翻译轻松搞定！

翻译时，通过Tmxmall Plugin，您可准确、快速地检索云端翻译记忆库，Tmxmall?参考；同时您可将翻译好的句对实时地写入到云端的私有云记忆库中，团队协作成员库，从而避免多人重复翻译，减少翻译量，加快翻译速度，保证译文的前后一致性。

下载地址：[点此查看使用说明]

⬇ Tmxmall Plugin for SDL Trados Studio 2017.zip （版本：v3.2）
⬇ Tmxmall Plugin for SDL Trados Studio 2015.zip （版本：v3.2）
⬇ Tmxmall Plugin for SDL Trados Studio 2014.zip （版本：v3.2）
⬇ Tmxmall Plugin for SDL Trados Studio 2011.zip （版本：v3.2）
⬇ Tmxmall Plugin for SDL Trados Studio 2009.zip （版本：v3.2）

双击运行已下载的安装程序，无须设置，一路点击"下一步"，即可
完成安装。见图 8-6。

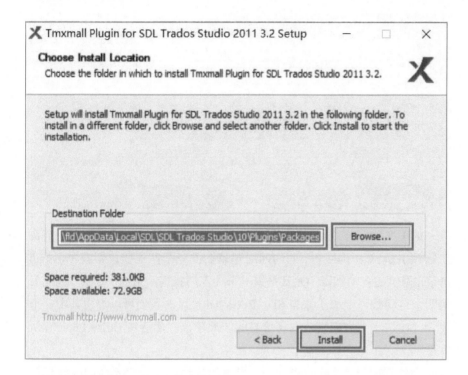

图 8-6　安装
Tmxmall Plugin
插件

安装完成后注册用户。重新打开 Trados Studio，点击"项目设置"->
"添加"->"Tmxmall Plugin"。这时，登录 / 注册向导启动，引导我们转到
Tmxmall 网站上完成用户注册。见图 8-7。

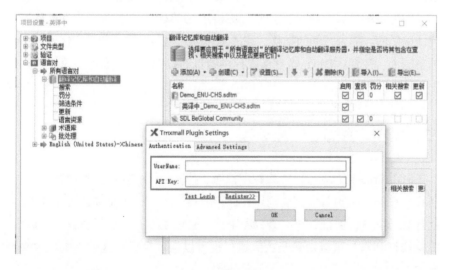

图 8-7　Tmxmall
Plugin 用户注册

完成注册后，Tmxmall 网站会发送邮件验证，收到邮件后点击其中的
链接，激活账户。

回到添加翻译记忆库界面，输入注册的账号和 API Key，就可以使用 Tmxmall Plugin 提供的自动翻译服务了。见图 8-8。

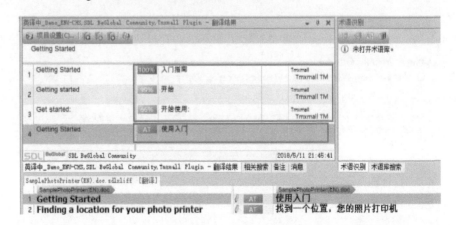

图 8-8 使用 Tmxmall Plugin 提供的自动翻译

如图 8-8 所示，由于加挂了两个自动翻译记忆库，可以看到两个自动翻译引擎给出了四个不同的匹配建议。前三个匹配建议来自 Tmxmall Plugin 提供的自动翻译（尤其是第一个"入门指南"达到了 100% 匹配），第四个自动翻译（AT）来自 SDL BeGlobal 社区。我们可以点击其中一个建议，或按上下方向键，选择恰当的匹配建议，然后按 Ctrl + Enter 确认即可。

为什么同样是 Tmxmall Plugin 提供的自动翻译会有不同的匹配建议呢？这是因为一旦安装了 Tmxmall Plugin 插件，它便会在搜索时自动检索 Tmxmall 平台的海量翻译记忆库，比如谷歌、百度、有道、搜狗等神经网络机器翻译，所以对于同一个源语句段会有不同的译文建议。

如果云端机器翻译的搜索建议被采纳，其双语句段将存入本地默认的翻译记忆库。随着时间的推移，翻译工作越做越多，本地翻译记忆库也将越来越大。注意：Tmxmall Plugin 提供的自动翻译不是免费的，可用账户积分或者付费使用。

## 二、验证、跟踪修订和审校

SDL Trados Studio 2011 为翻译校对工作提供了完善的工作流程支持。当我们在翻译编辑器中完成翻译并保存之后，还有一项重要的工作要做，就是对译文进行验证、跟踪修订和审校。验证工作一般由译员自己完成，跟踪修订和审校可以由译员去完成，也可以由项目经理或翻译委托方来完成。

## 1．验证

保存完翻译工作后，需要对译文进行验证。具体方法是在翻译编辑器视图上，点击菜单栏上的"工具"->"验证"，或按快捷键 F8。见图 8-9。

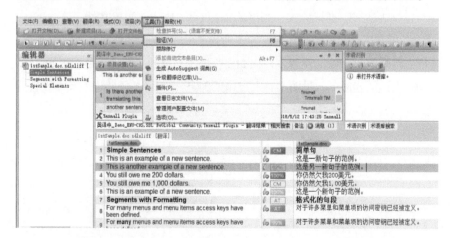

图 8-9　对译文进行验证

验证结束后，在原来记忆库的窗口里出现了验证结果，在左边"严重级别"一栏里用了不同的符号表示不同程度的问题：带圆圈的感叹号图标表示需要"注意"，带三角的感叹号图标表示"警告"，打叉图标表示"错误"。中间一栏是问题的具体信息，点击某个信息，下面的翻译窗口就会显示相应的错误句段，方便我们修改错误。一般来说，"带圆圈的感叹号"可不处理，"带三角的感叹号"和"叉号"必须要处理。见图 8-10。

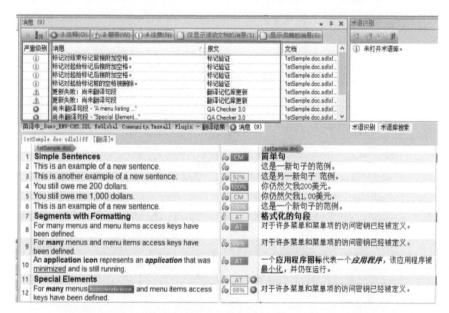

图 8-10　验证信息

可以看到，验证后的错误信息大都是译文格式方面的错误，内容方面的错误基本上没有验证出来。因为这只是默认的简单验证，要验证内容则需要用 QA Checker 3.0 来处理。

QA Checker 3.0 包含可对当前文档执行的质量保证检查套件，分为以下几部分：句段验证、要排除的句段、不一致、标点符号、数字、单词列表、正则表达式、商标检查、长度验证和 QA Checker 配置文件。

打开项目设置，转到"验证"->"QA Checker 3.0"，就可以对译文内容和标点符号等进行验证设置了。比如要验证译文里的"数字"是否正确，可以勾选右边的相应项。见图 8-11。点击"确定"，就可关闭验证的具体设置。

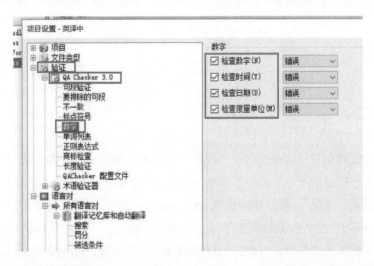

图 8-11　验证设置

回到翻译编辑器视图，重新按 F8 验证，更多的错误信息就出现了，叉号的错误多了两项：原文中的高亮格式标记没有在译文中保留；译文句段中缺少数字或未正确本地化（数字错误：1,000 误译为 100）。见图 8-12。

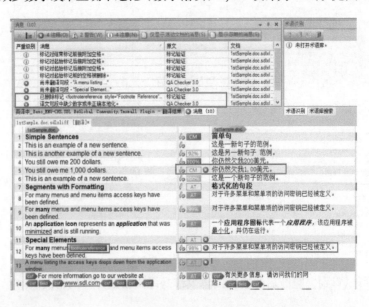

图 8-12　更多的错误信息

在验证窗口里依次点击"警告"和"错误"的句段，在下面的编辑窗口里逐一修改即可。

## 2．跟踪修订

跟踪修订的功能类似于 Microsoft Word 里面的"审阅"功能，在 Trados Studio 2017 里这项功能的启用和禁用方式就更像是"审阅"了，并且专门在菜单上设立了一个"审校"功能菜单。

不论是翻译、修订、审校、签发，还是术语库的修订操作，Trados Studio 都支持开启跟踪功能。这样译员在第一次翻译之后所做的所有修订都记录在案，让译员和项目经理随时了解整个翻译项目的历史信息，以及审校者提出的翻译修改建议。

当我们用翻译编辑器完成翻译工作之后，保存并验证。然后点击菜单栏上的"工具"->"跟踪修订"->"启用/禁用跟踪修订"。见图 8-13。

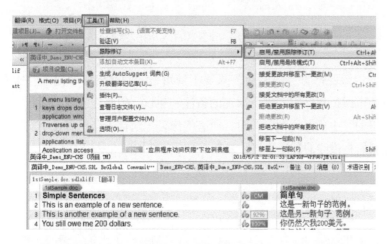

图 8-13　启用/禁用跟踪修订

启用跟踪修订之后，译员对译文做的所有修订和审校都将被记录下来，有助于译员或者审校人员和项目经理对译文进行跟踪修订，也有助于译文质量的提升。如图 8-14 所示。

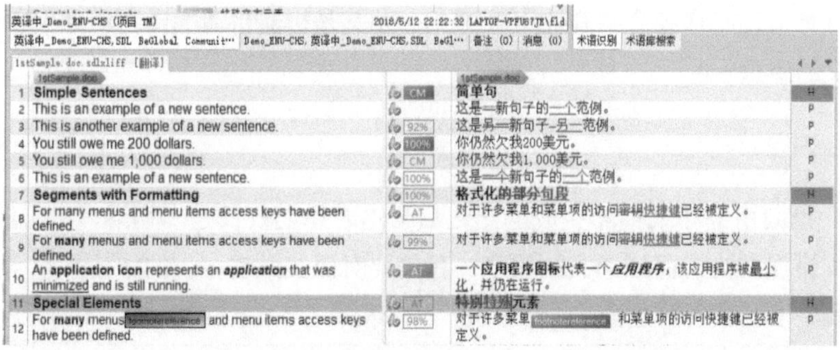

图 8-14　修订和审校被记录下来

有时参与译文修订和审校的可能不止一个人，还有一审、二审等。当第二位修订者启用跟踪修订后，第一位修订者所做的跟踪修订仍然有效，第二位修订者可以对前面的跟踪修订进行再修订，采取"接受更改"或"拒绝更改"，很像是 Microsoft Word 里面的"审阅"修订功能。见图 8-15。

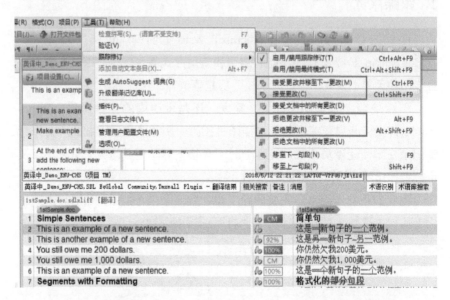

图 8-15 跟踪修订功能

无论跟踪修订完成与否，只要不禁用，它始终忠实地记录着所有的修订和审阅，包括审阅者所添加的备注和建议。但是，当我们运行"批任务"里的"生成目标翻译"时，所有的修订记录都不会出现在译文中，译文保留的是最终的翻译修订结果。

## 3．审校和签发

SDL Trados Studio 2011 对翻译质量控制提供了比较完善的工作流程，支持审校者使用 Trados Studio 平台来检查、审校和签发译文，我们把这种审校方式称为"内置审校"；同时它也支持审校者使用 Microsoft Office 来对译文进行检查和审校，我们把这种审校方式称为"外部审校"。本书的后续章节还将详细介绍其他审校方式，尤其是机器自动翻译之后如何保证译文的质量。

### （1）内置审校

我们用翻译编辑器完成翻译之后，这时译文仅仅是"初译"，还含有不少错误。为了保证译文的质量，我们要对译文做进一步的审校，包括检查和签发，或者称之为"一审"和"二审"。

　　首先来看"一审"的具体工作流程。完成翻译项目之后，回到导航栏的"文件"视图。右键点击要审校的文档，弹出的菜单里含有三个选项：打开并翻译、打开并检查和打开并签发。如图 8-16 所示，第一项"打开并翻译"（初译）我们已经完成了，现在应选择"打开并检查"（一审）。

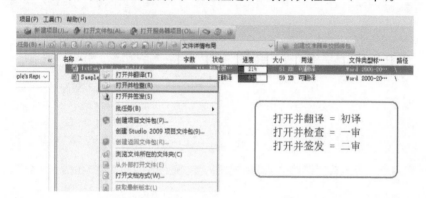

图 8-16　打开并检查

　　可以看到，"一审"的编辑器窗口变了，上面的记忆库窗口和术语库窗口不见了，双语编辑器窗口移动到了上部，而下部变成了"备注"窗口。见图 8-17。

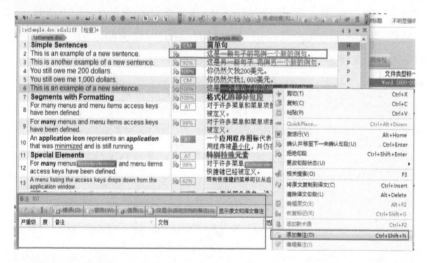

图 8-17　编辑器窗口和备注窗口

　　我们依然保持着"启用跟踪修订"（见图 8-15），这样"一审"的修改记录也能继续保留。比如把第二句修改为"这是一个新的例句"，然后按 Ctrl + Enter 确认，这时铅笔打钩的小图标变成了放大镜打钩。然后还可以为修改添加备注，进一步说明或提出修改建议。具体做法是选中译文中的短语，点击右键，选择"添加备注"。见图 8-17。

　　在弹出的窗口内填写备注内容，说明修改的原因。在"严重级别"下拉选项中，可视具体情况选择"供参考""警告"和"错误"，并在下方的小窗口里填写"术语应统一"。如图 8-18 所示。

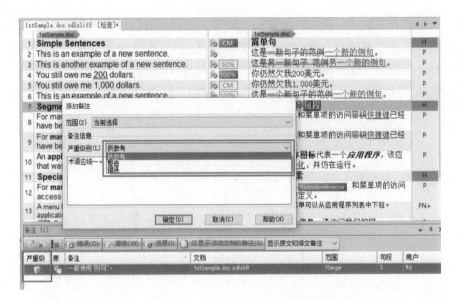

图 8–18　填写
备注内容

当"打开并检查"文档时，并不是所有的句段都需要修改，我们仅仅是对某些翻译欠佳或错误的句段进行修改。因此，修改过的句段变成了放大镜打钩，没有修改的句段仍然保持铅笔打钩的状态。所以当关闭"打开并检查"时，系统会弹出对话框，询问是否要完成此文档的检查流程，这会将所有未检查的句段都标记为已核准。我们可以选择"是"，这样所有的句段标记都变成了放大镜打钩了。见图 8-19。

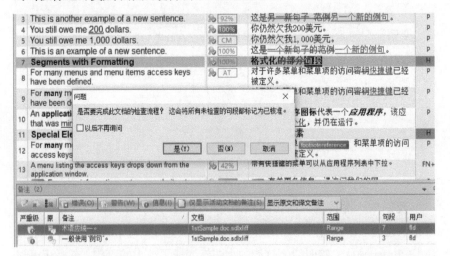

图 8–19　将所有
未检查的句段都
标记为已核准

翻译项目的最后一个流程就是项目经理或专业审校人员对前面完成的翻译项目进行最后审校，即"打开并签发"（二审）。具体操作和"打开并检查"一样，在"文件"视图下，选中要签发的文件，点击右键，在弹出的菜单中选择"打开并签发"。见图 8-20。

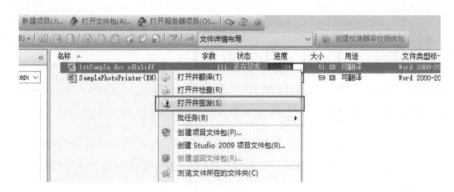

图 8-20 打开
并签发

"打开并签发"的界面和修改功能与"打开并检查"完全一致。比如我们把"访问快捷键"改为"快捷键"，按 Ctrl + Enter 确定，这时会发现放大镜打钩变成印章打钩了。我们也可以为某句段"添加备注"，说明修改原因。退出时系统也会提醒，是否将所有句段都"签发"。见图 8-21。

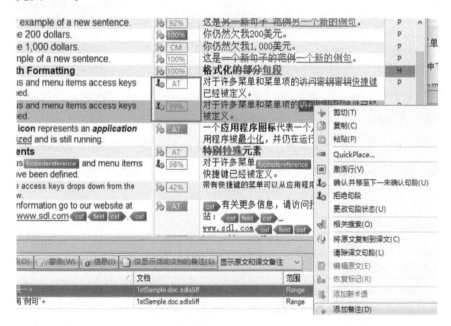

图 8-21 签发
句段和添加备注

## （2）外部审校

为了方便没有安装和使用 SDL Trados Studio 2011 的审校者对译文进行审校，Trados Studio 还开发了外部审校功能，将需要跟踪修订的译文导出到 Microsoft Office 里让审校者进行审校。Trados Studio 支持将翻译项目里的文档转换为 Microsoft Word 或 Excel 格式，并将文件导出为双语审校格式，发送给未安装 SDL Trados Studio 2011 的外部审校人员。外部审校者在 Microsoft Word 或 Excel 中完成审校后，我们可以将审校的结果重新导回至

SDL Trados Studio 2011 中，以便再修订或签发该翻译项目，同时还能保留所有的跟踪修订信息，如删除、修改、替换、备注等。

具体方法如下：完成了翻译项目的初译后，回到"文件"视图，选中该文件，点击右键，在弹出的菜单中选择"批任务"，再选择"导出以进行外部审校"，导出待审的文件，如图 8-22 所示。

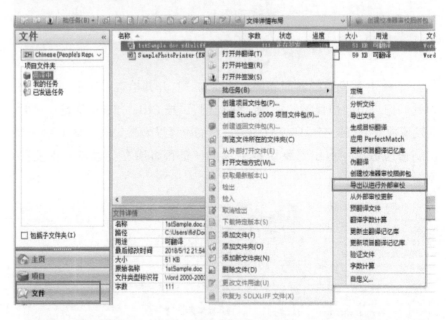

图 8-22　导出以进行外部审校

这时，Trados Studio 会打开向导，引导我们正确导出所跟踪修订的文档。我们无须设置，点击"下一步"，直到"完成"。见图 8-23。

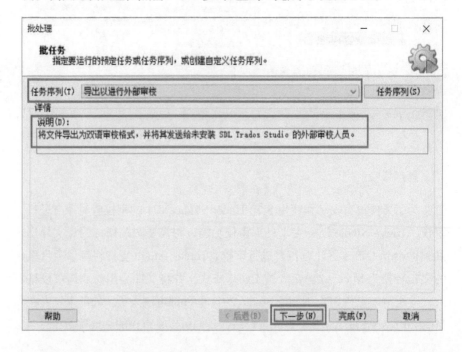

图 8-23　导出向导

144

在导出以进行外部审校的向导中，需要注意导出文件所在的目录，并可对导出 Word 文档的双语布局类型进行选择。见图 8-24。我们可以选择原文和译文并排的布局，也可以选择原文和译文上下的布局。

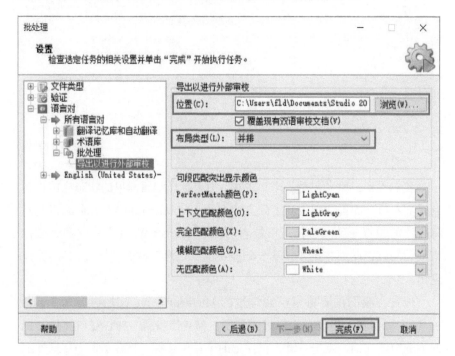

图 8-24　双语布局类型

然后转到导出文件夹目录，可查看导出的待审校文档。可以发现，Trados Studio 已经为文件名添加了 *.review.docx 的后缀，即"审阅"的意思。请注意，不可改动此文件名，否则将不能再导入 Trados Studio。见图 8-25。

图 8-25　查看导出的待审校文档

双击此 Word 文档，打开并开始审校。我们看到，打开的文档已经处在"审阅"的状态了，以前所做的修改以及备注都完整地保留了下来。见图 8-26。

| Segment ID | Segment status | Source segment | Target segment |
|---|---|---|---|
| 1 | Translation Approved (CM) | Simple Sentences | 简单句 |
| 2 | Translation Approved (0%) | This is an example of a new sentence. | 这是一新句子的范例一个新的范例。 |
| 3 | Translation Approved (92%) | This is another example of a new sentence. | 这是一新句子某新例一个新例范例。 |
| 4 | Translation Approved (100%) | You still owe me 200 dollars. | 你仍然欠我 200 美元。 |
| 5 | Translation Approved (CM) | You still owe me 1,000 dollars. | 你仍然欠我 1,000 美元。 |
| 6 | Translation Approved (100%) | This is an example of a new sentence. | 这是一新句子某新例一个新例范例句。 |
| 7 | Translation Approved (100%) | Segments with Formatting | 格式化的部分句段 |
| 8 | Signed Off (0%) | For many menus and menu items access keys have been defined. | 对于许多菜单和菜单项的访问秘钥或快捷键已经被定义。 |
| 9 | Signed Off (99%) | For <pt19>many</pt19> menus and menu items access keys have been defined. | 对于许多菜单和菜单项的访问秘钥快捷键已经被定义。 |
| 10 | Translation Approved (0%) | An <pt21>application icon</pt21> represents an <pt22>application</pt22> that was <pt23>minimized</pt23> and is still running. | 一个<pt21>应用程序图标</pt21>代表一个<pt22>应用程序</pt22>，该应用程序被<pt23>最小化</pt23>，并仍在运行。 |
| 11 | Translation Approved | Special Elements | 特别特殊元素。 |

图 8-26 打开待审校文档

我们看到，原文在左，译文在右，原来翻译编辑器里的状态栏被移动到原文左边，而备注则放到了译文的右边，与 Microsoft Word 审阅里的修订批注的位置一致。这样，审校者可在 Microsoft Word 文档中继续进行审阅和修订，比如将第 4 和第 5 句段中的"仍然"改为"还"。然后保存退出。

现在，我们需要将审校修订过的 Microsoft Word 文档再导入 Trados Studio，以供其他审校者再修订或签发。与导出步骤一样，在"文件"视图下选中该文档，点击右键，在弹出的菜单中选择"批任务"->"从外部审校更新"。见图 8-27。

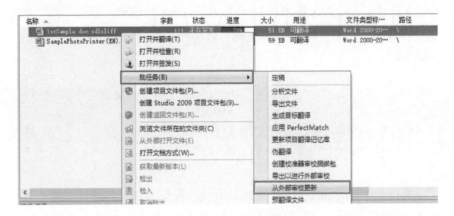

图 8-27 从外部审校更新

这时，Trados Studio 启动导入向导，我们根据向导一步步完成导入。见图 8-28。

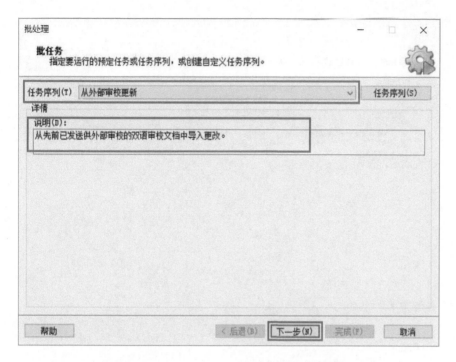

图 8-28 启动导入向导

这里，我们需要点击"添加"，即添加从外部审校的双语文档。浏览文件夹，找到我们导出的经过修订的 Microsoft Word 文档。图 8-29。

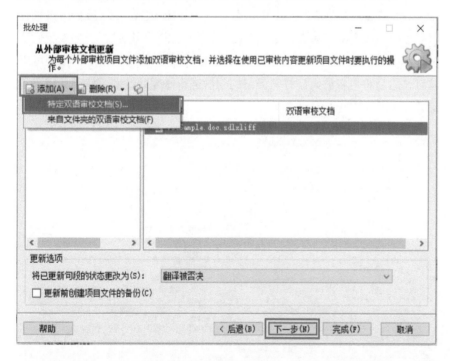

图 8-29 添加从外部审校的双语文档

点击"下一步"，批处理没有要更改的设置，直接点击"完成"。至此，我们成功地将修订过的 Microsoft Word 文档导入 Trados Studio。见图 8-30。

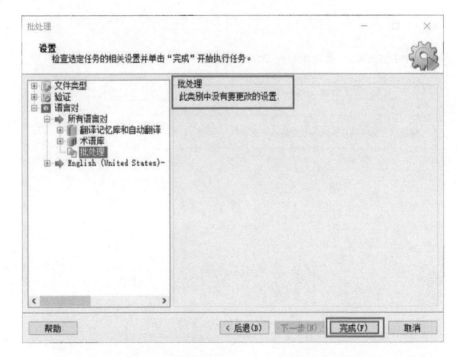

回到"文件"视图，选中该文件，点击右键，选择"打开并签发"，查看外部审校的结果。如图 8-31 所示。

我们看到，"仍然"已被修改为"还"（你还欠我 200 美元）。原来在状态栏里的放大镜打钩图标变为放大镜打叉（原翻译被否决）。如果我们认可外部审校的结果，可以直接按 Ctrl+Enter 签发；如果不接受，我们可再修订，然后将带有放大镜打叉标记的句段进行修改并签发，使译文完全正确并符合翻译委托方的要求。

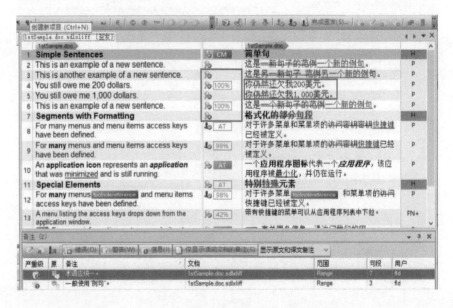

当一切审校和签发工作完成之后，我们保存此翻译项目，最后回到"文件"视图，利用"批任务"->"生成目标翻译"导出最终的译文。

## 三、项目文件包

一个翻译项目通常是团队协作来完成的，团队里有翻译委托方、项目经理、译员、审校者等。为了进行统一的数据交换，SDL Trados Studio 2011 提供了一种方便快捷的文件交换方式，也就是项目文件包的功能，利用它来保证翻译项目里的文档以及记忆库和术语库等设置在整个团队里能顺利交接。下面我们讲解项目文件包的具体操作，即如何创建项目文件包、打开项目文件包和创建返回文件包。

### 1．创建项目文件包

创建项目文件包一般由项目经理来实施。无论是新的翻译任务还是审校任务，项目经理都可以通过创建项目文件包的形式，给项目组成员分配任务。所以，创建的项目文件包里一般都包含了翻译项目所需的文件，比如原文、记忆库和术语库等，有时文件包还包含译文以及参考文件等。项目文件包的扩展名为 *.sdlppx。具体创建步骤如下：

首先保存好翻译项目，并对翻译项目做必要的设置。然后在"项目"视图下，选中该翻译项目，点击右键，在弹出的菜单中选择"创建项目文件包"；或者在"文件"视图中选择文件，单击右键，并从快捷菜单中选择"创建项目文件包"。见图 8-32。

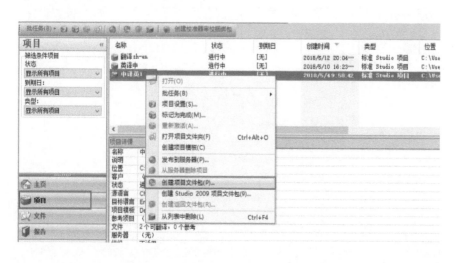

图 8-32 创建
项目文件包

Trados Studio 接下来会启动创建项目文件包的向导。在窗口对话框内，可以看到有两个待译文件，我们可以全选，也可选择其中之一，比如"机器翻译.ppt.sdlxliff"，点击"下一步"。见图 8-33。

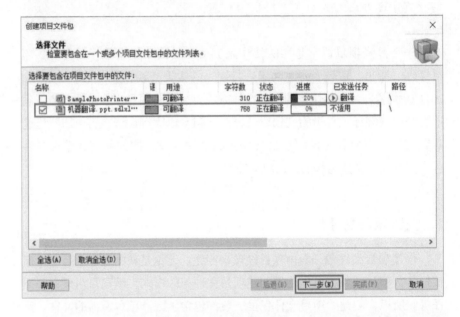

图 8-33 创建
项目文件包向导

向导会提示项目文件包保存的位置，我们采用默认的文件目录即可，并且在其下的分割选项里也选择默认的设置，即"创建一个文件包"。见图 8-34。

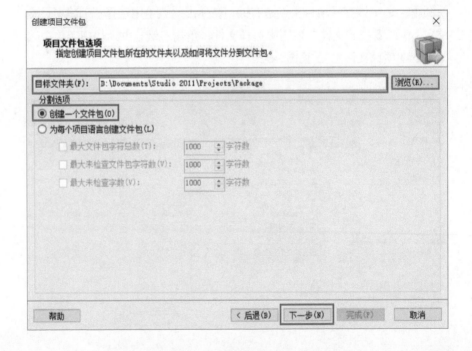

图 8-34 创建
项目文件包

　　然后选择项目文件包由谁打开。这里可选择特定人或任何人（Everyone）都可打开并编辑项目文件包，点击按钮"用户"，"添加"用户 Everyone。然后选择"任务"为"翻译"。见图 8-35。

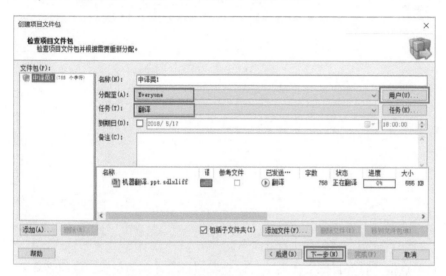

图 8-35 设置用户和任务

　　我们可为项目文件包添加主翻译记忆库、AutoSuggest 词典和术语库，也可以不添加。如果翻译项目设置了自动翻译记忆库，则项目文件包无法将其包括在内。见图 8-36。

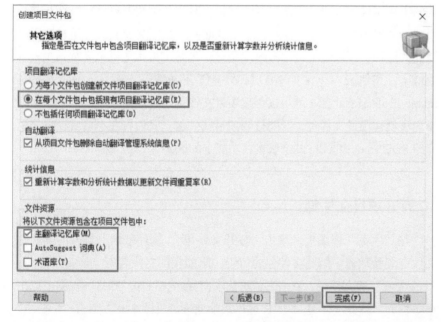

图 8-36 设置文件包其他选项

　　点击"关闭"。至此，我们成功地创建了一个项目文件包。注意向导右上角处，有一个箭头向右的文件包图标，也就是新创建的项目文件包在文件资源管理器里的图标。见图 8-37。

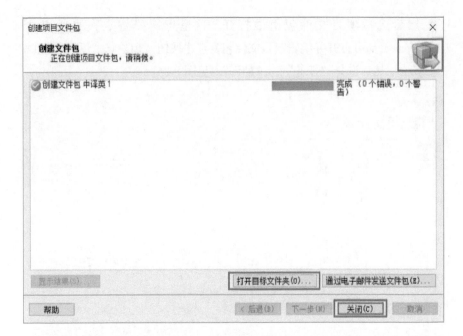

图 8-37 文件包图标

点击"打开目标文件夹"可以查看项目文件包的位置，以便将其发送给项目组成员。我们还可以将其放到翻译项目服务器上，供项目组成员下载。

需要注意的是，在自己使用的计算机上用 SDL Trados Studio 2011 创建的项目文件包，自己无法打开并编辑。只有两种情况自己可以打开并编辑：一是用另外一台装有 SDL Trados Studio 2011 的电脑打开，这样白天没做完的翻译，可以晚上带回家继续翻译；二是可用本地机上安装的 Trados Studio 的其他版本（比如 2017 版本）打开并编辑。而且，只有 Trados Studio Professional 版本才可以创建项目文件包。Trados Studio Freelance 版本无法创建项目文件包，只能打开项目文件包。我们将在本书后续章节里介绍 SDL Trados Studio 几个版本在功能上的区别。

## 2. 打开项目文件包

在"主页"视图上，单击"打开文件包"，程序就启动打开向导。在文件资源管理器中浏览文件包的位置，比如找到文件名为"prjSample_zh-CN.sdlppx"的文件包，双击它就可启动向导。也可在"项目"视图上点击菜单栏的"打开文件包"，同样可以启动向导。见图 8-38。点击"下一步"继续。

图 8-38 启动
打开向导

Trados Studio 会启动打开项目文件包的向导。在窗口内，我们看到此文件包一共包含 4 个待译文件，任务是翻译。在下面的窗口里，此文件包含一个"学习素材"的目录，我们可以点击查看。见图 8-39。

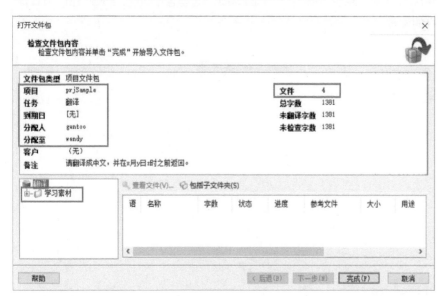

图 8-39 查看
项目文件包内容

该项目文件包除了 4 个待译文件以外，还含有记忆库和术语库，并且还给了两个文件供译员翻译时参考。见图 8-40。点击"完成"，向导开始导入文件包。

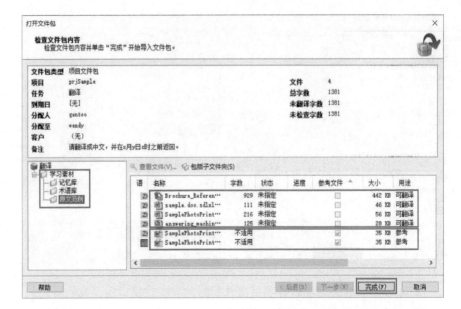

图 8-40  项目
文件包内容

该向导提示，正在导入文件包，并建议文件包的保存位置，我们采用
默认的目录，点击"确定"。见图 8-41。这里需要注意导入的翻译项目保
存的位置。

图 8-41  翻译
项目保存位置

向导提示，导入的翻译项目无错误，点击"关闭"结束该向导。见图
8-42。

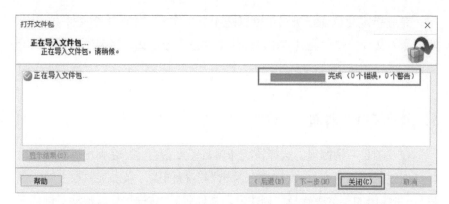

图 8-42　导入文件包结束

至此，我们成功地导入了该项目文件包并创建了新的翻译项目。打开项目设置，即可查看文件包所附带的记忆库和术语库等。我们还可以添加 SDL BeGlobal Community 自动翻译记忆库。见图 8-43。

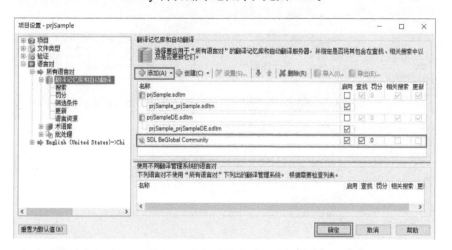

图 8-43　设置翻译记忆库和自动翻译

然后回到"项目"视图，选中该翻译项目（也可在"文件"视图选择要翻译的文件），点击右键运行"批任务"->"预翻译文件"，具体操作已在"自动翻译"里面做了详细介绍。见图 8-44。

图 8-44　预翻译文件

完成指定的翻译任务后（可以是 4 个文件或其中的 1 个文件），保存好翻译的文件。然后通过"创建返回文件包"的形式，将翻译任务返回给项目经理。

### 3．创建返回文件包

在"项目"视图里，选择该翻译项目，点击右键，在弹出的菜单中选择"创建返回文件包"。或者在"编辑器"视图里，点击菜单栏上的"项目"，在弹出的菜单中选择"创建返回文件包"。这样程序就启动了创建返回文件包的向导。见图 8-45。

图 8-45 创建
返回文件包

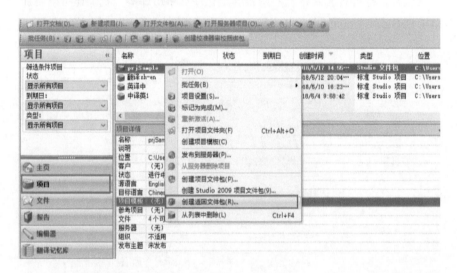

向导会提示创建的返回文件包要包含哪些文件，以及该文件的翻译状态、翻译进度等信息。单击"下一步"。见图 8-46。

图 8-46 返回
文件包包含的文
件

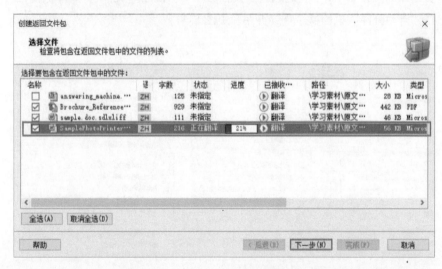

向导会提示创建返回文件包的位置，我们采用默认文件目录，点击"完成"即可。向导的最后步骤还显示，此返回文件包图标上的箭头向左，明显与新创建的项目文件包的图标不同。而且在创建返回文件包时，也没有出现任何错误或警告。我们可点击"打开目标文件夹"查看返回文件包的位置，以方便将它发送给项目经理。返回文件包的文件名为 prjSample_zh-CN.sdlrpx，最后点击"关闭"。见图 8-47。

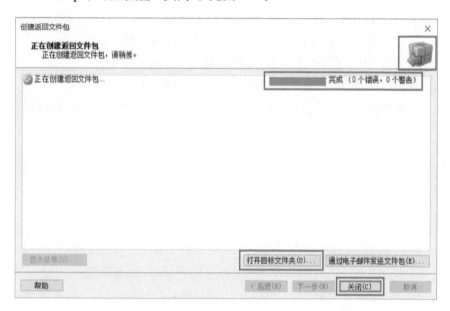

图 8-47　返回
文件包向导结束

最后要说明一点，SDL Trados Studio 2011 创建的返回文件包里不再包含记忆库和术语库等，而且返回文件包自己打不开，只有项目经理或指定的人才可以打开。

## 四、小结

这一章重点介绍了 SDL Trados Studio 2011 的几个重要功能，并结合实例讲解了操作步骤。

首先讲解了记忆库和自动翻译的作用。如果译员没有自己的翻译记忆库，仍可利用机器翻译来高效地完成翻译任务，并在翻译的过程中逐渐积累自己的专业记忆库。

其次，我们学习了如何对译文进行验证、跟踪修订和审校，以及如何创建项目文件包、打开项目文件包和创建返回文件包。如果项目组成员能够熟练掌握这些操作技巧，将整体提升翻译效率和准确性。

关于 SDL Trados Studio 2011 各项功能的介绍以及操作技巧的讲解，到这一章就全部结束了。掌握了这些功能与操作技巧，基本上就能够驾驭 SDL Trados Studio 2011 了。

## 思考与讨论

1. 简要说明一下翻译记忆库的作用，以及如何添加翻译记忆库。
2. 学会使用机器翻译：SDL BeGlobal 社区和 Tmxmall Plugin。
3. 用范例说明如何对译文进行验证、跟踪修订和审校。
4. 为一个翻译项目创建项目文件包、打开项目文件包和创建返回文件包。

# 第九章
## 使用 SDL MultiTerm 2011

SDL MultiTerm 2011 是 SDL 公司推出的术语管理软件。这是一款独立的桌面工具，可用于创建术语数据库和编辑术语表，也可与 SDL Trados Studio 2011 配合使用，提高总体翻译质量和效率。作为一个存储和管理术语的集中平台，它可以向所有参与术语使用的人员（如工程人员、翻译人员和术语学家）提供术语查询和管理，从而确保从原文到译文内容的一致性和高质量。

SDL MultiTerm 2011 可以在新版本的 Windows 10/8/7 和 XP 中运行。目前，SDL MultiTerm 2017 是最新版本，不支持较早的操作系统 Windows XP。一般来说，SDL MultiTerm 2011 配合 SDL Trados Studio 2011 使用，无论是兼容性还是功能方面都可以满足翻译工作者的需求。

SDL MultiTerm 2011 包括两个模块，SDL MultiTerm 2011 Desktop 和 SDL MultiTerm 2011 Convert。MultiTerm Desktop 是一款桌面工具，是术语管理主程序；MultiTerm Convert 是将其他术语文件转换为 MultiTerm Desktop 可识别和使用的程序。

SDL 公司还有一款术语库提取工具 SDL MultiTerm 2011 Extract，可以根据现有已翻译文件来创建术语表。有了 SDL MultiTerm Extract，就可以自动定位并从现有单语和双语文档中提取术语，无须手动选择添加术语。由于篇幅和学时有限，下面将重点介绍 SDL MultiTerm 2011 Desktop 和 SDL MultiTerm 2011 Convert 的功能和使用方法。

## 一、创建新的术语库

### 1. 安装 SDL MultiTerm 2011

双击安装文件 SDL MultiTerm Desktop 2011 SP2（即 SDL MultiTerm 2011 的桌面应用程序，安装包里包括 SDL MultiTerm Convert 等应用程序，SP2 表示 Service Pack 2），单击 Accept，然后根据安装向导，一直点击 Next 完成安装。

见图 9-1 和图 9-2。

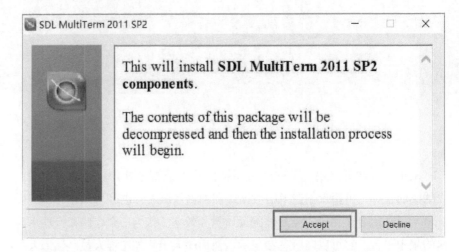

图 9-1 SDL MultiTerm Desk-top 2011 SP2 安装提示

图 9-2 SDL MultiTerm Desk-top 2011 SP2 安装协议

　　注意：在安装 SDL MultiTerm 2011 SP2 的时候，默认安装有三项：SDL MultiTerm 2011，SDL MultiTerm Word Integration 和 SDL MultiTerm Convert。其中的 SDL MultiTerm Word Integration 选项不用选，如果把它安装上了，它会出现在 Microsoft Word 的菜单栏上，作用是方便译员在 Microsoft Word 中编辑术语。但是安装上以后，打开 Microsoft Word 文档时可能会出现宏或模版找不到的错误提示。见图 9-3。

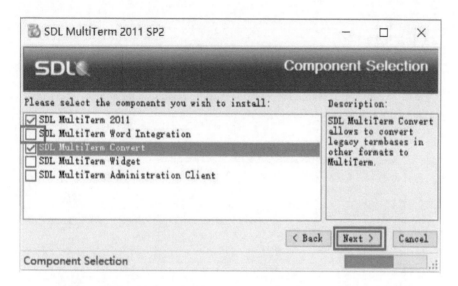

图 9-3 SDL MultiTerm Desk-top 2011 SP2 安装组件选项

其余两个组件是 SDL MultiTerm Widget 和 SDL MultiTerm Administration Client，前者是 SDL MultiTerm 插件工具，主要作用是访问任意收藏的在线资源（如谷歌词典、Wikipedia 等）以获取词典内容，后者是术语管理系统（服务器）客户端工具，一般用户不用安装。

## 2. 创建新的术语库

### （1）从下拉菜单中打开"创建术语库"

双击桌面上的 SDL MultiTerm 2011 Desktop 图标，打开软件。从菜单栏中，点击"术语库"项，在下拉菜单中选择"创建术语库"。见图 9-4。

图 9-4 创建术语库

### （2）新术语库命名

然后软件弹出"保存新术语库"对话窗，键入要保存的文件名，比如"国家名"，术语库文件的后缀为.sdltb（SDL Termbase 的缩写）。然后点击"保存"。见图9-5。

图 9-5　新术语
库命名

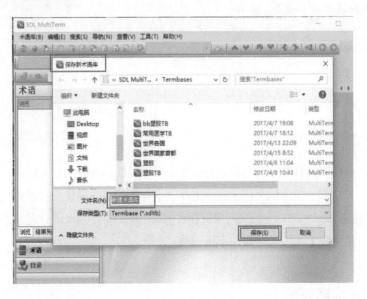

### （3）新术语库定义

然后进入"术语库向导"，单击"下一步"，进入"术语库定义"。这里有几个选项，选择默认的"重新创建新术语库定义"，然后单击"下一步"继续。见图9-6。

图 9-6　新术语
库定义

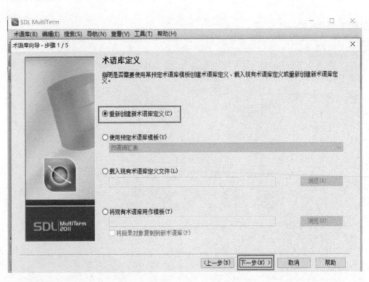

**（4）用户友好名称与用途说明**

这里要求键入"用户友好名称"，可根据术语库用途填写，最好与术语库的文件名相同或相关，便于记忆，比如使用前面的"国家名"，这个术语库名称将显示在 MultiTerm 的界面中。下面的"说明（可选）"可注明此术语库的用途。单击"下一步"继续。见图 9-7。

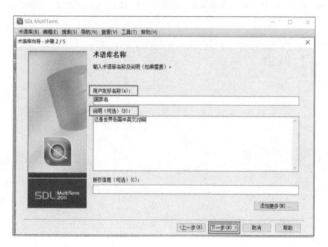

图 9-7　术语库名称

**（5）添加索引字段**

术语库索引字段，选择术语库要包含的语言。在"语言"下拉框中分别选择 English 和 Chinese。单击"添加"，右侧的"选择索引字段"框里便出现相应的语言名称。索引字段其实就是术语库的语言对，一个术语库支持两种语言以上的索引字段，比如还可以添加 German 和 French 等。在"语言"下拉框的下面有一个"显示子语言"的选项，如果选中，除了 Chinese 以外，我们还可以选择 Chinese (Singapore) 等。单击"下一步"继续。见图 9-8。

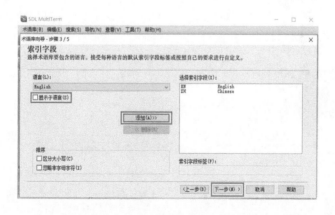

图 9-8　添加索引字段

### （6）说明性字段

说明性字段，即给新术语库添加字段标签。这里我们采用默认设置，不用添加字段标签。单击"下一步"继续。见图9-9。

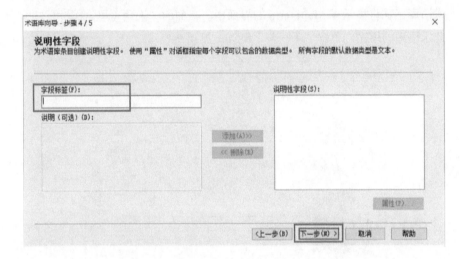

图9-9 说明性字段

### （7）条目结构

接下来进入术语库向导"条目结构"，对于创建简单术语库来说，此步不用设置，默认单击"下一步"，进入"向导已完成"页面，单击"完成"。这样，一个简单的新术语库就创建好了。见图9-10。

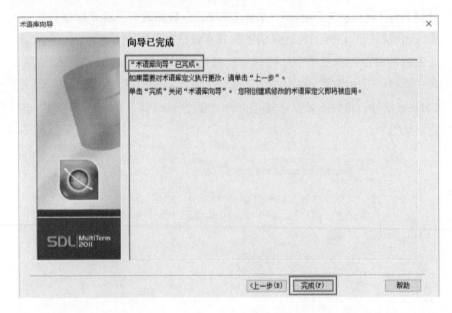

图9-10 术语库向导完成

**（8）查看新创建的术语库**

查看新创建的术语库文件。术语库文件默认保存在 C 盘"我的文档"下面：文档 \SDL\SDL MultiTerm\Termbases。打开目录可以看到刚才创建的"国家名.sdltb"术语库。此时这个术语库还是空的，里面没有词条，下面我们将添加或者导入术语。见图 9-11。

图 9-11　查看新创建的术语库

# 二、添加和编辑术语

向术语库添加术语有两种方法：一是在 SDL MultiTerm 2011 Desktop 中添加术语；二是在 SDL Trados Studio 2011 "编辑器"中添加术语（此方法曾在第六章关于"编辑器"的使用中有简单介绍）。下面，我们将分别介绍这两种方法。

首先，让我们了解一下 SDL MultiTerm 2011 的操作界面。在电脑桌面上，双击 SDL MultiTerm 2011 Desktop 图标，打开程序。见图 9-12。

图 9-12　SDL MultiTerm 2011 主界面

SDL MultiTerm 2011 Desktop 界面布局与 SDL Trados Studio 2011 类似，最上面是菜单栏，接下来是工具／编辑快捷按钮。左边是"术语"导航栏，如果术语库有术语词条，"浏览"窗格里就会显示术语，而且术语是按照字母顺序排列的；右边是工作编辑区，用于添加和编辑术语。

## 1. 在 SDL MultiTerm 2011 里添加术语

### （1）新加术语

从菜单栏"术语库"->"打开术语库"，或者在 Windows 资源管理器中找到新建的术语库，双击"国家名.sldtb"，打开术语库（此时是空的）。菜单上点击"编辑"->"新加"或按 F3。双击铅笔小图标，在右边小框里分别键入 China（PRC）和"中华人民共和国"；然后点击"菜单"->"保存"或按 F12，也可点击菜单栏下面的快捷图标"保存"，这样就在术语库中添加了新术语。见图 9-13。

图 9-13　新加术语

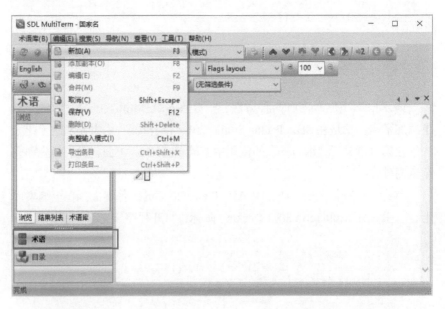

再按 F3，键入 the Philippines 和"菲律宾"，点击快捷图标"保存"。以此类推，键入更多中英文国名，然后"保存"或按 F12，这样就在术语库中成功地添加了新的术语。编辑术语同添加一样，选中左边栏的词条，在右边栏双击词条就可以修改了。见图 9-14。

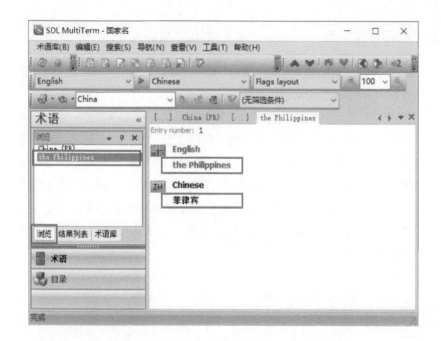

图 9-14 编辑
新术语

（2）查看术语库信息

　　点击左边导航栏底部的"目录"，就可以查看此术语库的创建和更新
信息。左边栏里面列出的是术语库的基本信息以及操作向导，比如 Import
和 Export。右边栏里显示的是术语库的详细信息，比如刚刚新加的两个词
条。需要指出的是，添加术语是一个逐渐积累的过程。见图 9-15。

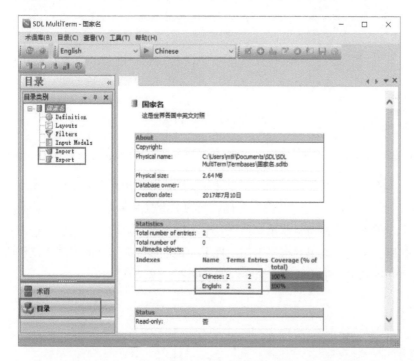

图 9-15 查看
术语库信息

## 2. 在 SDL Trados Studio 2011 里添加术语

添加新术语还有一种方法，就是在使用 SDL Trados Studio 2011 翻译文件的过程中直接添加术语至术语库。

打开 SDL Trados Studio 2011，新建翻译项目，比如说新建一个"国家名"项目（具体步骤请参阅第六章的"新建项目"），并在术语库设置时选择刚刚创建的"国家名.sdltb"术语库。此时术语库里只有两个词条，所以当选定"斯里兰卡"这一句段时，右上角术语库窗口里显示"无可用结果"。向术语库添加术语的方法是，分别用鼠标选中左边栏里的"斯里兰卡"和右边栏里的 Sri Lanka，点击鼠标右键，在弹出的对话框里选择"添加新术语"。见图 9-16。

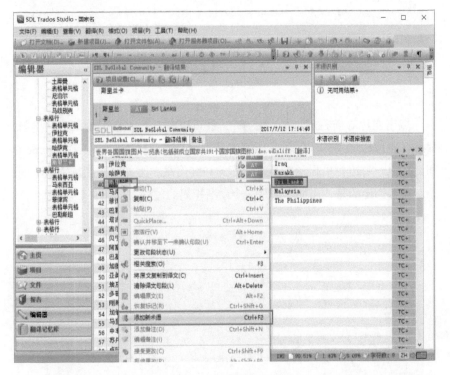

图 9-16  添加术语

底部的"术语库查看器"窗口会显示刚添加的中英文新术语"斯里兰卡"，点击窗口上面的"保存"图标，新的术语就保存下来了。这时候再看右上角的术语库窗口，术语"斯里兰卡"就出现了。而且在编辑区域左边栏，原文中的"斯里兰卡"上面出现了一条红线，表示此时术语库已经将它自动识别出来了，并把它标为术语。见图 9-17。

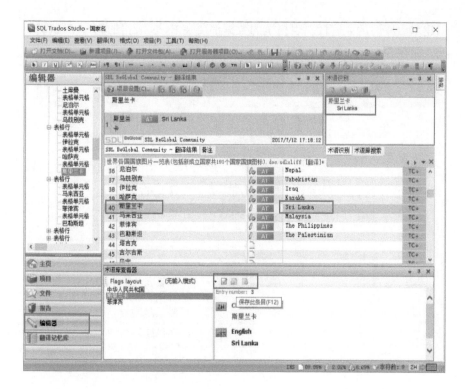

图 9-17　术语库自动识别新术语

# 三、用 SDL MultiTerm 2011 Convert 转换 Microsoft Excel 表格

作为翻译项目组成员，译员经常会收到项目组组长或翻译委托方提供的术语表，而这种术语表常常是以 Microsoft Excel 表格的形式呈现的。这就需要译员将 Excel 表格里的术语转换为 SDL Trados Studio 2011 能够识别的术语库格式。通过 SDL MultiTerm 2011 Desktop 和 SDL MultiTerm 2011 Convert 这两个软件，可以快速批量地添加 / 导入术语词条或制作专业术语库。

## 1. 预处理 Microsoft Excel 文件

下面是客户提供的一个 Excel 格式的世界各国 / 地区的中英文对照文件，文件名为"世界国家及地区名称.xlsx"。拿到 Excel 文件后，我们要预处理一下 Excel 表格，也就是要使 Excel 文件内容符合转换的条件。

（1）另存为 Excel 97—2003 工作簿格式

打开 Excel 文件，另存为 Excel 97—2003 工作簿格式，这样可以保证创建术语库时的兼容性。表格里的数据都要在 Excel 表格的第一个工作簿上，即在 Sheet 1 上面。见图 9-18。

图 9-18　原始 Excel 表格

### （2）首行英语标注语言对的名称

通常双语术语库要求 Excel 表格只保留两列（也可多列，下一小节会提到），比如第一列是中文，第二列是英文。工作表的第一行是各列标题字段信息，也就是语言对的名称，要用英语标注。见图 9-19。

图 9-19　预处理后的 Excel 表格

（3）删除多余信息

删除 Excel 表格里的格式设置或其他数据信息，比如插图、函数等，删除数据表格各列之间的空列，如果数据表格中含有空列，转换过程将在空列上停止。进行预处理之后，将文件另存为"世界国家及地区名称 2. xls"，这样做是为了能保留原文件，一旦出错，还可以重新"预处理"原文档。如图 9-19。

## 2．用 SDL MultiTerm 2011 Convert 转换 Excel 文件

要批量添加 / 导入术语词条，就必须先制作 SDL MultiTerm 2011 Desktop 能识别的 XML 格式文件。

### （1）进入向导页面

打开 SDL MultiTerm Convert 后进入向导页。见图 9-20。点击 Windows（Win10）左下角"开始"->"所有应用"->"SDL"->"SDL MultiTerm 2011 Convert"，单击打开它。也可以在桌面创建程序的快捷方式，以方便使用。点击"下一步"进入转换对话框。见图 9-20。

图 9-20　进入向导页面

这里需要说明一下，MultiTerm Convert 在转换过程中将生成三个文件，其中两个文件非常重要：一个是能创建术语库的定义文件（XDT），一个是 MultiTerm XML 文件。术语库定义文件可定义术语库的结构，即对字段、记录和索引等进行设置。在转换步骤完成之后，用 MultiTerm 2011 Desktop 创建新的术语库时，需要用到这个术语库定义文件；而 XML 文件就是可扩展标识语言（eXtensible Markup Language），是一种通用的数据格式，独

立于不同平台或不同的操作系统，主要用于数据交换。

（2）"转换会话"对话框

"转换会话"对话框一般不需要设定，点击"下一步"继续即可。如果想要将本次转换会话的过程保存起来，可选中"保存转换会话"选项，并浏览文件夹，起名保存此 *.xcd 文件。这样，以后遇到类似的 Excel 文件转换，即可利用此"转换对话"的相关设置，进行新的 Excel 术语转换。见图 9-21。

图 9-21 进入
转换会话页面

（3）"转换选项"设置

在"转换选项"对话框里选择"Microsoft Excel 格式"，并点击"下一步"继续。见图 9-22。

图 9-22 转换
为 MultiTerm
XML 格式

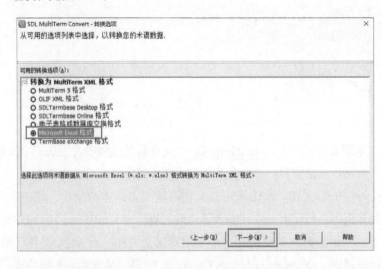

这个转换向导页面支持 7 种文件格式的转换，分别是：

- MultiTerm 5 格式：表示 MultiTerm 支持的格式，*.mtw 格式；
- OLIF XML 格式：符合 OLIF 2.0 XML 格式；
- SDL Termbase Desktop 格式；
- SDL Termbase Online 格式；
- 电子表格或数据库交换格式：制表符分隔的 *.txt 或逗号分隔的 *.csv 文件；
- Microsoft Excel 格式：导入文件的格式为 Excel 文件；
- TermBase eXchange 格式：即 *.tbx 术语库交换格式。

（4）指定导入文件

在"指定文件"对话框里，点击第一项"浏览"，选择预处理好的 Excel 文件。下面的输出文件、术语库定义文件和日志文件不用选，软件会自动选择默认的、与输入文件一致的文件名。生成的三个文件依次为：*.mtf.xml 数据交换文件，*.xdt 制作术语库的定义文件，最后一个 *.log 是用来记录转换过程的文件。见图 9-23。

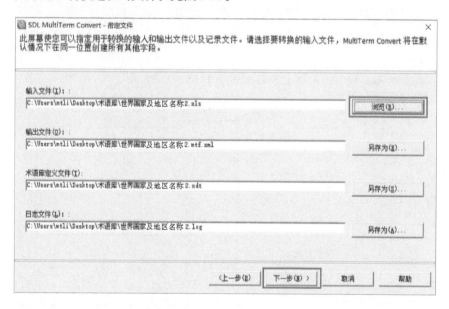

图 9-23　浏览选择要转换的 Excel 文件

（5）指定列标题

在"指定列标题"对话框里，要对左边栏的"可用列标题字段"里面的内容与右边的"索引字段"进行选定匹配。在左边栏点击选中 Chinese，在右边索引字段下拉选项中选定 Chinese (PRC)；点击选中 English，在右边选定 English (United States)，然后点击"下一步"继续。见图 9-24。

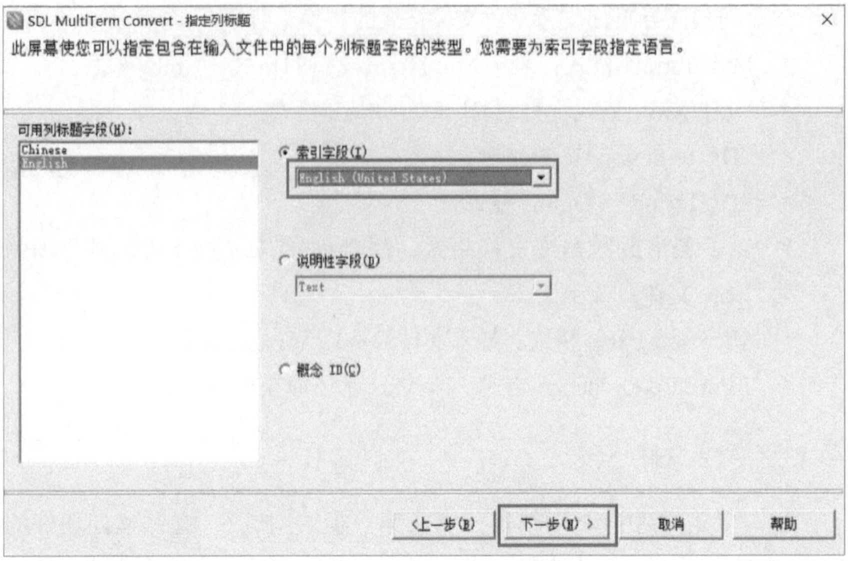

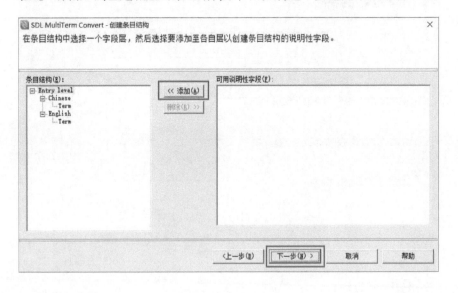

图 9-24 指定
列标题

（6）创建条目结构

　　在"创建条目结构"对话框里，左边列出的是 Excel 文件中的术语库
条目结构。如果 Excel 有更多的列，或者要添加"可用说明性字段"，可以
在此"添加"到左边相应的条目结构中，后文将进一步地介绍。见图 9-25。

图 9-25 创建
条目结构

（7）转换完成

　　在"转换汇总"中我们可以看到此次转换的信息：输入文件名、输出
文件名、术语库定义文件和文件保存路径等。然后点击"下一步"。在后
面的步骤中，我们也只需点击"下一步"继续，直到转换完成，点击"完

成", 关闭 MultiTerm Convert。这样我们就完成了可导入术语库所需的数据文件的转换。见图 9-26。

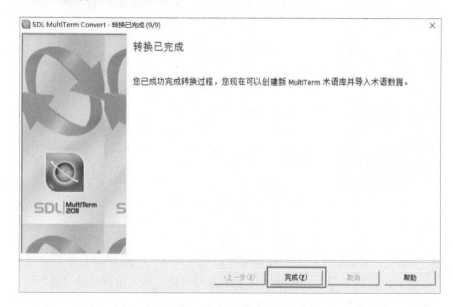

图 9-26　转换过程完成

# 四、用 SDL MultiTerm 2011 Desktop 创建术语库

## 1. 创建一个空的术语库

　　首先打开桌面上的 SDL MultiTerm 2011 Desktop, 点击菜单栏上"术语库"->"创建术语库", 进入"术语库向导"。一共有五个步骤, 单击"下一步"继续。注意, 此"创建"不同于前面介绍的"创建新的术语库", 是使用相同或类似的术语库定义文件(XDT)创建术语库。

### (1) 定义术语库

　　在"术语库定义"对话框中, 需要选择术语库定义。第一个选项"重新创建新术语库定义", 也就是创建一个新的空白术语库; 第二个选项"使用预定术语库模板", 这是使用 MultiTerm 的内置模板来创建术语库; 第三个选项"载入现有术语库定义文件", 常用于将其他格式术语库文件(比如 Excel 表格或 TBX 术语库交换文件)转换为 sdltb 格式的术语库; 第四个选项"将现有术语库用作模板", 也就是将已有的术语库制作成自定义模板。由于我们已经有了术语库定义文件, 所以选择第三个选项, 点击"浏览", 找到我们刚刚转换完的"世界国家及地区名称 2.xdt"文件。单击"下一步"继续。见图 9-27。

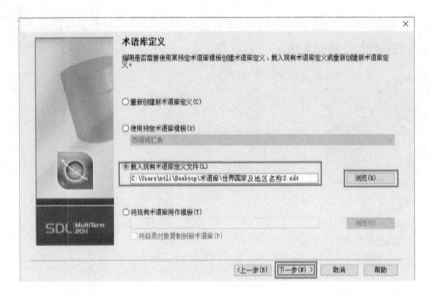

图 9-27 载入现有术语库定义文件

（2）术语库命名

在"术语库名称"对话框里添加术语库名称。在"用户友好名称"框里键入"国家名"，在下面的"说明（可选）"框里填入这个术语库的说明。单击"下一步"继续。见图 9-28。

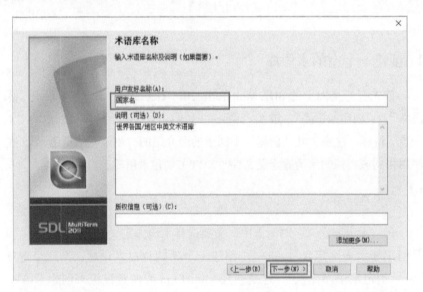

图 9-28 输入术语库名称及说明

（3）字段索引

在"索引字段"对话框中，右边窗口已显示有两个"索引字段"了，分别对应字段标签 English 和 Chinese。通常不用再做其他设定，单击"下一步"即可。见图 9-29。

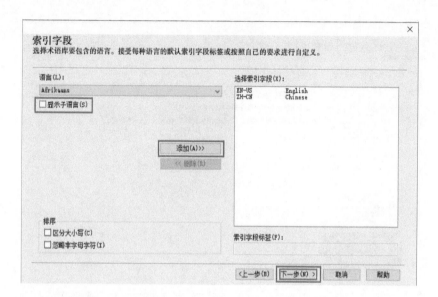

图 9-29 为索引字段选择语言

（4）说明性字段

说明性字段是为术语库条目创建说明性字段，一般不用设定。单击
"下一步"继续。见图 9-30。

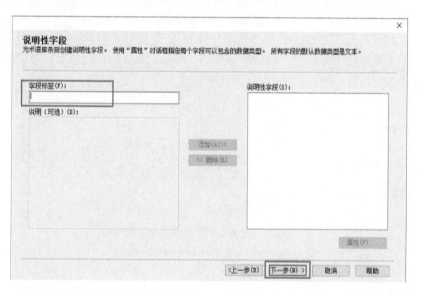

图 9-30 为术语库添加说明性字段（可选）

（5）创建完成

这是条目结构对话框，如果我们对术语库条目结构没有其他要求，单
击"下一步"完成术语库向导。至此，我们创建了一个空的术语库文件。
见图 9-31。

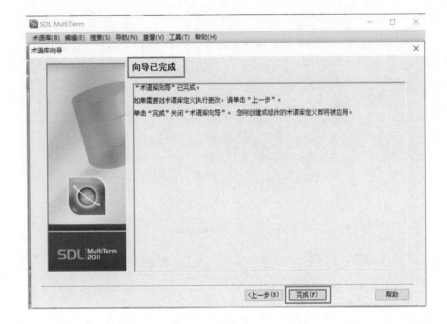

图 9-31 完成
术语库向导

## 2. 从 XML 文件中导入术语条目

在导航栏"术语"底部，单击"目录"，右边栏里会显示我们刚刚创建的术语库的全部信息，包括术语库名、路径、条目统计信息等，可以看到中英文条目（词条）数均为 0。见图 9-32。

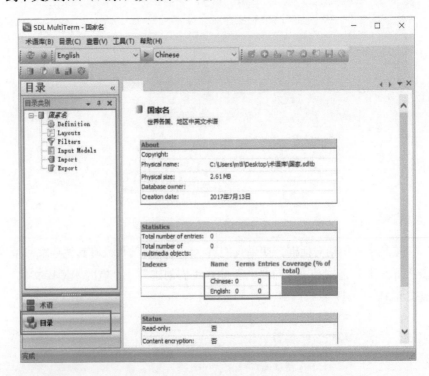

图 9-32 查看
新建术语库信息

**（1）导入术语条目**

选中左边栏里的 Import，点击右键打开选项，选择最下面的一项操作
"处理"。见图 9-33。然后程序打开"导入向导"，向导一共 8 个步骤。

图 9-33　处理
和导入条目

**（2）常规设置**

导入向导在前面介绍过，这里介绍一下不同之处。在"常规设置"（步
骤 2/8）中，在"导入文件"对话框右边单击"浏览"，找到我们转换后的
XML 文件："世界国家及地区名称 4.mtf.xml"。因为术语库是依据术语库的
定义文件（XDT）而创建的，所导入的文件格式完全符合 MultiTerm XML
格式，所以我们可以选中对话框下面的"快速导入"。单击"下一步"继
续。见图 9-34。

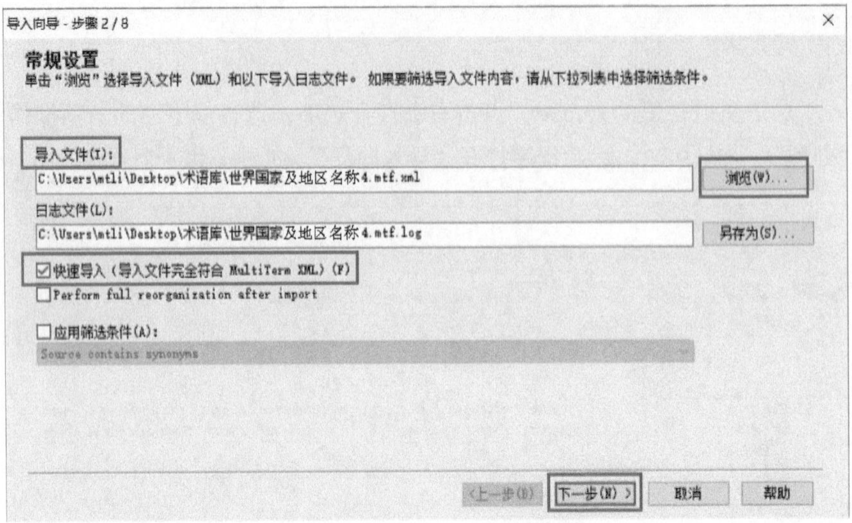

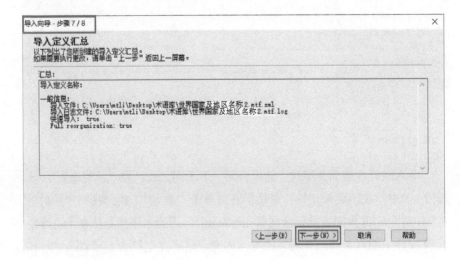

图 9-34 浏览选择导入文件（XML）

（3）导入定义汇总

下面几个步骤都是"导入定义汇总"，所以向导一下子从步骤 2/8 直接跳到步骤 7/8。如果没有特殊要求，单击"下一步"继续。见图 9-35。

图 9-35 导入定义汇总

（4）导入向导

当导入进度条到达 100% 后显示"已处理 238 个条目"。单击"下一步"继续，直至"导出向导已完成"对话框，上面显示"导出向导"已完成（编者注：应该是"导入向导"已完成，就是从 XML 文件中导出术语词条至 MultiTerm 2011 创建的术语库）。单击"完成"，关闭"导入向导"。见图 9-36。

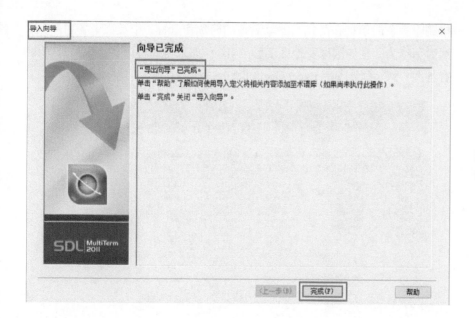

图 9-36 导入
向导已完成

（5）查看新添术语条目

回到 SDL MultiTerm 2011 Desktop 界面，可以看到术语栏里面已经排满术语条目了，而且术语条目是按照字母顺序来排列的。此时我们无须再保存术语库，直接关闭程序即可。至此，我们已成功地创建了"国家.sdltb"这一双语术语库。此术语库可直接用于 SDL Trados Studio 2011 的翻译项目。

## 五、创建结构复杂的术语库

根据不同的语种翻译或客户需求，我们有时需要两个以上语种或信息量更大的术语库。翻译委托方或项目组长提供的 Excel 术语文件可能会包含多个语种，比如中、英、法等，每个语种占 Excel 表格的一列，或者 Excel 文件里带有术语定义或说明文字信息。下面我们就来学习如何创建结构复杂的术语库。

## 1. 转换生成 XDT 和 XML 文件

（1）文件与处理

预处理 Excel 文件，术语库可以包含多种语言或更多信息，还是以"世界国家及地区名称"为例，原 Excel 文件需要保留 4 列信息。预处理表格删除多余的信息和格式，国家名称的简称和全称（中英文）各占一列，然后另存为"世界国家及地区名称 4.xls"。如果是四种语言，也是每个语言各占一列。预处理后 Excel 表格如图 9-37。

图 9-37　预处理 Excel 文件

## （2）转换向导

使用 SDL MultiTerm 2011 Convert 转换 Excel 文件。向导提供的步骤与前面一节相同，这里就把具体步骤简化，重点说明不一样的地方。从上一小节可知，此转换向导一共有 7 个步骤，由于前 3 个步骤与前面完全一样，故此处略去，直接进入第 4 步。点击"浏览"，在文件夹里找到并选择要转换的文件"世界国家及地区名称 4.xls"。见图 9-38。

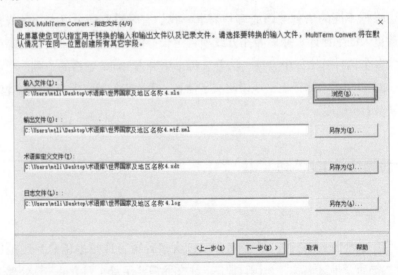

图 9-38　用 Convert 转换 Excel 文件

（3）指定列标题

在"指定列标题"对话框里，如果"可用列标题字段"里的四项是四种语言，那么在"索引字段"里就要分别选择四种语言，这样我们就创建了四个语种的术语库。而这里我们创建的是双语术语库，CHN-1 和 CHN-2 是同一种语言，ENG-1 和 ENG-2 也是同一种语言。所以我们要为 CHN-1 选择索引字段 Chinese (PRC)，为 CHN-2 选择说明性字段 Text；为 ENG-1 选择 English (United States)，为 ENG-2 选择说明性字段 Text。然后单击"下一步"继续。见图 9-39。

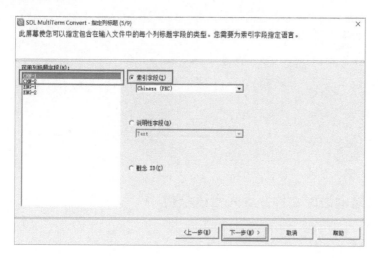

图 9-39 选择可用列标题字段

（4）创建条目结构

在"创建条目结构"对话框里，我们将右边的 CHN-2 添加到左边 CHN-1 的下面；将右边的 ENG-2 添加到左边 ENG-1 的下面。形成如图 9-39 的条目结构。然后单击"下一步"继续。见图 9-40。

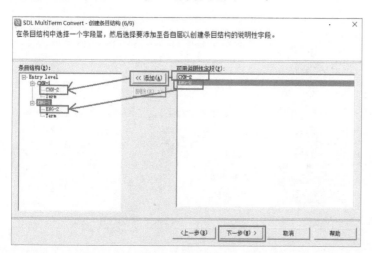

图 9-40 创建条目结构

（5）文件转换

进入向导"转换汇总"，单击"下一步"开始转换。见图 9-41。转换完成后再单击"下一步"，最后单击"完成"。至此，我们成功地转换了带有 4 列数据的 Excel 表格，获得了创建术语库所需的 *.xdt 和 *.xml 文件。

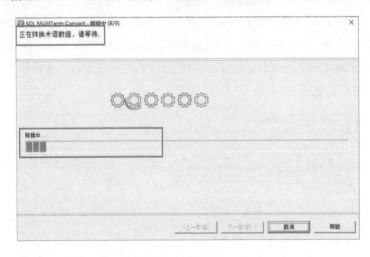

图 9-41　转换 Excel 表格

## 2. 创建术语库文件并导入术语条目

### （1）定义术语库

打开 SDL MultiTerm 2011 Desktop，创建术语库，步骤与前一节相同。首先将新术语库保存为"国家 4.sdltb"，然后跟着向导一步一步地创建一个空的术语库。然后载入现有术语库定义文件"世界国家及地区名称 4.xdt"，再单击"下一步"。见图 9-42。

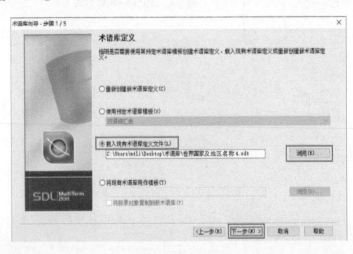

图 9-42　载入现有术语库定义文件

（2）术语库命名

在"用户友好名称"框里填写"国家4"，然后再单击"下一步"继续。注意，"用户友好名称"是显示在 MultiTerm Desktop 窗口里的名称，并不是"文件资源管理器"中显示的术语库文件名。所以建议两个名称最好一致。见图9-43。

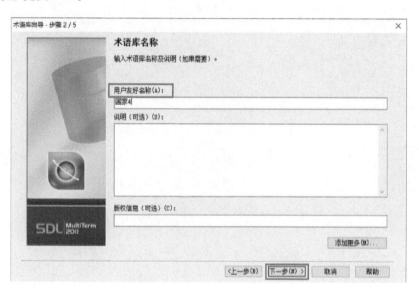

图 9-43　给新术语库设定名称

（3）索引字段

接下来的向导页面一般不需要设置，单击"下一步"即可。见图9-44。进入说明性字段后，也采用默认设置单击"下一步"。

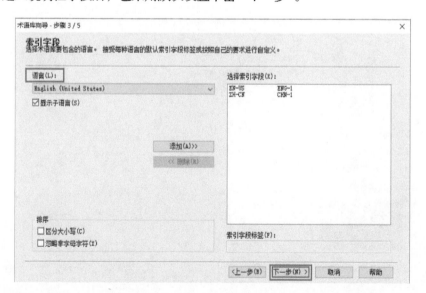

图 9-44　新术语库的索引字段

（4）条目结构

由于我们一开始选择的是载入现有的术语库定义文件（*.xdt），所以这一步也不需要进行设定。直接点击"下一步"继续。见图9-45。

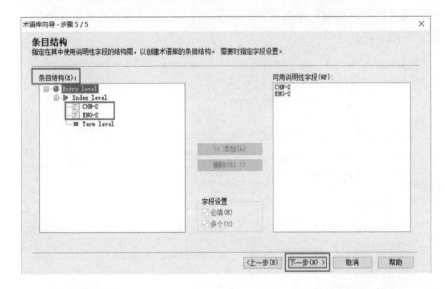

图 9-45 新术语库的条目结构

（5）向导已完成

点击"完成"，结束创建术语库向导。见图9-46。至此，我们已经成功创建了一个新的术语库。但是它与前面新创建的术语库一样是空的，我们需要将"世界国家及地区名称4.mtf.xml"里面包含的术语条目导入新创建的术语库"国家4.sdltb"。

图 9-46 "术语库向导"已完成

**（6）导入术语库条目**

新创建的术语库"国家 4.sdltb"依然是空的，接下来我们将 XML 文件里的条目导入此术语库。与前面一节的导入方法一样，点击左边栏底部的"目录"，选中 Import，点击鼠标右键，弹出选项，选择最后一项"处理"，开始导入术语条目。见图 9-47。

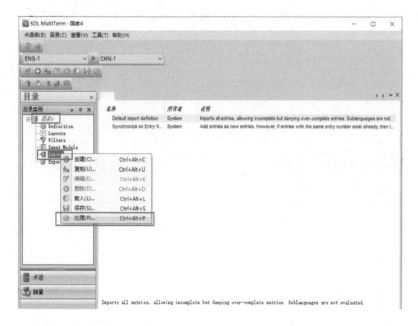

图 9-47 开始
导入术语条目

**（7）浏览选择导入文件（XML）**

启动术语库导入向导，根据向导提示，浏览找到我们先前制作的"世界国家及地区名称 .mtf.xml"文件。点击"下一步"继续。见图 9-48。

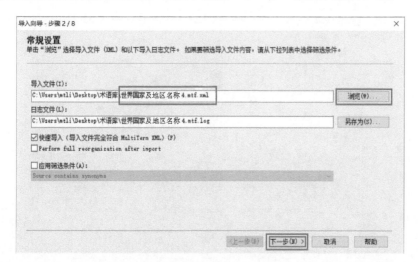

图 9-48 从
XML 文件中导
入新术语

**（8）查看新添加的术语**

导入步骤一共有 8 项，与前面操作一样，跟着向导，单击"下一步"，从 XML 文件中导入术语条目。再单击"下一步"，直到导入完成，然后关闭导入向导。由于前面已经演示了如何导入术语库条目，这里就不再赘述。

此时，在左边术语栏里可以看到新导入的术语词条；在右边术语窗口里，可以看到中英文的国家术语各有两个，一个是全称，一个是简称。至此，我们又成功地创建了结构复杂的"国家 4.sdltb"术语库。见图 9-49。

图 9-49 成功创建了结构复杂的术语库

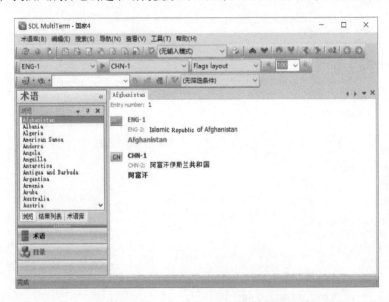

最后说明一点，在转换 Excel 文件和创建术语库的过程中，一定要注意这些转换文件的存储目录，以及最后生成的术语库文件的存储目录。见图 9-50。

图 9-50 转换文件和术语库的存储目录

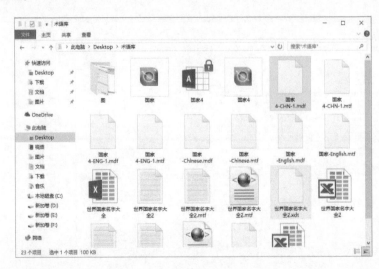

## 六、导出和合并术语库

作为一款术语库管理工具，SDL MultiTerm 2011 Desktop 也可导出术语库的定义文件（XDT）和 MultiTerm XML 数据交换文件。其目的有两个：一是为了与其他译员分享创建术语库所需的文件；二是为了合并术语库，也就是利用 SDL MultiTerm 的 Import 和 Export 功能合并专业相同或类似的术语库。

### 1．开始导出

在 SDL MultiTerm 2011 Desktop 中，点击"菜单"->"术语库"->"打开术语库"，点击左边栏底部"目录"，选中 Export，点击鼠标右键，在弹出的对话框里选择"创建"，开始"导出向导"。见图 9-51。

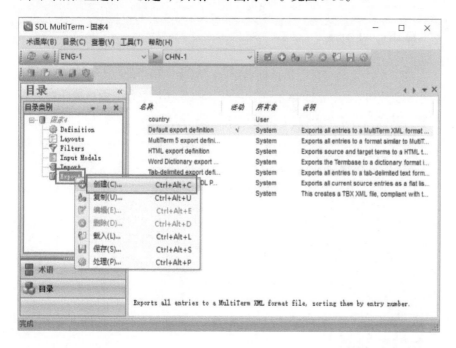

图 9-51　选中 Export，开始导出

### 2．导出向导

"导出向导"页面给出了步骤说明。根据向导，单击"下一步"继续。见图 9-52。

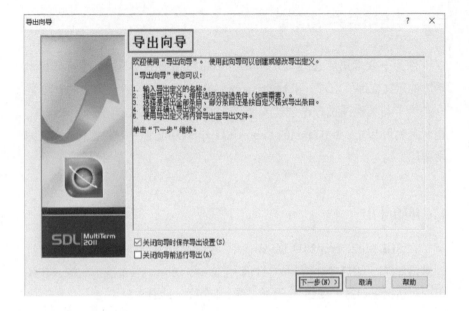

图 9-52  导出
向导页面

## 3. 导出定义名称

在"导出定义名称"对话框里键入"名称"和"说明（可选）"，即可导出定义文件（＊.xdt）。单击"下一步"继续。（编者注：向导显示有 8 个步骤，其实只有 4 个步骤。）见图 9-53。

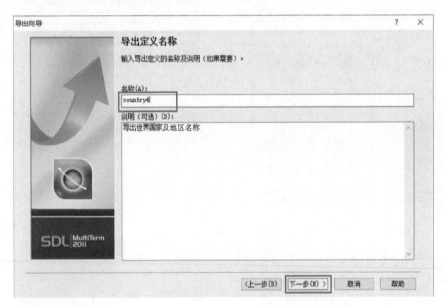

图 9-53  导出
定义名称

## 4. 导出设置

在"导出设置"页面，点击"另存为"保存导出的文件，比如文件名为 country4.xml，这就是 MultiTerm XML 格式文件，可以用于术语库的导入。单击"下一步"继续。见图 9-54。

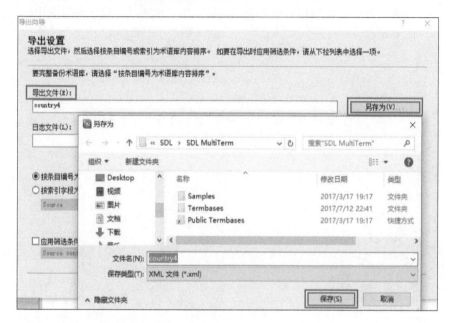

图 9-54　导出的术语库文件名称

## 5. 导出类型

在"导出类型"页面，选择"全部导出"，表示将术语库全部条目导出。单击"下一步"继续。见图 9-55。

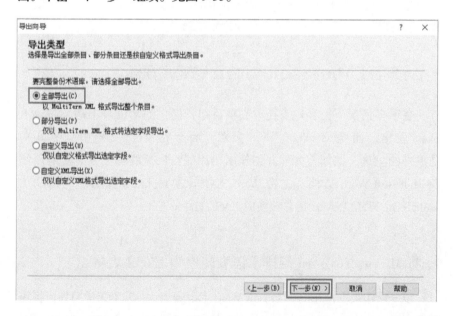

图 9-55　导出的术语库文件类型

## 6．"导出向导"结束

至此，我们已成功将术语库全部条目导出。单击"完成"即可退出操作。见图 9-56。

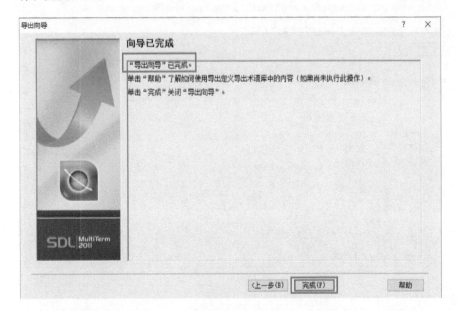

图 9-56　成功导出术语库

如果需要合并术语库，再使用 Import 功能与另外一个专业术语库合并。导入的具体步骤已经在上一小节讲解了，这里就不再赘述。

需要说明的是，在导出和导入术语库之前，需要查看该术语库的语言对信息，也就是查看该术语库的源语言和目标语言是什么。只有相同格式的（源语言与目标语言）术语库文件才能顺利导入。

# 七、预处理 Microsoft Word 格式术语表

在很多情况下，客户委托方或项目组长提供的术语表不是 Microsoft Excel 表格，而是 Microsoft Word 文档。而且在 Word 文档中，中英文是混排的。这又该如何处理并创建术语库呢？快捷的解决方案就是预处理 Microsoft Word 文档。先把 Word 文档转换成 Excel 表格，再用 SDL MultiTerm 2011 Convert 把它转换成 XML 文件。

## 1．将 Microsoft Word 混排术语表转换为 Excel 表格

以一个中英文混排的 Microsoft Word 术语表为例，我们来学习如何将其转换为 Excel 表格。Word 文档"外贸中英文对照词汇 .doc"如图 9-57 所示。

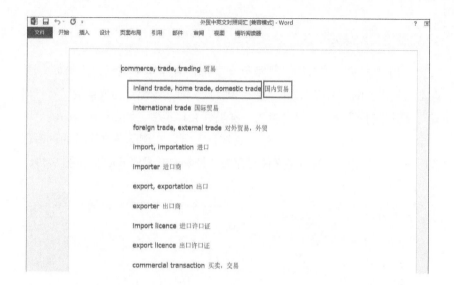

图 9-57 Word
格式术语表

## （1）"替换"删除中文字符

利用"替换"的方法，删除中文字符，只保留英文术语。具体方法：
点击工具栏上的"替换"，在"查找和替换"对话框里的"查找内容"框
里填入"[!^1-^127]"（注意要用英文半角），"替换为"框里什么都不填，
然后勾选下方的"使用通配符"。单击"全部替换"。这样，就可以在删除
中文字符的同时保留所有英文术语了。然后将文件另存为"外贸英文术
语.doc"。见图 9-58。

图 9-58 删除
中文字符，只保
留英文术语

（2）"替换"删除英文字符

利用"替换"的方法，删除英文字符，只保留中文术语。具体方法：点击工具栏上的"替换"，在"查找和替换"对话框里点击底部的"特殊格式"，选择"任意字母"，"替换为"框里什么都不填，然后勾选下方的"区分全/半角"。单击"全部替换"。这样，就可以在删除英文字符的同时保留所有中文术语了。然后将文件另存为"外贸中文术语.doc"。见图 9-59。

图 9-59 删除英文字符，只保留中文术语

（3）"替换"删除多余的格式设置

在上面两个中英文文档中，分别选中所有文档内容，单击工具栏上的图标"清除所有格式"，即可删除多余的格式设置。接着，用"替换"的方法删除中文字符前的空格、空行和逗号等。预处理后的两个中英文 Word 文件如图 9-60 所示。

commerce, trade, trading
inland trade, home trade, domestic trade
international trade
foreign trade, external trade
import, importation
importer
export, exportation │
exporter
import licence
export licence
commercial transaction
inquiry
delivery
order
make a complete entry /
bad account
Bill of Lading

贸易
国内贸易
国际贸易
对外贸易，外贸
进口
进口商│
出口
出口商
进口许口证
出口许口证
买卖，交易
询盘
交货
订货
正式/完整申报
坏账
提单

图 9-60　预处理后的两个中英文 Word 文件

**（4）分别拷贝到同一个 Excel 文件中**

　　新建一个 Excel 文件，把 A、B 列设定宽一些以容纳中英文术语。将"外贸中文术语.doc"的内容选中，拷贝到 Excel 表格中的 A 列，然后把"外贸英文术语.doc"的内容选中，拷贝到 Excel 表格中的 B 列，这样中英文各占一列。在 Excel 表格第一行上方插入一行，分别在 A、B 列里给出相应的英文标题。这样就制作好了一个可以转换的 Excel 术语表格，然后另存为"外贸中英文术语.xls"。见图 9-61。

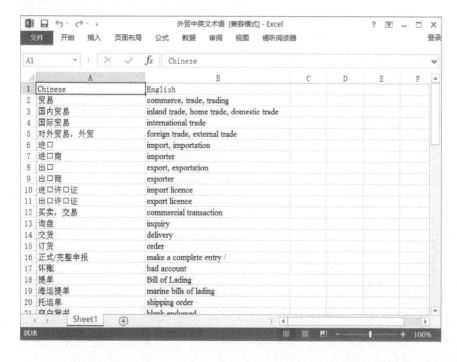

图 9-61　将 Word 术语表转换成 Excel 表格

至此，我们已成功地把中英文混排的 Word 术语表转换成 Excel 表格，接下来再用 SDL MultiTerm 2011 Convert 把它转换成 XML 数据文件，然后再导入一个创建好的术语库。具体方法和步骤在前面几个小节里已经做了详尽论述，这里就不赘述了。

## 2. 用"中英文提取器"将混排术语转换成 Excel 表格

此外，还有一个更为便捷的方法可以把中英文混排的 Word 格式术语表转换为 Excel 文档，即利用一个免费的小程序"中英文提取器 V1.02"来实现。

### （1）打开程序

首先双击打开"中英文提取器 V1.02"，然后打开 Word 中英文混排的术语表，这里我们仍然选择"外贸中英文对照词汇 .doc"作为例子。

### （2）复制粘贴

选中 Word 文档中的全部内容，然后拷贝并粘贴至"中英文提取器 V1.02"上面的大窗口里。

### （3）直接处理

点击软件底部的"处理"，这样原 Word 表中的中英文混排术语就分开了。见图 9-62。

图 9-62　将中英文混排术语分开

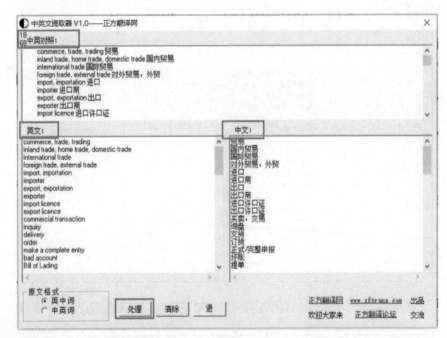

### （4）拷贝数据到 Excel 表格

用 Ctrl + A 选取提取器左边窗口里的全部英文，拷贝到 Excel 表格中的 A 列，然后 Ctrl + A 选取提取器右边窗口里的全部中文，拷贝到 Excel 表格中的 B 列，这样中英文各占一列。在 Excel 表格第一行上方插入一行，分别在 A、B 列里给出相应的英文标题。这样我们就制作好了一个可以转换的 Excel 术语表格。然后将文件另存为"外贸中英文术语.xls"。

这种方法比前面介绍的预处理 Word 文档的方法更加简便高效，而且包含中英文混排术语的原文件可以是网页，也可以是 PDF 文件。有了转换之后的 Excel 表格文件，接下来再用 SDL MultiTerm 2011 Convert 把它转换成 XML 数据文件，然后再导入一个创建好的术语库文件。这样我们就成功地创建了属于自己的专业术语库。

## 八、小结

SDL MultiTerm 2011 Desktop 是一款术语库管理工具，它可以创建术语库、添加新术语和编辑术语库，可以转换客户提供的 Excel 文件，也可以批量导入术语。它与 SDL Trados Studio 2011 配合使用，可以提高总体翻译质量和效率。SDL MultiTerm 2011 Desktop 现已被全球的翻译公司、项目经理、编审和译员广泛接受。

我们可以用 SDL MultiTerm 2011 Desktop 快速创建新的术语库，并在 SDL MultiTerm 2011 Desktop 和 SDL Trados Studio 2011 中随时添加、编辑术语，方便而又快捷。

客户提供的各种 Excel 格式的术语文件，可以用 SDL MultiTerm 2011 Convert 来转换。转换之前需要对 Excel 原文件进行预处理，然后就可以转换 Excel 表格，生成我们所需的 *.xdt 和 *.xml 文件。

SDL MultiTerm 2011 支持批量导入术语。我们先用术语库的定义文件（XDT）来创建一个空的术语库，然后使用 Import 功能从 XML 数据文件来导入术语条目。如果已有多个专业术语库，都是使用相同或类似的术语库定义文件（XDT）创建的术语库，那么也可利用 Import 和 Export 来合并术语库。在 SDL Trados Studio 2011 中使用双语术语库，是不分英译中或中译英术语库的，这一点不同于翻译记忆库。

如果遇到中英文混排的 Word 文档时，可以先预处理 Word 文档，把它转换成 Excel 表格，然后再用 MultiTerm Convert 把它转换成 XML 数据文件。在整个创建术语库、预处理、转换 XML 和导入术语的过程中，尤其要注意转换文件和术语库文件保存的位置。

## 思考与讨论

1. 简要说明 SDL MultiTerm 2011 的组成和用途。尝试创建一个新的术语库。

2. 如何添加和编辑术语？在新创建的术语库里添加 10 个条目。

3. 如何预处理 Excel 格式术语文件？尝试预处理 Excel 格式术语文件。

4. 根据转换向导，转换客户提供的 Excel 术语文件。

5. 如何大批量导入术语条目？尝试导入术语。

6. 将你创建的完整术语库导出到 MultiTerm XML 文件。

# 第十章
## 翻译记忆库的创建、维护与对齐

我们在前面的章节曾提到，翻译记忆是计算机辅助翻译的技术核心。CAT 软件都是基于翻译记忆技术架构的，而翻译记忆工具是翻译记忆技术的载体，适用于翻译内容重复率较高的文档，以便充分利用先前的译文。据统计，在不同行业和部门，这种资料的重复率达到 20%—70% 不等，这就意味着译者至少有 20% 的工作是重复劳动。一般来说，科技、法律和商务领域的文档在内容重复率上远高于文学、新闻等领域。如果译员数年使用同一翻译记忆库，重点翻译一两个特定专业领域（如法律、医学）的文档或服务于同一客户，那么翻译记忆所发挥的功效会尤为明显，对于某些熟练的译员来说，翻译记忆带来的效果更为显著。

"对齐"（Alignment）是指比较原文及译文，匹配对应的原文和译文句子，将其对应和捆绑在一起作为翻译记忆库中的翻译单元的过程。对齐可以自动进行，也可以人工进行。许多翻译记忆软件（比如 Transit、memoQ 和 SDL Trados WinAlign 等）已整合双语句段对齐功能。独立的对齐软件有 ABBYY Aligner、AlignFactory、hunalign（开源软件）和 Tmxmall Aligner（需付费使用的单机版）等。下面将重点讲解 SDL Trados Studio 2011 中的翻译记忆库创建与维护，以及常用的对齐工具 WinAlign、ABBYY Aligner 和 Tmxmall（免费在线版）的对齐功能。因为免费的 Tmxmall 在线对齐工具与付费的 Tmxmall Aligner 在功能上大同小异，容易获得，所以本章选择前者进行讲解。

## 一、翻译记忆库的创建

翻译记忆库是一种语言数据库，能在工作时持续获取翻译过程中的译文以备将来使用。

在实际翻译过程中，以前所有的译文都自动存储到翻译记忆库中并被重复利用，以便用户不必多次翻译同一句话（或相似度很高的句子）。记忆单元则由源语言和目标语言以成对组成的形式，构成翻译记忆库的基本单位。打开源语言文档并应用翻译记忆库,"完全匹配"或"模糊匹配"(相似但不相同的匹配建议)即时被提取并放置在目标语言文件中。这样,当我们翻译原文时,翻译记忆库便实时地提供"匹配建议",我们可以选择接受,也可以用人工翻译覆盖"匹配建议"。如果人工更新翻译单元,人工翻译也将存储在翻译记忆库中以备将来使用,或在当前文本中重复使用;如果目标语言的文件中没有"匹配建议",那么所有句段都要人工翻译并自动添加至翻译记忆库中。

翻译记忆库有如下特征:一个翻译记忆库可以重复使用,即一个记忆库可以用在多个翻译项目中,一个项目也可以使用多个记忆库,只要语言对相匹配即可。但译员也不要在一个翻译项目中使用太多的翻译记忆库,因为维护这些翻译记忆库也需要较大的工作量。一般来说,合理管理翻译记忆,将所有的翻译记忆库进行分类存储,可以保持文档翻译的一致性,而且翻译记忆库还可以在多个翻译项目之间保持一致性,因为记忆库中重复使用的字词、短语或句子都已在首次翻译时进行过审校和质量评估。此外,使用翻译记忆库可以减少译员之间的依赖性,提高工作效率。本地翻译记忆库每次仅限一个用户访问,而服务器存贮的翻译记忆库则允许多个用户同时访问。

## 1. 翻译记忆库的界面

SDL Trados Studio 2011 翻译记忆库的界面由"菜单与工具栏""导航栏""搜索详情窗口""TM 并排编辑器"和"字段值窗口"五部分组成。如图 10-1 所示。

图 10-1 SDL Trados Studio 2011 的翻译记忆库界面

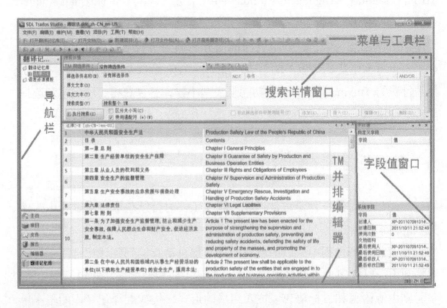

因为工具栏中的记忆库文本编辑图标没有文字，我们通过图 10-2 简单介绍一下 SDL Trados Studio 2011 的翻译记忆库界面中翻译单元文本编辑各图标的功能。

图 10-2　翻译记忆库工具栏图标简介

工具栏中有四个望远镜图标代表查找与替换，由左至右的功能依次是查找下一个、查找上一个、查找和替换。接下来的五个按钮与 Microsoft Office 中的一样，依次代表剪切、复制、粘贴、撤销与恢复。下一排左边第一个按钮的功能是将待定翻译单元内容更改提交至翻译记忆库，接下来带叉号和下箭头的按钮的功能分别是标记要删除的翻译单元和撤销翻译单元的更改。三个箭头是记忆库页面转换按钮，分别代表转至首页、转至上一页和转至下一页。两个菱形方框是标记显示模式，分别代表无标记文本和标记文本。接下来的音符状按钮的功能是显示非打印字符。与翻译记忆库图标一致，带有小箭头的两个图标依次代表翻译记忆库文件的导入与导出。两个齿轮状图标一个带铅笔符号、一个带叉号，是批处理按钮，分别代表批编辑和批删除。最后一个文本状图标是翻译记忆库设置按钮。

## 2. 新建翻译记忆库

在 SDL Trados Studio 2011 中创建新的翻译记忆库可以遵循以下步骤：

（1）启动"新建翻译记忆库"向导

打开翻译记忆库界面，在菜单与工具栏中点击"文件"按钮，在下拉菜单中选择"新建"，在"新建"下拉菜单中选择"翻译记忆库"，启动建库向导。如图 10-3 所示。

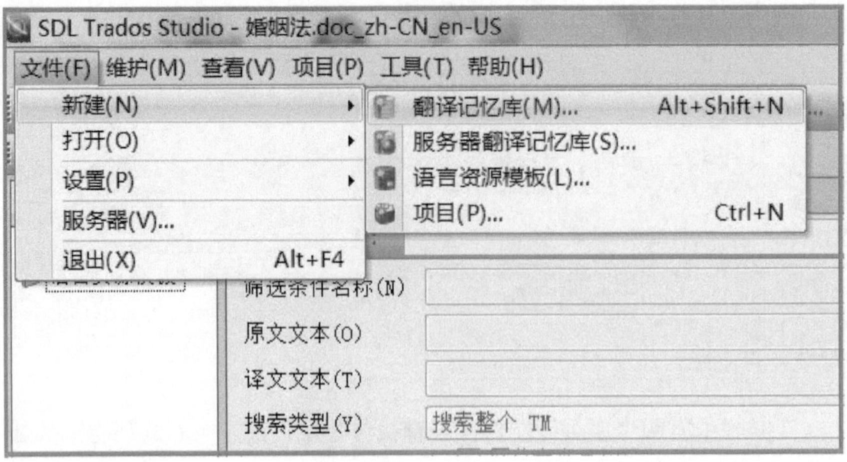

图 10-3 点击"文件"新建翻译记忆库

**（2）常规设置**

在弹出的新建翻译记忆库常规设置对话框中输入记忆库名称，设置记忆库储存位置，选择记忆库源语言和目标语言。如图 10-4 所示。

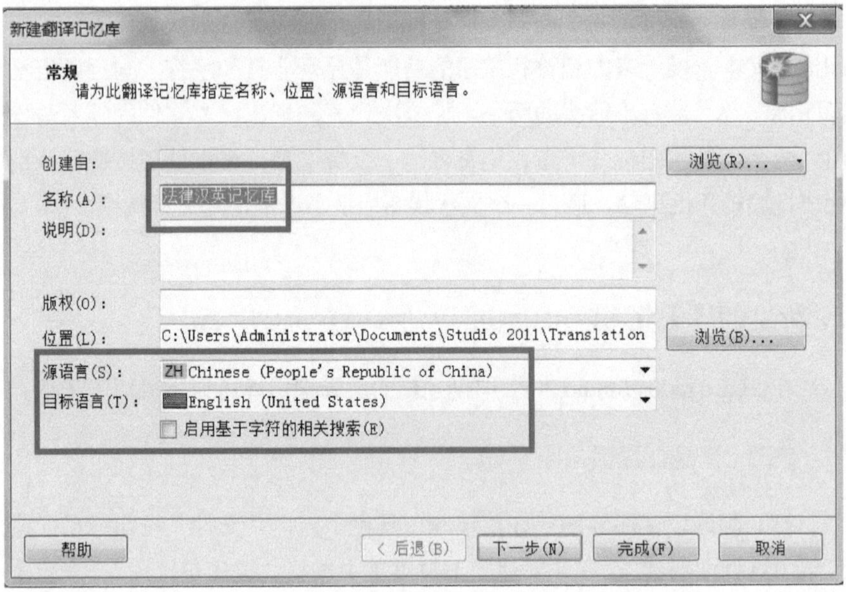

图 10-4 新建翻译记忆库常规设置

**（3）字段和设置**

点击图 10-4 的"下一步"按钮，弹出字段和设置对话框。如图 10-5 所示。

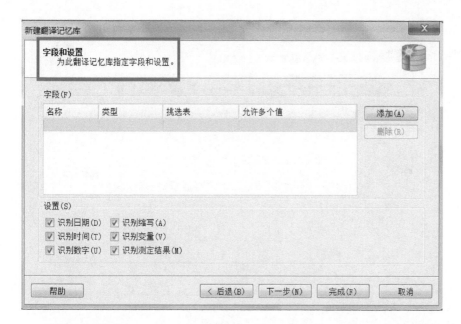

图 10-5 字段和
设置对话框

将光标放置在"名称"列下方的第一个空字段中，然后键入输出类型，如"印刷"，随后在第二个空字段中键入输出类型，如"在线"；光标悬停在"类型"字段上时将会显示一个箭头，单击箭头以显示下拉列表并选择"列表"；光标悬停在"挑选表"字段上时将会显示一个箭头，单击箭头以显示输入框，我们可以在此添加两个字段值，即"印刷和在线"；选中"允许多个值"复选框，如果翻译单元既用于印刷也用于在线出版物，那么我们可以同时选择两个值，单击确定以应用新设置。设置结果如图 10-6 所示。（注：如果翻译项目不需要，也可以不做任何设置，直接点击"下一步"进入语言资源。）

图 10-6 字段
设置结果对话框

（4）语言资源

点击图 10-5 对话框的"下一步"，在语言资源对话框对语言进行设置。如图 10-7 所示。如果翻译项目不需要，则该对话框内容可以不作任何设置，直接点击"完成"进入下一步。

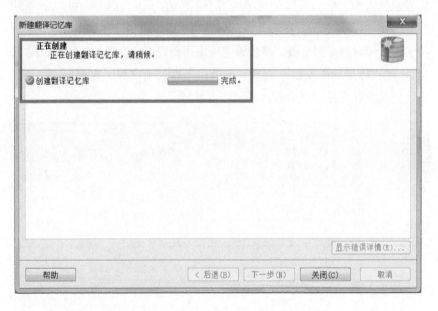

图 10-7 语言资源设置对话框

图 10-8 记忆库的创建程序运行状态对话框

（5）创建翻译记忆库完成

接下来会弹出新建翻译记忆库的创建程序运行状态对话框。如图 10-8 所示。图 10-8 显示向导"完成"并出现对勾，表示空白的翻译记忆库已创建成功。

（6）翻译记忆库设置

如果需要对记忆库进一步设置，可以点击图 10-2 所示的翻译记忆库设置按钮，或点击菜单栏中的"文件"，下拉菜单"设置"选项。呈现出的对话框如图 10-9 和 10-10 所示。可按翻译项目的需要对记忆库进行设置。

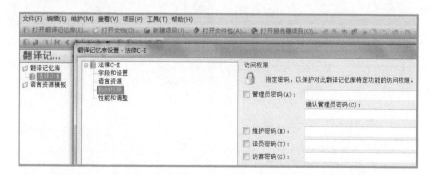

图 10-9　设置翻译记忆库访问权限

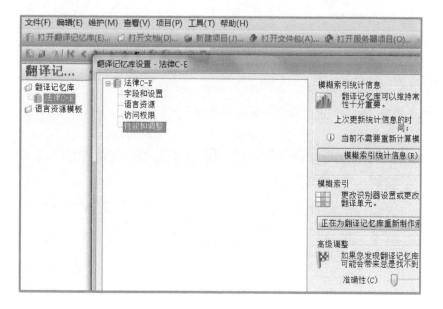

图 10-10　设置翻译记忆库性能

## 3. 导入与导出

　　如同术语库的导入和导出，翻译记忆库的导入和导出也是为了两个目的：分享与合并记忆库。首先我们来进行翻译记忆库的导入。完成翻译记忆库空库的创建之后，需要将已有的以 *.tmx 文件（*.tmx 可以来自客户，也可以由翻译公司提供，如何制作 *.tmx 文件见本章后面的对齐部分）形式存在的翻译单元导入到我们刚刚创建的空白翻译记忆库中，步骤如下。

### （1）导入按钮

　　回到翻译记忆库的界面视窗，右键单击我们刚刚创建的"法律 C-E"翻译记忆库或点击菜单和工具栏上的"文件"按钮，在下拉菜单中选择"导入"（在导出上面）按钮。如图 10-11 和图 10-12 所示。

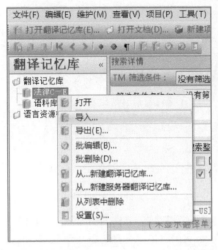

图 10–11　选择导入按钮的第一种方式（左）

图 10–12　选择导入按钮的第二种方式（右）

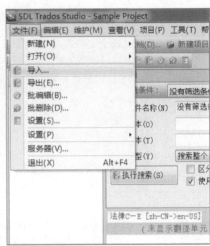

## （2）添加文件

跟着"向导"进行操作。如图 10-13 所示的对话框。

图 10–13　添加文件操作步骤

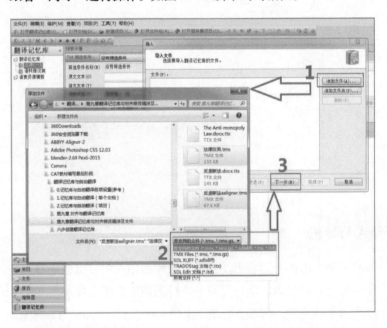

从添加文件对话框可以看出，可以把五种类型文件导入到记忆库之中，这五种文件是 *.tmx、*.tmx.gz、*.sdlxliff、*.ttx 和 *.itd。*.tmx 是 CAT 软件翻译记忆库交换文件，可在各个不同的 CAT 软件中导入与导出；*.tmx.gz 是翻译记忆库交换文件的 gzip 格式的压缩文件；*.sdlxliff 是 SDL Trados Studio 2011 翻译编辑器中的双语文件；*.ttx 是 Trados TagEditor File 的文件，可以在 Windows、Mac OS 和 Linux 系统中打开；*.itd 是 SDLX 翻译软件的导出文件。

## （3）TMX 导入选项

我们选择要导入的文件后，在导入文件对话框中选择下一步，会弹出图 10-14 的 TMX 导入选项对话框。

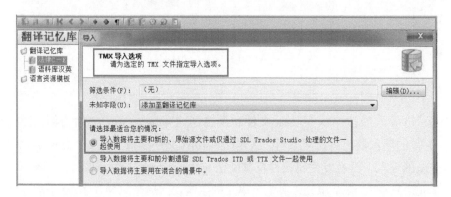

图 10-14　TMX 导入选项对话框

在"筛选条件"处，如果需要添加条件，则按编辑按钮（这一操作会在下面的记忆库编辑与维护章节讲到），如果不需要筛选条件，则保留默认的"（无）"，未知字段默认为"添加至翻译记忆库"，其下拉选项可视情况选择。在"请选择最适合您的情况"处，系统默认为"导入数据将主要和新的、原始源文件或仅通过 SDL Trados Studio 处理的文件一起使用"，其他两种情况可以视实际需要进行选择。

## （4）常规导入选项

对话框的各个选项完成后，按"下一步"会弹出图 10-15 常规导入选项对话框。图 10-15 对话框中，系统默认四个选项均不勾选，我们可视情况勾选。

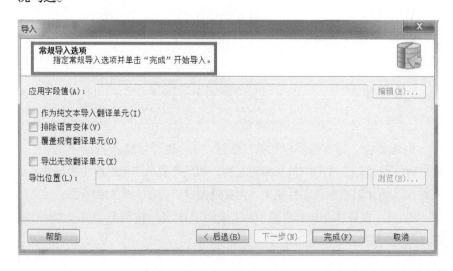

图 10-15　常规导入选项对话框

### （5）导入程序完成

点击"完成"按钮，会弹出图 10-16 的导入情况界面。

图 10–16　导入情况界面

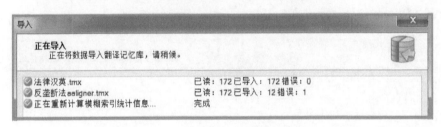

以导入的法律汉英 .tmx 文件和反垄断法 aaligner.tmx 文件为例，图 10-16 的导入情况对话框显示，法律汉英 .tmx 文件读取了 172 个翻译单元并全部导入，没有发生错误；反垄断法 aaligner. tmx 文件读取 172 个翻译单元，只导入 12 个单元，有 1 个单元发生错误。后者只导入了 12 个翻译单元是因为该文件的 160 个单元与法律汉英 .tmx 文件中的 160 个翻译单元完全相同，系统默认只保留第一个导入文件内容；1 处错误通常是出现了格式或内容错误，比如双语内容完全相同等。在该对话框中，可以看到三个对勾，表明文件已处理完毕，导入成功。点击"关闭"后，在翻译记忆库界面的 TM 并排编辑器中出现了导入的翻译单元，通常以 50 个翻译单元为单位（可以在菜单栏"工具"下拉菜单"选项"中的"翻译记忆库视图"中设置）在编辑器中显示出来。如图 10-17 所示。

图 10–17　TM 并排编辑器中显示的双语翻译单元及视图设置

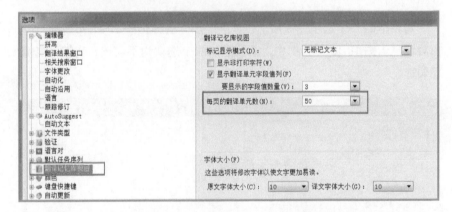

到此为止，带有翻译单元的"法律 C-E"翻译记忆库就创建完毕了。经过对该翻译记忆库的维护与编辑之后，如果需要从该记忆库中导出 *.tmx 文件供其他译员或翻译项目使用，需要遵循以下与导入类似的步骤：

首先，参照图 10-11 和图 10-12 找到"导出"按钮后点击，按照图 10-18 的步骤操作。

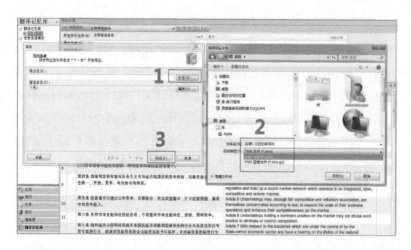

图 10-18 翻译记忆库文件导出步骤

然后，选定文件的导出位置［筛选条件，系统默认为"（无）"，如要设定条件则按"编辑"按钮］和导出格式后，点击完成，出现图 10-19 的运行界面。

图 10-19 导出数据处理过程界面

在图 10-19 的界面中，显示已导出 184 个翻译单元，并出现了对钩，表明导出成功。

# 二、翻译记忆库的维护

## 1. 翻译记忆库维护的内容

翻译记忆库的数据要在翻译记忆库视图中进行维护，可用于编辑的所有翻译记忆库均显示在翻译记忆库视图的导航树中。可以对翻译记忆库进行下列更改，以确保译员在使用翻译记忆库时能够获得高质量的匹配。

① 搜索包含需要拼写校正的源句段并进行改正；

② 将更改保存到已编辑的翻译单元；

③ 使用批编辑来同时修改多处译文中的拼写；

④ 创建筛选条件查找某个特定条件下添加的所有译文，以便审阅和批量修正；

⑤ 从以前翻译的双语文档中导入翻译单元，以便将来翻译更新内容时使用。

当然还可以对翻译记忆库执行其他维护，例如分配或更改自定义字段值，导出和导入筛选条件以及导出翻译记忆库数据等。

如果需要对样本翻译记忆库执行以上维护选项，可以在"TM 并排编辑器"中打开翻译记忆库进行编辑与维护。在翻译记忆库视图中，单击工具栏上的"打开翻译记忆库"，此时将显示打开文件翻译记忆库对话框；如果该翻译记忆库已经在导航栏中，双击该翻译记忆库或单击右键并从快捷菜单中选择打开。翻译记忆库将在"TM 并排编辑器"窗口中打开以供编辑，同时该记忆库还将成为活动翻译记忆库。当我们选择一行时，为该翻译单元分配的自定义字段值将显示在字段值窗口中，如前面图 10-1 所示。

## 2. 编辑翻译记忆库

### （1）搜索源句段

我们希望在前面创造的法律 C-E 翻译记忆库中导入的译文使用英式英语拼写，需要在译文中搜索美式英语拼写 organization，并将其修改为英式英语拼写 organisation。在搜索详情窗口的译文框中输入 organization，清除区分大小写复选框，单击执行搜索，找到所有包含 organization 的翻译单元并分批显示在"TM 并排编辑器中"。如图 10-20 所示。

图 10-20　在记忆库中搜索修改目标

现在已经找到了所有美式英语拼写的单词 organization，将其修改为英式英语拼写 organisation。在译文句段中单击并输入或粘贴英式英语拼写的 organisation。翻译单元状态列中显示如下图标，该图标表示翻译单元有尚未保存的待定修改。如图 10-21 所示。

图 10-21 在记忆库编辑器中修改目标单词

**（2）更改保存**

如果需要保留这一更改，可以单击维护工具栏上的提交更改按钮，翻译单元将保存新的拼写，且不可撤销。如图 10-22 所示。

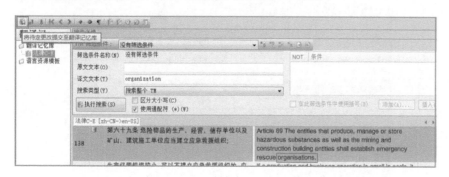

图 10-22 保存在记忆库编辑器中的更改

**（3）使用批编辑**

为了方便批量编辑对齐的翻译句段，我们可以通过记忆库的"批编辑"功能把记忆库译文中所有的 organization 更改为 organisation，步骤如下：

在导航树中右键单击"法律 C-E"翻译记忆库，从快捷菜单中选择"批编辑"。如图 10-23 所示。

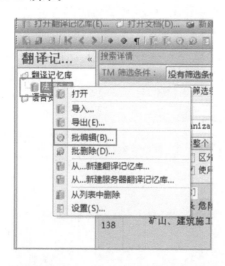

图 10-23 选择批编辑

此时会显示"批编辑脚本"，点击"添加"出现类似于 Microsoft Word

**计算机辅助翻译简明教程**

的"查找并替换文本"对话框。如图 10-24 和图 10-25 所示。

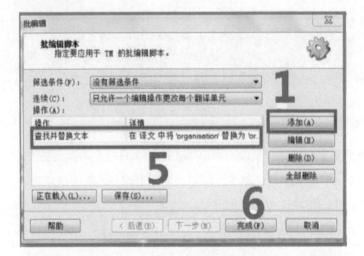

图 10-24 批编辑脚本

图 10-25 查找并替换文本

执行完成图 10-24 和图 10-25 两个对话框所示的 6 个步骤后，会出现"正在应用批编辑脚本"页面（图 10-26），此页面显示"已编辑 944 个翻译单元"，也就是有 944 个 organization 被自动替换成了 organisation。

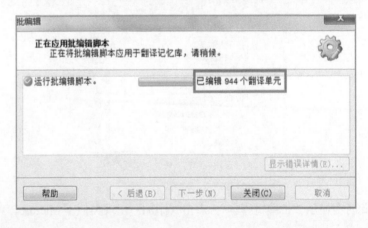

图 10-26 批编辑执行页面

此时，我们再回到翻译记忆库视图中（参见图 10-20），在"译文文本"搜索栏键入 organisation，会看到图 10-27 的批处理结果：

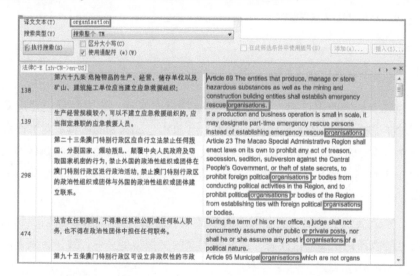

图 10-27 批编辑结果

## （4）创建筛选条件

随着该记忆库在翻译过程中所积累的翻译单元越来越多，记忆库中的译文既有 organisation，又有 organization。假设自 2013 年 5 月 12 日之后，该记忆库填充了许多美国英语的翻译单元，如果想将该日期之后所有翻译单元的美国英语元素（此处仍以 organization 为例）替换成英国英语 organisation，便需要用到"TM 筛选条件"。

用鼠标点击"TM 筛选条件"处的"漏斗＋"图标，在"筛选条件名称"处填写"2013/5/12"，点击"添加按钮"会弹出"添加条件"对话框，在"字段"的下拉菜单处选择"最后修改日期"，在"运算符"的下拉菜单处选择"迟于或等于"，将下方自动生成的"日期栏"调整成"2013/5/12"，其后的时间越具体，查找的精度就越高。最后点击"TM 筛选条件"处的"漏斗箭头"图标储存筛选条件。

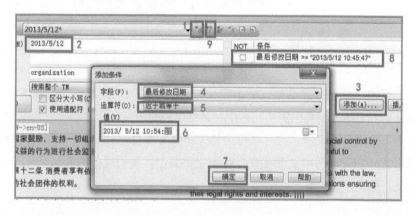

图 10-28 设定筛选条件步骤

我们按照前面提到过的"批编辑"步骤，在弹出的"批编辑脚本"对话框中的"筛选条件"下拉菜单中选择"2013/5/12"，便可最终实现对 organization 的成功替换。

## 3. 使用 WinAlign 对齐

对于从未使用过 SDL Trados Studio 的译员来说，积累翻译记忆库双语对齐语料是一个漫长而艰巨的过程，但 SDL Trados Studio 具有对齐已翻译文档的功能，可以帮助译员将之前未使用 SDL Trados Studio 时翻译的原文和译文创建成相关的翻译记忆库。这个功能通过 SDL Trados Studio 的 WinAlign 组件实现。

本节准备了一篇英文和对应的中文 Word 文档用来对齐，来创建我们自己的翻译记忆库。请注意，原文和译文的文档类型必须一致，否则无法进行 WinAlign 操作。

（1）对齐已翻译文档项目

打开 SDL Trados Studio 2011，并在"主页"的工具栏中点击按键"对齐已翻译文档"，便会打开 WinAlign 界面。如图 10-29 所示。

图 10-29　新建对齐项目

（2）对齐项目的常规设置

点击"文件"菜单并"新建项目"，会弹出一个名为"新建 WinAlign 项目"的对话框，我们需要在这个对话框里调整语言、文件等一系列设置。点击"常规"选项卡，在"项目名称"中填写项目名称，并将源语言和目标语言分别设置为中文和英文。关于文件类型，我们准备的是两个 *.docx 文档。如图 10-30 所示。

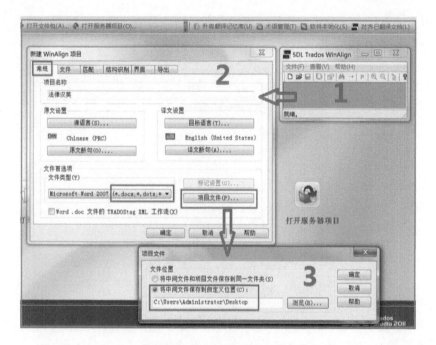

图 10-30　新建对齐项目的常规设置

请注意，WinAlign 是根据设置的断句规则来进行断句并自动对齐的。对于中文而言，需要对断句规则略做调整。点击 Chinese (PRC) 下方的"原文断句"设置中文的断句规则。由于中文的冒号、问号和感叹号之后都没有空格，因此点击 Colon，将"后接空格数"前的数字改成 0，同样需要修改的还有 Marks。如图 10-31 所示。

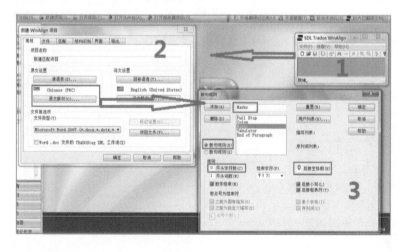

图 10-31　对中文断句规则的设置

**（3）对齐项目的文件设置**

"常规"选项设置完成，第二步便是加载需要对齐的原文和译文，点击第二个选项卡"文件"。在中文栏和英文栏中分别添加原文及译文，并点击按钮"匹配文件名"，将两个文件相连。在该选项卡中，可以添加多组原文及译文，并将它们相互连接。在示例项目中，我们只添加一对文件。如图 10-32 所示。

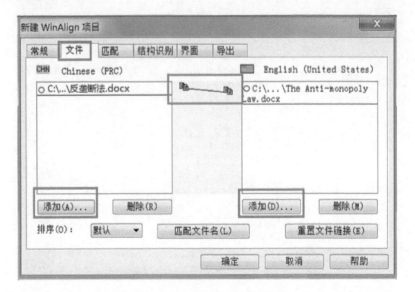

图 10-32 加载需要对齐的原文及译文

（4）对齐项目的导出设置

因为我们将所有翻译单元匹配完毕后，导出文件的类型为 tmx 才能导入到 SDL Trados Studio 2011 的翻译记忆库，而 WinAlign 默认导出的文件为 txt 格式，所以我们在进行匹配之前要设置好匹配文件导出的格式，因此要单击图 10-32 中的"导出"选项卡，并选择"翻译记忆库交换格式（TMX）"，并点击"确定"确认该设置。如图 10-33 所示。

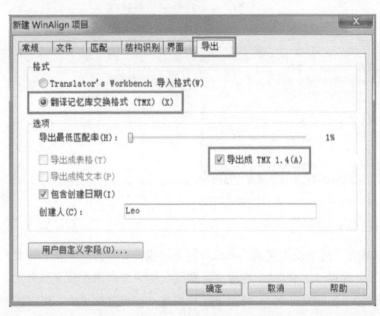

图 10-33 导出文件格式设置

（5）匹配文件对

在上图"新建 WinAlign 项目"对话框中点击"确定"后，会弹出如下对话框，图 10-34。单击鼠标右键，选择"匹配文件对"。

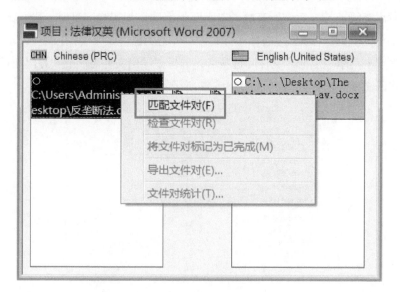

图 10-34　匹配文件对

用虚线连接的语句对子是 WinAlign 自动匹配的结果，如果自动匹配的句段有误，可以手动调整。先用鼠标右键点击连接点，选择"断开"，然后按住鼠标左键不放，拖动连接到右边正确的句段。这时虚线变为实线，表示已经确认该句段的匹配。如图 10-35 所示。

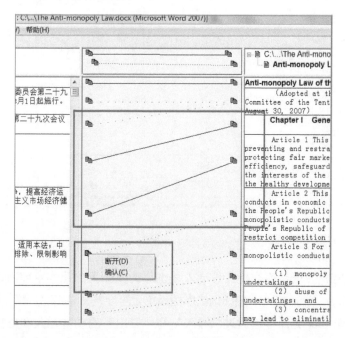

图 10-35　自动匹配结果与确认实线连接

（6）匹配确认并导出

如图 10-35 方框所示，我们需要仔细检查虚线连接的句段是否是正确连接，如果不是，要点击鼠标右键将虚线连接断开，用鼠标左键把对应的句段用实线连接，直到所有翻译单元匹配都确认为实线。然后，就可以点击菜单栏上的"匹配"，选择"将文件对标记为已完成"。保存该项目，最后再点击菜单栏上的"文件"选项卡，选择"导出文件对"或"导出项目"将双语文件导出。如图 10-36 和 10-37 所示。

图 10-36 导出
文件对

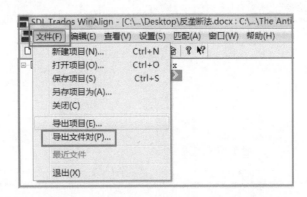

图 10-37 TMX
导出文件

（7）将生成的记忆库交换文件导入记忆库

将生成的记忆库交换文件导入记忆库的步骤可参照本章前面讲过的"SDL Trados Studio 2011 翻译记忆库翻译单元的导入与导出"步骤进行。

由于 tmx 文件可以通过"导入"与"导出"的功能导入和导出 SDL

Trados Studio 2011 所需的翻译记忆库，所以当 tmx 文件导入到现有的记忆库时，便实现了记忆库的合并，也就是在原有记忆库的基础上实现扩容或更新。SDL Trados Studio 2017 所包含的 WinAlign 则更加简便，它的句段对齐的方法更加直观方便，并且在确认所有句段对齐后不用导出 tmx 文件，直接导入已打开的翻译记忆库即可。

在制作翻译记忆库文件时，我们还可以分专业或行业来制作各个专业领域的 *.tmx 文件，最后根据项目需要进行归类，导入到 CAT 软件中成为各个翻译项目的专属记忆库。需要注意的是，无论是 Trados Studio 2011 还是 Trados Studio 2017，在导入时都要求 tmx 的源语言和目标语言与要导入的翻译记忆库在语言方向是一致的，比如一个英汉 tmx 记忆库只能导入到另一个英汉翻译记忆库。

## 三、如何获取双语语料

翻译记忆库是 CAT 的核心技术，重要性不言而喻，但是许多译员都会感叹手头没有现成的双语对照文件进行批量对齐。空有方法而没有语料就像是知道了如何烹饪一手好菜而没有原料一样，而如果找到了语料却不能批量对齐，也无法提高制作翻译记忆库的效率。在信息大爆炸的今天，互联网上的海量资源与开放性让许多人受益匪浅，翻译工作者如果不能充分利用互联网的资源将是莫大的遗憾。所以，我们首先要解决"无米之炊"的问题，从互联网上获取更多的双语对照文件，并且将这些文件在对齐之前，预处理成两种语言对应的 Microsoft Word 文件。

### 1. 搜索双语资源的总体思路

以百度等搜索引擎为主要搜索工具，以论坛和门户网站为基本立足点，以网盘为资源中转站，以 QQ 群为核心互动交流平台，全面搜集以文本文档为主的 doc、docx、xls、xlsx、txt、pdf 等文件，并综合利用 SDL Trados Studio 2011、Microsoft Office、中英文提取器 V1.02、ABBYY Aligner、Tmxmall 以及其他软件，批量制作翻译记忆库。这是我们在互联网时代获取语料的总体思路。

### 2. 充分利用百度文库

百度文库是一个非常丰富的语料库，除了有大量的术语资源外，还有大量的双语对照文件，其中有可以搜索并下载的 txt、doc(x)、xlm(x)、pdf、ppt 等格式的双语对照文件。

虽然百度文库的双语语料资源丰富，但是大多是网友上传的文件，质量参差不齐。而且语料的领域太过宽泛，相关专业领域的资源量和品质取决于网友的专业水平以及对此文库的关注程度。在使用百度文库语料时，我们应注意甄别。

### 3. 充分利用搜索引擎

除了百度文库以外，还可以使用多种搜索引擎，搜索各个专业领域里含有双语对照文本的专业网站及论坛，从中获取专业性强、质量高的双语对照文本。我们可以在搜索栏输入所关注领域的关键字，如"合同英汉对照"，搜索引擎会搜索出相关领域的门户网站、文件网站、论坛以及 QQ 群等。其中，论坛和 QQ 群的互动性较强，可以通过注册和交流的方式获得许多无法通过引擎直接搜索到的重要信息与文件。需要注意的是，在利用搜索引擎进行搜索时，关键字异常重要，即使是类似的关键字，搜索引擎也可能会给出不同的搜索结果。

### 4. 中英文提取器 V1.02

如果我们得到的双语对照文件是一个中英文混排的文件，就需使用一种中英文双语提取工具，将中文和英文提取出来并分别保存，以便利用对齐工具（如 SDL Trados WinAlign）来制作翻译记忆库。中英文提取器 V1.02 正是一款这样的工具。

比如，网页上常见的化妆品广告的双语素材，如图 10-38 所示。我们先用鼠标选取网页上汉英对照的全部内容，然后复制粘贴至"中英文提取器 V1.02"上面大的窗口里，接着点击软件底部的"处理"，这样原网页中的中英文混排句子就分开了。然后，再把自动对齐的源语文本和译文文本分别复制粘贴到各自的 Microsoft Word 文档中，或者 Microsoft Excel 表格中，就得到了两个可供对齐的双语文件，如图 10-39 所示。

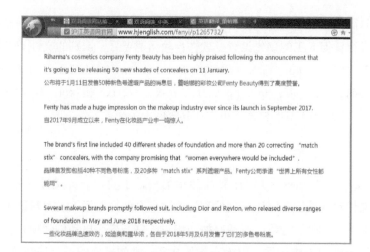

图 10-38　双语素材网页

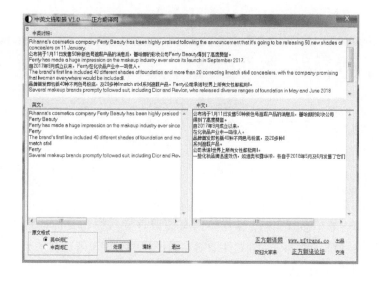

图 10-39　中英文提取器 V1.02 双语文本提取结果

## 四、其他对齐工具

对于在互联网上搜集到的普通的英汉对照文本，需要先将文本拷贝到 Microsoft Word 中进行预处理，再使用上文介绍的 SDL Trados Studio 2011 自带的 WinAlign 对齐。除此之外，我们也可用单独的 ABBYY Aligner 对齐工具，或者用 Tmxmall 的在线对齐，因为第一种对齐方式上文已详细介绍，此处不再赘述，下面介绍后两种对齐方式。

### 1. ABBYY Aligner 2.0 对齐工具

ABBYY Aligner 2.0 是一款非常实用的单机对齐工具，对齐两个翻译文本只需将它们分别导入源语言文件栏和目标语言文件栏即可，不需要对文本进行任何人工的预先设置。软件自动新建项目，识别的文件类型包括 dll、doc、docx、ppt、pptx、xls、xlsx、exe、htm、html、idml、mif、msg、odp、ods、odt、pdf、pps、ppsx、rc、rcsx、rtf、txt 和 xml 等。ABBYY Aligner 2.0 对齐工具的试用版可以在其官网上下载。

（1）操作界面

ABBYY Aligner 2.0 操作界面简单易用，主要由 tmx 文件导出按钮、双语文件对齐按钮、源语言文件和目标语言文件导入栏以及对双语单元编辑的对齐、删除、分割、合并等按钮组成。打开界面自动创建项目，无须预先进行任何人工设置。因为未导入文档，操作界面的部分按钮呈灰色。如图 10-40 所示。

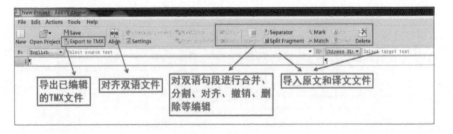

图 10-40 ABBYY Aligner 2.0 的操作界面

（2）文件导入

ABBYY Aligner 2.0 的操作界面有源语言导入栏和目标语言导入栏（见图 10-40），在导入一组文件前要在两个栏中分别设置语言类别。如图 10-41 和图 10-42 所示。

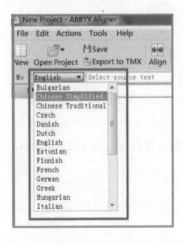

图 10-41 源语言设置（左）

图 10-42 目标语言设置（右）

语言设置完成后，需要分别点击源语言导入栏和目标语言导入栏中的文件夹按钮，导入源语言和目标语言文件。如图 10-43 所示。

图 10-43　导入源语言与目标语言文件

## （3）自动对齐与人工编辑

ABBYY Aligner 2.0 的自动匹配准确性很高，准确率比 Trados WinAlign 高出很多。而且，Trados WinAlign 需要花费大量时间和精力手动调整句子，而 ABBYY Aligner 2.0 基本上都能准确地进行自动配对。

将需要对齐的两个文件导入之后，可以看到 ABBYY Aligner 2.0 的操作界面上没有对齐网格，也就是说该软件还未执行自动对齐，见图 10-43 的文档编辑页面。点击菜单栏中的双箭头按钮进行自动对齐，见图 10-44。

图 10-44　自动对齐执行结果

从自动对齐执行结果的界面不难看出，有一些翻译单元没有实现自动对齐，需要手工编辑，从而实现人工对齐，步骤如下：

删除多余语料。在图 10-44 第 1 区域未能实现自动对齐的翻译单元中，删除不对称的信息。见图 10-45 和图 10-46。

图 10-45　行内选定区域删除

图 10-46　对应行整体删除

在 ABBYY Aligner 2.0 编辑器中，可以在原文区和译文区分别进行编辑操作（如图 10-45）。删除未对齐的翻译单元有两种方法：一种是删除原文或译文区内的行内选定区域（见图 10-45），另一种是同时删除原文和译文区域内的整行，此项操作无法分别删除原文行和译文行（见图 10-46）。针对前一种情况，除热键操作外，可以在选定区域上右键单击下拉菜单选择 Cut 去除要删掉的部分；针对后一种情况，可以选定要删除的行并右键单击下拉菜单选择 Delete Lines，或单击工具栏中的 Delete 图标去除要删除的行（此项操作对应的原文行和译文行会同时被删除）。编辑结果见图 10-48。

添加缺失语料。我们可以直接在缺失信息的地方添加内容，比如第三行中译文区原有的 Chapter 1 和第三行中原文区的内容一起被删除（图 10-46），可以在译文区域相应的地方直接手动输入 Chapter 1。执行结果见图 10-48。

合并与分割。针对图 10-44 第 2 区域中未能实现自动对齐的翻译单元，可以在原文区进行合并操作，也可以在译文区进行分割操作。针对合并操作，除热键外，既可以在原文区通过选定合并的单元格右键单击选择 Merge Fragments，也可以选择工具栏中的 Merge 图标（见图 10-47）；针对分割操作，一般只能在译文区先把光标置于待分割位置，再点击工具栏中的 Split Fragment 图标，如果出现错位现象，还要进行单元格的合并与删除操作。

图 10-47　翻译单元的合并操作

（4）编辑后的结果

经过以上删除、添加和合并操作，人工编辑对齐的单元格如图 10-48 所示。

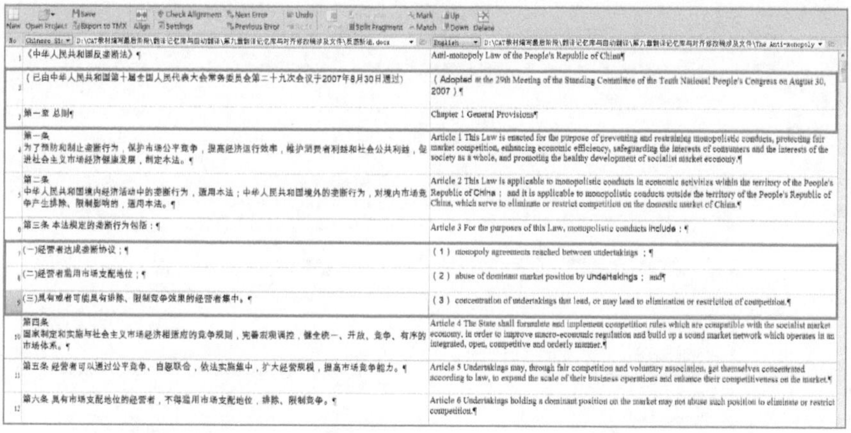

图 10-48　人工编辑对齐的单元格

**（5）文件的导出**

整篇文档经人工编辑对齐之后，可直接点击工具栏中的 Export to TMX 图标，在弹出的对话框中选定文件导出后保存的位置，我们便完成了在 ABBYY Aligner 2.0 中导出双语对齐文件的全部操作。

## 2. Tmxmall 在线对齐工具

Tmxmall 在线对齐工具是一款基于浏览器架构的专业语料对齐平台，具有支持语料制作、tmx 文件在线编辑、术语提取、语料去重、查找与替换等功能。用户注册以后可免费使用。

### （1）操作界面与自动对齐

Tmxmall 在线对齐提供了便于客户体验的交互界面，方便用户快捷地调整对齐结果，其自主研发的智能对齐算法可以自动对齐原文及译文语料中"一对多、多对一、多对多"的句子，使得 SDL Trados Studio 2011 中的 WinAlign 大量人工介入的连线调整工作被自动化程序替代，大幅度降低人工干预的工作量，提高文档对齐效率。

图 10-49 TMX 在线对齐工具的操作界面与自动对齐

用相同的一组原文和译文文档分别在 ABBYY Aligner 和 Tmxmall 在线对齐工具中进行对齐，对比两幅截图（图 10-49 和图 10-44）后不难发现，后者在中英文符号的处理上略胜一筹。另外 Tmxmall 在线对齐工具支持单文档对齐，功能与中英文提取器 V1.02 相同。如图 10-50 所示。

图 10-50 双语单文档导入与自动对齐

（2）人工对齐与编辑

点击操作界面的"帮助"按钮，弹出热键介绍与客户指南。如图 10-51 所示。

图 10-51　热键介绍与客户指南

　　文档导入成功后，通过合并、拆分、上移、下移、调换、插入和删除等操作手动调整文档，使左右两列语义对应，段落总行数保持一致。段落调整后，单击"对齐"按钮，系统将自动把段落拆分成句对。拆分完成后，我们只需通篇检查并通过合并、拆分、上移、下移、调换、插入和删除等操作将句对进行微调整，将句对总行数保持一致即可。利用快捷键并结合鼠标右键菜单，会极大提高对齐与编辑效率。句对对齐时所有执行过段落拆分的句子都会用颜色标记出来，方便使用者在检查环节重点校对句对拆分的准确性。而且，用不同颜色分别代表奇数段和偶数段，以示对相邻两个段落加以区分，该功能可以有效防止用户将不属于同一段落的句子错误合并。

## （3）术语提取

　　调整两列总行数一致后，可根据实际需要选择术语提取（Tmxmall 在线对齐仅支持中英术语提取），单击"提取术语"，设置语言方向和词频。

　　我们可以设置词频筛选术语，并对术语进行编辑或删除。编辑完成后，用户可勾选要导出的术语，将其导出至 Excel 文件或保存至私有云术语库及术语宝。见图 10-52。

图 10-52　术语提取设置

### （4）高级功能

Tmxmall 在线对齐的高级功能包括两大模块：语料去重、查询与替换（注：此界面可用鼠标左键长按任意拖动）。

语料去重包括"原文＝译文""一句多译"和"一键去重"。"原文＝译文"指筛选 tmx 文件中原文与译文（左右两列）完全相同的句对。单击"原文＝译文"，可筛选出记忆库中原文与译文两列内容完全相同的句对，我们可按需进行删除。删除完成后，单击高级功能面板中的关闭按钮，可显示剩余数据。"一句多译"指筛选 tmx 文件中原文对应多种译文的句对，并可根据需要进行选择。单击"一句多译"，可筛选出记忆库中一句原文对应多句不同译文的句对，用户可按需进行删除。"一键去重"是去除 tmx 文件中内容完全重复的句对。单击"一键去重"，系统会去除文件中多条完全重复的句对，只保留一条句对（注：一键去重操作无法撤销，请谨慎操作）。

单击"查询与替换"，在查询文本框中输入要查询的内容，页面会自动筛选出含有该关键词的句对。若执行替换操作，只需在替换文本框中输入要替换的内容，单击"替换所有"，即可完成全文替换。见图 10-53。

图 10-53 查找替换操作与执行结果

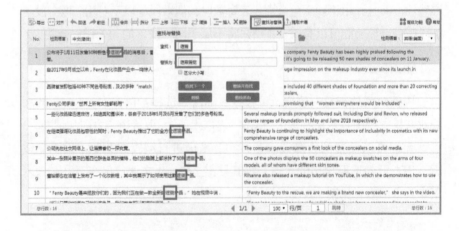

## 3. 对齐工具的比较

本章介绍了三种对齐工具，分别是嵌在 SDL Trados Studio 2011 中的 WinAlign、独立使用的 ABBYY Aligner 和 Tmxmall 在线对齐工具。下面以表格形式对这三种对齐工具在独立性、单双文档、对齐方式、识别格式、导出格式、预先设置、基本功能、特色功能、批编辑、查找替换等十个方面进行简单的对比与评析。

| 对齐工具<br>对比项目 | Tmxmall | ABBYY Aligner | WinAlign |
|---|---|---|---|
| 独立性 | 在线单独 | 单机单独 | 单机嵌入 |
| 单双文档 | 单、双文档对齐 | 双文档对齐 | 双文档对齐 |
| 对齐方式 | 表格 | 表格 | 连线 |
| 识别格式 | doc, docx, xls, xlsx, ppt, pptx, wps, rtf, pot, odt, xml, html, xhtml, chm, txt, pdf, tmx | dll, doc, docx, ppt, pptx, xls, xlsx, exe, htm, html, idml, mif, msg, odp, ods, odt, pdf, pps, ppsx, rc, rcsx, rtf, txt, xml 等 | doc, docx, dotx, docm, dotm, rtf, htm, html, asp, jsp, aspx, sgm, sgml, xml, xsl, xlf, ttx, xls, xlsx, xlt, xltx, ppt, pptx, pps, ppsx, exe, dll, ocx, rc, dlg, inx, properties, odt, txt, vb, csv, ca 等 |
| 导出格式 | tmx, xlsx, txt | tmx, rtf | txt, tmx |
| 预先设置 | 不需要 | 不需要 | 需要 |
| 基本功能 | 合并、拆分、上移、下移、插入、删除、回退、对齐、调换 | 合并、拆分、上移、下移、插入、删除、回退、对齐 | 合并、拆分、插入、对齐 |
| 特色功能 | 原文＝译文、一句多译、一键去重、查找替换、筛选、术语提取、语言方向调换、奇偶拆分语段颜色区分 | 删除所有空行、选定单元格对齐、标记（分隔符） | 在 SDL Trados Studio 2011 的翻译记忆库视图中对 tmx 文件内容进行查找、替换、筛选等管理 |
| 批编辑 | 可以 | 可以 | （除一键全部确认外）不可以，但在 SDL Trados Studio 2011 的翻译记忆库视图中可对 tmx 文件进行批编辑 |
| 查找替换 | 可以 | 可以 | 不可以，对 tmx 文件数据的查找替换可在 SDL Trados Studio 2011 的翻译记忆库视图中进行 |

表 10-1　三款对齐工具的比较

# 五、小结

　　本章首先对翻译记忆库及其特征进行了简要介绍，阐明了翻译记忆库以及对齐功能在翻译实务中的重要性。本章前半部分主要讲述了翻译记忆库如何在 SDL Trados Studio 2011 中创建和维护，以及如何运用该软件内嵌的 WinAlign 对双语文件进行对齐。

专业语料的质量以及后期对齐的质量对翻译记忆库的质量至关重要。所以，对语料的选取以及对适用的对齐工具的选取与操作在翻译记忆库的维护中也起到举足轻重的作用。本章的后半部分主要讲述了如何利用互联网获取双语语料，用中英文提取器 V1.02 工具对获取的双语语料进行处理，以及如何借助 ABBYY Aligner 和 Tmxmall 等对齐工具进行对齐操作，以进一步提高对齐效率和质量。

## 思考与讨论

1. 简要说明创建翻译记忆库与对齐的重要性。
2. 操作练习：在 SDL Trados Studio 2011 中编辑和更新记忆库。
3. 操作练习：使用 WinAlign 进行文档对齐和制作翻译记忆库。
4. 操作练习：使用 ABBYY Aligner 2.0 对齐工具制作翻译记忆库。
5. 操作练习：使用 Tmxmall 在线对齐工具制作翻译记忆库。

# 第十一章
## 使用 SDL Trados Studio 2017

SDL Trados Studio 2017 为翻译工作者提供了一个完整的平台和语言解决方案，让其能够编辑或审校翻译内容、管理翻译项目、整理企业术语并使用机器翻译功能。它提供的语言解决方案里还包括 SDL MultiTerm 2017 术语库软件（该软件与 Trados Studio 2017 捆绑销售，不需要单独激活）。有了 MultiTerm，我们可以更便利地在翻译环境中添加、应用、编辑和管理术语，确保较高的术语一致性和翻译质量。SDL MultiTerm 2017 重新设计了术语管理模块，与 Studio 2017 更紧密集成，新增了可用语言，支持 Windows 8.1/10 提供的所有语言。

由于 SDL MultiTerm 2017 与 SDL MultiTerm 2011 在功能上的差别并不是很大，而且前面章节已详细介绍了如何使用 SDL MultiTerm 2011，所以这一章将主要介绍 SDL Trados Studio 2017 提供的其他新功能，并以网络协同翻译项目为例，介绍 SDL GroupShare 2017 的应用。

## 一、SDL Trados Studio 2017 各版本比较

SDL 公司为用户提供三种版本 Trados Studio 2017，分别为 Professional、Freelance 和 Starter 版本。

SDL Trados Studio 2017 Professional 专为企业用户而设计，可以对所有多语言内容流程进行项目管理，同时提高团队的翻译效率。SDL Trados Studio 2017 Freelance 是自由译员使用最为广泛的版本，为自由译员提供翻译及审查工作所需要的工具，集合了翻译、审校、使用术语和机器翻译等译员需要的所有功能。SDL Trados Studio 2017 Starter 是 Freelance 的精简基础版，专为兼职译员设计，可以按年度订购。

以下功能比较表可以帮助我们更清楚地了解 SDL Trados Studio 2017 Professional、Freelance 和 Starter 各版本之间的区别，看看哪一个版本更适合自己。

表 11-1

| SDL Trados Studio 2017 | Professional | Freelance | Starter |
|---|---|---|---|
| 适合对象 | 企业 | 自由译员 | 兼职译员 |
| 翻译单个文件 | √ | √ | √ |
| 创建翻译记忆库 | √ | √ | √ |
| 一次打开多个 TM | √ | √ | × |
| Trados Word 双语文件 | √ | √ | × |
| 同时支持语言数量不限 | √ | × | × |
| 完整的批任务功能 | √ | √ | × |
| 创建 SDL 文件包 | √ | √ | × |
| 用电子邮件发送 SDL 文件包 | √ | × | × |
| 新增功能 AdaptiveMT | √ | √ | × |
| 通过对齐创建 TM | √ | √ | × |
| AutoSuggest（创建） | √ | 插件 | × |
| AutoSuggest（使用） | √ | √ | √ |
| 机器翻译 | √ | √ | × |
| PerfectMatch（创建） | √ | × | × |
| PerfectMatch（使用） | √ | √ | √ |
| 查看报告 | √ | √ | × |
| 翻译质量评估 | √ | × | × |
| 创建术语库（添加 / 编辑） | √ | √ | × |
| 升级传统 TM 格式 | √ | √ | × |
| 许可证类型 | 永久性 | 永久性 | 逐年续订 |
| 包含 SDL MultiTerm | √ | √ | × |
| 打开 GroupShare 项目 | √ | √ | √ |
| 发布 GroupShare 项目 | √ | × | × |
| 价格（2018 年） | $2,175 | $595 | $129 |

## 二、系统要求和安装

### 1. 系统要求

SDL Trados Studio 2017 对硬件和操作系统的要求与 SDL Trados Studio 2011 是有区别的，但我们仍可参照 SDL Trados Studio 2011 对软硬件的要求，并适当提升系统的配置。若要获得比较理想的性能，建议使用 64 位操作系统、新型 Intel 酷睿 CPU、8GB 运行内存、SSD 固态硬盘和 2.5GB 以上的空余硬盘空间。SDL Trados Studio 2017 支持最新版的 Microsoft Windows 7、Windows 8.1 和 Windows 10 操作系统（已安装 Microsoft Office 2013 或者 Microsoft Office 2016）。

请注意 SDL Trados Studio 2017 不再支持 Windows XP、Windows 2000、Windows Server 2003 等早期操作系统，以及国产的文字处理软件 WPS。

### 2. 系统安装

为了使 SDL Trados Studio 2017 更好地与 Microsoft Office 协同工作，建议在安装 Trados Studio 之前，先安装好 Microsoft Office 2013 或者 Microsoft Office 2016。如果需要显示在线支持文档，SDL Trados Studio 2017 需要使用微软 IE 11 以上版本的浏览器。也可以使用 Mozilla Firefox、Chrome 或更新版本的浏览器直接浏览帮助文件。

安装 SDL Trados Studio 2017 之前，不需要卸载旧版本的 SDL Trados 产品。也就是说，可以在一台计算机上同时使用 SDL Trados Studio 2011 和 SDL Trados Studio 2017。在安装前尽可能关闭所有杀毒软件或者防火墙。

我们可以从 SDL 官方网站下载最新版本的 SDL Trados Studio 2017 软件。下载的版本为 30 天免费试用版，如果安装后 30 天内没有激活，软件则无法再使用。在试用期内，通过购买的许可证就可以激活软件。激活后的软件保留所有功能。

（1）安装

该软件需要联网安装。将下载的文件 SDLTradosStudio2017_SR1_6278.exe 保存到 C 盘以外的硬盘上，使用管理员权限运行 SDL Trados Studio 2017 安装文件，屏幕会显示安装界面。（见图 11-1）：

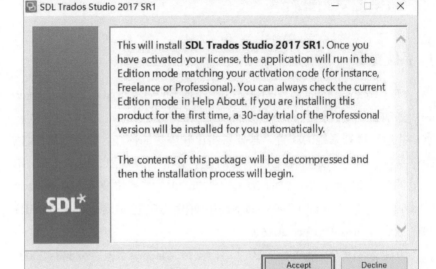

图 11-1 安装
界面

点击 Accept 按钮，安装文件将被自动解压缩到电脑。当所有的安装文件解压完毕，将会出现 License Agreement 界面。见图 11-2。

勾选 I accept the terms of the license agreement，然后点击 Next，根据安装提示，完成安装。具体步骤与安装 SDL Trados Studio 2011 的步骤类似，此处不再赘述。

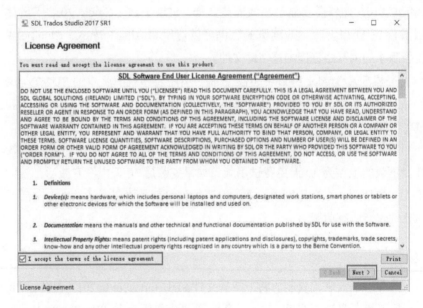

图 11-2
License
Agreement 界面

（2）激活

安装完成后，可以点击桌面上 SDL Trados Studio 2017 的快捷键，也可从通过开始菜单的 Programs -> SDL -> SDL Trados Studio 2017 来启动程序。

程序初次启动后，将会出现"产品激活"对话框。见图 11-3。

图 11-3　产品
激活

如果已经点击"确定"按钮进入程序，可以点击菜单上的"帮助"->"产品激活"按钮调出此窗口。激活步骤如下：

点击"激活按钮"，自动跳转到联机激活界面。在"激活代码"处填入 SDL 提供的激活代码。激活代码可通过如下两种方式获取：当用户购买激活代码后，SDL 会发送给客户一封通知邮件，用户从邮件中获取激活码；用户还可以登录 http://oos.sdl.com/ 网页的个人账户，点击 My Licenses，获取激活代码。点击"激活"即完成操作。见图 11-4。

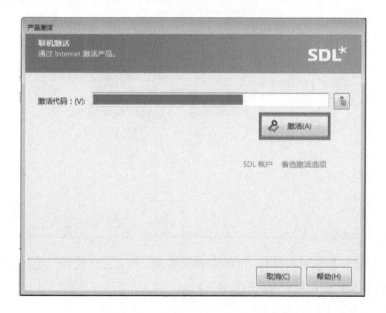

图 11-4　联机
激活

如果出现错误，提示无法联机激活，请点击"备选激活选项"，然后选择"脱机激活"，见图 11-5。

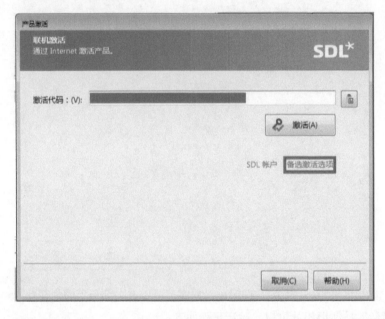

图 11-5　脱机激活

需要注意的是，虽然激活向导提示在没有联机的状态下可以脱机激活，但实际过程仍需要联网，因为我们需要登录到 SDL 网站上获取激活代码。见图 11-6。

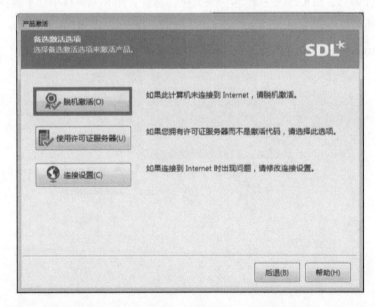

图 11-6　脱机激活

接着将会显示如图 11-7 的脱机激活界面。填入激活代码，点击位于安装 ID 右侧的按钮复制生成的安装 ID。

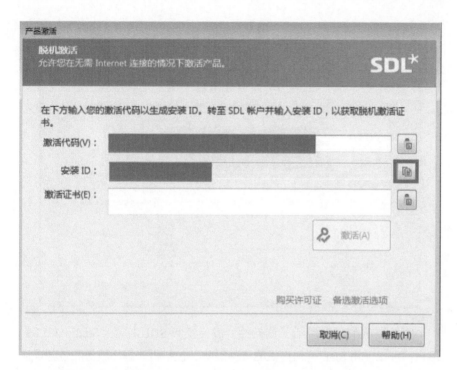

图 11-7　复制
生成的安装 ID

在浏览器中登录 http://oos.sdl.com 网站的个人账户，点击 My Licenses，
在相应的激活代码处点击 Can't activate online 选项。见图 11-8。

图 11-8　提交
安装 ID

在 Installation ID 处填入"脱机激活页面"显示的安装 ID，然后点击
Generate Offline Activation Certificate。这样我们就获取了生成的激活证书。
见图 11-9。

| Description: | SDL Trados Studio 2015 Professional - |
| --- | --- |
| Installation ID*: | |
| Quantity* | 1 |
| Activation Code: | |

Generate Offline Activation Certificate

图 11-9　获取
生成的激活证书

复制生成的激活证书，返回软件的"脱机激活"页面，粘贴激活证书，
点击"激活"即可完成脱机激活过程。见图 11-10。

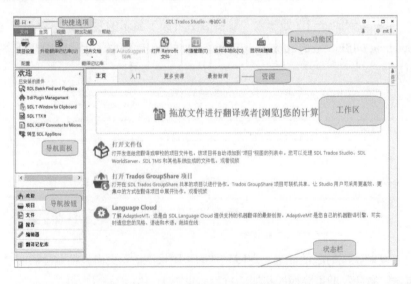

图 11-10　完成脱机激活

至此，我们成功激活了该软件，成为正版 SDL Trados Studio 2017 的用户，可以使用 SDL 公司提供的各种服务，包括机器翻译服务和各种灵活的、可定制的产品。

## 三、全新界面

SDL Trados Studio 2017 的界面清新典雅，同 Microsoft Office 2016 保持高度一致。下面是软件的"欢迎"界面。见图 11-11。

图 11-11　"欢迎"界面

SDL Trados Studio 2017 的"欢迎"界面布局与 SDL Trados Studio 2011 差别不大，突出的变化就是有了 Ribbon 功能区。这样，常用的功能按钮一目了然，尤其是添加了"显示快捷键"按钮，方便译员快速了解和使用快捷键，提高键盘输入效率。

　　SDL Trados Studio 2017 的"编辑器"界面与 SDL Trados Studio 2011 相比，变化就更小了。见图 11-12。

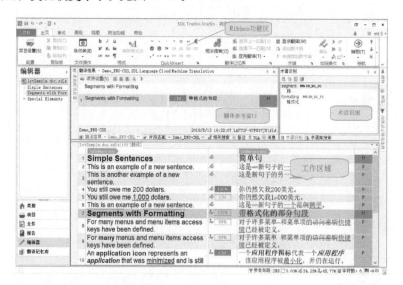

图 11-12　"编辑器"界面

　　从上图可以看出，SDL Trados Studio 2017 与旧版本有着紧密的关联性和继承性，并且在使用习惯上保持高度一致。所以，学会了 SDL Trados Studio 2011，再学习 SDL Trados Studio 2017，应该是不难的。

## 四、功能模块简介

　　为了方便学习者清楚了解各功能模块，现将 SDL Trados Studio 2017 的功能汇总如下。

| 导航栏 | 功能说明 |
| --- | --- |
| 🏠 欢迎 | 在 Ribbon 功能区提供常用快捷方式；<br>拖放文件进行翻译；<br>打开文件包进行翻译或审校；<br>打开 Trados GroupShare 项目；<br>登录账户，查看 Language Cloud 账户信息，以及订购 AdaptiveMT 引擎；<br>快速入门指南和阅读在线帮助文件。 |
| 📦 项目 | 查看项目列表和项目简要报告；<br>快速创建新的项目；<br>快速创建项目模板；<br>对项目进行批处理（批任务）；<br>管理和删除列表中的项目。 |

表 11-2

（待续）

续表

| 导航栏 | 功能说明 |
|---|---|
| 文件 | 查看待翻译文档和添加新文件；<br>对项目文件进行管理和删除；<br>打开文件并翻译（审校、签发）；<br>对文件进行批处理（批任务）；<br>创建项目文件包；<br>创建返回文件包；<br>检出和检入 SDL GroupShare 项目。 |
| 报告 | 查看项目的详细设置和翻译进度；<br>报告可提供详细的翻译分析数据；<br>数据可被直接纳入项目计划和预算流程。 |
| 编辑器 | 进行项目设置，添加记忆库、术语库和 AutoSuggest 词典；<br>打开文件并翻译；<br>打开文件并审校；<br>打开文件并签发。 |
| 翻译记忆库 | 创建和管理翻译记忆库；<br>导出和导入翻译记忆库；<br>查找和编辑翻译记忆库；<br>升级翻译记忆库。 |

表 11-3

| 主页 Ribbon 功能区 | 功能说明 |
|---|---|
| 项目设置 | 创建翻译项目时：<br>● 可设置项目到期日；<br>● 可设置项目说明；<br>● 可设置源语言和目标语言；<br>● 可选择翻译记忆库、自动翻译、术语库和 AutoSuggest 词典。 |
| 升级翻译记忆库 | 打开旧版翻译记忆库（SDLX 2007 或 SDL Trados 2007 文件）的翻译记忆库视图时，将显示升级翻译记忆库向导页面。<br>开始将旧 TM 文件升级到 SDL Trados Studio 格式（*.sdltm），或选择其他升级设置。 |
| 对齐文档 | 对齐现有的翻译文档以生成翻译记忆库内容，也可以在更新项目文件之前检查翻新对齐文件。<br>此视图仅在打开对齐结果文件（*.sdlalign）或翻新文件（*.sdlretrofit）时可用。 |
| 创建 AutoSuggest 词典 | AutoSuggest 词典包含从翻译记忆库（*.sdltm）或 *.tmx 文件提取的可用于 AutoSuggest 的短语；AutoSuggest 词典可通过新建 AutoSuggest 词典向导创建。（SDL Trados Studio 2017 Freelance 版本不能够创建 AutoSuggest 词典。） |
| 打开 Retrofit 文件 | 当导入已审校的译文文件时，SDL Trados Studio 会使用对齐视图打开其执行的对齐结果，使用此视图可在将对齐结果导入到相应的项目文件前更正任何未对齐的情况；<br>在对齐视图中打开对齐结果文件时，Trados Studio 会并排显示对齐的原文和译文文档；<br>如果已保存对齐的文件供以后检查，可以在对齐视图中手动打开 *.sdlretrofit 文件。 |

（待续）

续表

| 主页 Ribbon 功能区 | 功能说明 |
|---|---|
| 术语管理 | 可以管理本地或基于服务器的术语库：<br>本地术语库是指位于计算机或本地网络上的文件术语库；远程术语库是指位于服务器计算机上的术语库，可供拥有所需网络（或 Internet）和术语库访问权限的任何人员使用；本地术语库与服务器术语库在外观、属性和功能上均相同，都基于相同的数据格式（MultiTerm XML）和术语库样式。 |
| 软件本地化 | 软件本地化是指将软件产品的用户界面和辅助文档从其原产国语言向另一种语言转化，使之适应某一外国语言和文化的过程。伪翻译是主要在软件本地化中使用的一个操作过程，用设定的目标语言字符及字符扩展量，以模拟翻译文档在翻译后的外观以及实际翻译完成前额外需要的工程工作量。 |
| 显示快捷键 | 快捷键指通过某些特定的按键、按键顺序或按键组合来完成一个操作，很多快捷键往往与 Ctrl 键、Shift 键、Alt 键、Fn 键以及 Windows 键等配合使用，可加快键盘输入，提高效率。 |

# 五、SDL Trados Studio 2017 新功能

## 1．Retrofit 审校

从 SDL Trados Studio 2015 开始，SDL 就提供了这一审校功能，所以严格来说，Retrofit 不能算是 SDL Trados Studio 2017 的新功能。Retrofit 意思是从已审校的目标文件或译文更新（Update from Reviewed Target File），即将译文的修订内容导回项目中对应的双语（SDLXLIFF）文件和翻译记忆库。所以，Retrofit 可以看成是普通审校的加强版。

看到该功能时，可能会想到 SDL Trados Studio 2011 中的导出以进行外部审校 / 从外部审校更新（Export for External Review/Update from External Review）的功能，此功能是导出以进行双语审校，以及从双语审校更新。而从 SDL Trados Studio 2015 版开始，增加了单语审校更新。双语审校的目的是发现并消除译文中的语言错误，比如拼写、语法、句法和用词方面的不当；而单语审校是通过阅读译文对其表达风格和用词进行微调，以确保译文能够完全符合目标读者的阅读和表达习惯。

SDL Trados Studio 2011 版的"批任务"还有一个"创建校准审校捆绑包"的功能，目的是创建可发送至校准器进行审校的文件捆绑包，并针对每个目标语言创建一个 zip 压缩文件，包含源文件和目标文件以及双语审校文档。到了 SDL Trados Studio 2017，这一功能已经弃之不用，取而代之的是 Retrofit 功能。Retrofit 操作步骤如下：

首先新建翻译项目，源语言为英文，目标语言为中文，添加待翻译文

件"1stSample.doc",并使用 SDL Language Cloud 机器翻译,"批任务"->"预翻译文件"。这样,整篇文章就初步由机器预翻译完成。

在"文件"视图下,选中该文件,右键点击"批任务"->"从已审校的目标文件更新(Retrofit)",启动更新向导。见图 11-13。

图 11-13 从"文件"视图打开 Retrofit

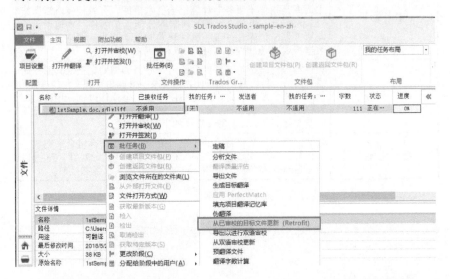

也可以在"编辑器"视图下,点击菜单上"审校"->"从双语审校更新"->"从已审校的目标文件更新(Retrofit)",从而启动更新向导。见图 11-14。

图 11-14 从"编辑器"视图打开 Retrofit

如图 11-14 所示,机器翻译的质量还有待提高,还需人工修订和审校。如果我们以前曾翻译过类似的文档,或者翻译委托方提供了一个该文体 / 专业的译文样本,而且该样本是已审校过的且译文质量较为可靠的单语文档的话,就可以使用 Retrofit 功能,快速地通过已审校的目标文件来更新机器翻译的文档。

启动 Retrofit 向导。该向导对每一个步骤都有文字说明，一般采用默认设置即可。点击"下一步"继续，见图 11-15。

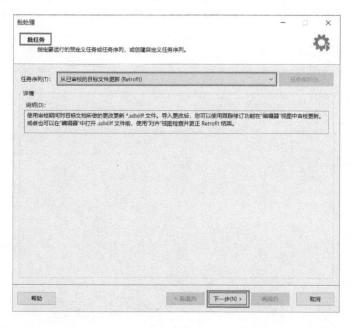

图 11-15 启动
Retrofit 向导

接下来选择"添加"->"待定审校文档"，并为 Retrofit 设置阈值。"容错"代表导入全部修订内容，"严格"代表将原句段结构一致的修订句段导出。我们可先将阈值选为容错，以后再慢慢调整。将"更新前创建项目文件的备份"和"更新前在对齐视图中检查 Retrofit 结果"都勾选上，点击"下一步"继续。然后浏览文件夹，添加已经审校好的文件（译文）。见图 11-16。

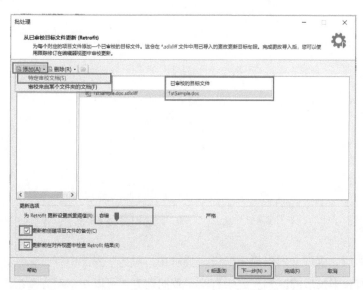

图 11-16 为
Retrofit 添加已
审校的文件

接下来的步骤不需要设置，点击"完成"即可，见图 11-17。再接下来就是执行批处理。注意批处理过程中不能出现错误和警告，如果出现错误，则从已审校的目标文件更新（Retrofit）就会失败。如果需要查看错误类型，可点击右侧的"结果"按钮查看。见图 11-18。

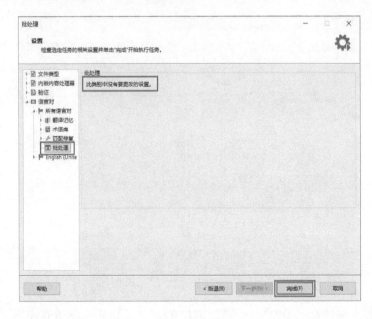

图 11–17
Retrofit 的批处理

图 11–18
Retrofit 批处理
完成

　　然后，程序会弹出提示窗口，要求在"对齐"视图中打开文件，查看审校前和审校后的区别。如果有不一致的地方，可以在"对齐"视图里调整。见图 11-19。

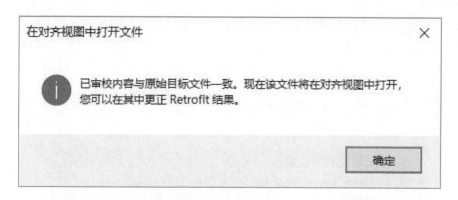

图 11–19 提示
在"对齐"视图
中打开文件

点击"确定",打开"对齐"视图后可以看到,左边栏是机器翻译的结果,右边栏是已审校的文档,有个别句段(14 和 15 句段)没有对齐。我们可以忽略,也可对不一致的句段进行调整或重新连接。这样当重新打开 *.SDLXLIFF 文件时,右边栏里的内容就能够顺利导入。见图 11-20。

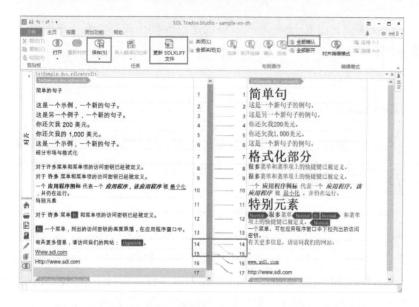

图 11–20 在"对齐"视图中打开文件

在"对齐"视图中调整好句段对齐后,依次点击"全部确认"->"保存"->"更新 SDLXLIFF 文件"。实际上,对齐这一步骤并不是必须的,可以跳过去,即在图 11-16 中,不勾选"更新前在对齐视图中检查"。但对于初学者来说,"对齐"这一步骤还是必要的,可以让我们清楚地看到每个句段的审校更新(Retrofit)是否都一一对应,准确无误。见图 11-20。

然后,程序提示我们在"编辑器"视图中重新打开 SDLXLIFF 文件。中间状态栏里的铅笔图标被放大镜所替代,并在旁边打了个叉,表示审校出来的错误还没有得到确认。我们可以根据右边栏里的审校建议决定是否确认该句段。见图 11-21。

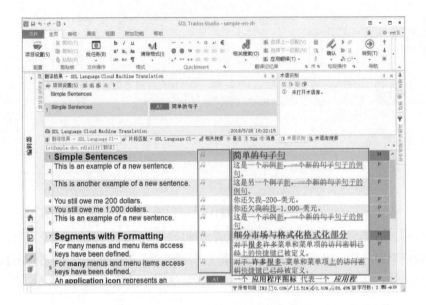

图 11–21 在"编辑器"视图中打开 SDLXLIFF 文件

一般来说，由 Retrofit 导入的审校建议准确率较高，无须再修订，直接确定即可。

## 2．AdaptiveMT 机器翻译

AdaptiveMT（Adaptive Machine Translation）译为智能型自我学习机器翻译，或自适应机器翻译，是 SDL Trados Studio 2017 提供的一项变革性的机器翻译功能。

AdaptiveMT 与 SDL Language Cloud 的关系是，SDL Language Cloud 提供语言云翻译记忆库服务，AdaptiveMT 为此服务提供翻译引擎。用户可以在翻译项目设置中直接使用语言云机器翻译（SDL Language Cloud Machine Translation）。AdaptiveMT 引擎可以从译后编辑中学习译员的翻译风格和用词习惯，并在云端服务器上保存编辑后的机器翻译提示。

每次保存时，译员所做的更改也得以保存，而且译员只需要更正机器翻译提示一次，AdaptiveMT 引擎就会自我学习，调整下次给出的提示，从而让 AdaptiveMT 引擎更遵循译员的风格、语气和内容。这样既可以节约时间，又可以提高译文质量。简言之，AdaptiveMT 可以让不同的译员拥有独特的机器翻译记忆库。

AdaptiveMT 引擎始终在后台默默无闻地工作着，我们能看到的是语言云机器翻译。见图 11-22。

图 11-22 使用
语言云机器翻译

　　SDL Trados Studio 2011 使用的是 SDL BeGlobal 社区（机器自动翻译），而最后的选项"更新"是灰色的，不可勾选。也就是说，SDL BeGlobal 社区的记忆库是无法保存的。这就意味着，我们除了添加 SDL BeGlobal 社区之外，一般还要添加一个本地翻译记忆库，专门保存自己的记忆库。

　　而在 SDL Trados Studio 2017 项目设置中，语言云机器翻译的"更新"可以勾选。如果我们没有本地的翻译记忆库，完全可以只用语言云机器翻译。在 AdaptiveMT 的协助下，机器翻译可自我学习并参考译员之前的翻译，提供更智能、更高质量的翻译提示，减少耗费时间的译后编辑工作。

　　总之，AdaptiveMT 具有以下鲜明的特点：

- 更智能的机器翻译提示，提高翻译效率；
- 所有修正即时整合，提升一致性；
- 在使用之前，无需对引擎进行任何设置，也不需要对其进行训练；
- 完全保密，不与其他用户分享任何数据；
- 工作更智能、更快捷；
- 输入时能获得智能机器翻译提示。

　　虽说智能 AdaptiveMT 可使翻译流程加快，让机器翻译提示更为精准，但依据实际使用经验来看，AdaptiveMT 引擎是需要一定量的翻译实践来进行自我训练、自我学习、自我提高的。经过一段时间的训练，AdaptiveMT 引擎才能渐入佳境。

　　还有，AdaptiveMT 引擎并不是完全免费的，一个 SDL 用户的 ID 只允许使用（订购）一个免费的机器翻译引擎。我们可以在记忆库的"设置"里对其进行管理和设置。见图 11-22。

　　点击"项目设置"->"翻译记忆库和自动翻译"->"设置"，可以查看当前使用的 AdaptiveMT 引擎的详情，源语言是 English，目标语言是 Chinese，引擎的状态是基准。在这里可以对该引擎进行设置和管理，见图 11-23。

图 11-23  设置
AdaptiveMT 引擎

如果使用的 SDL Language Cloud 机器翻译不能正常工作，那可能是我们的账户出了问题。可以点击图 11-23 下方"您的账户"，转到 SDL 官方网站上对账户重新进行设置。如果需要对该引擎进行管理，可以点击图 11-23 中的"管理自适应引擎"，对引擎和语言对进行设置，或者添加新的 AdaptiveMT 引擎。见图 11-24。

图 11-24  管理
自适应引擎

如图 11-24 所示，目前我们使用的自适应引擎是 English-Chinese，如果需要，还可以订购新的自适应引擎，比如中译英引擎，或者其他专业的、个性化的自动翻译引擎（记忆库）。点击"新的自适应引擎"，即可创建一个中译英自适应引擎。前提是我们的账户已购买了此引擎，见图 11-25。

图 11-25 创建新的自适应引擎

如果账户没有订购新的引擎，程序就会弹出警告对话框，见图 11-26。

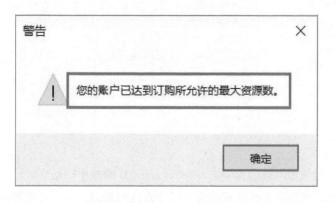

图 11-26 警告对话框

　　虽然订购 AdaptiveMT 引擎需要一定的费用，但对于翻译公司来说，此项投资还是值得的。当然，对于业余译员，没有 AdaptiveMT 引擎的支持，也并不妨碍其使用 SDL Language Cloud 机器翻译。而且，除了 SDL Language Cloud 以外，我们还可以安装使用 Tmxmall MT Plugin for SDL Trados Studio 2017 机器翻译插件。对于此插件，前面章节已有部分介绍，我们还将在后续章节里继续讲解。

## 3．AutoSuggest 2.0 输入提示

　　我们在第七章里曾介绍过 AutoSuggest 的功能，它可以使西文输入更准确、更快捷。在 SDL Trados Studio 2017 版本中，这项功能已经升级到了 AutoSuggest 2.0，不仅支持更多语种，在准确性和便捷程度上也有了进一步的提高。

　　在 SDL Trados Studio 2011 版本里，AutoSuggest 的输入建议主要来

自 AutoSuggest 词典。而在 2017 版本中,在文字之间没有空格的情况下,AutoSuggest 2.0 的标记化引擎也可以更好地识别中文和日语,可以从更多来源获取输入提示,包括机器翻译服务中的整句翻译,相关搜索和模糊匹配结果,或直接来自翻译记忆库中的 upLIFT Fragment Recall 结果等。见图 11-27。

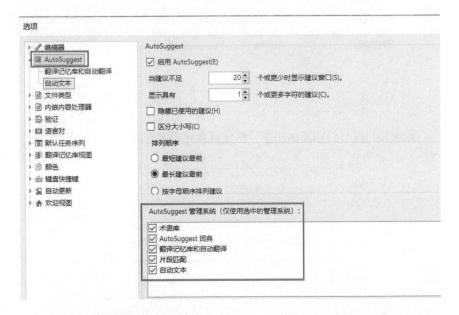

图 11-27
AutoSuggest
2.0 输入提示

从实际使用的体验来说,AutoSuggest 2.0 的强项仍是西语输入。在输入译文时,给出的实时提示会有一部分来自翻译记忆库和自动翻译,这在 Trados Studio 2011 版本里是没有的。但是在中文输入实时提示方面,由于没有大容量的 AutoSuggest 中文词典,所以即便是有翻译记忆库和自动翻译的支持,我们所得到的输入提示几乎为零,而且 AutoSuggest 2.0 并不支持中文的自动文本(AutoText)。见图 11-28。

图 11-28 自动
文本不支持中文

总之，AutoSuggest 2.0 借助更优质的智能提示，通过减少击键次数而节约时间。作为翻译效率工具的最佳拍档，AutoSuggest 2.0 与 SDL Language Cloud Machine Translation 配合使用，可以显著提高译文输入的效率。

## 4．upLIFT 翻译记忆库技术

upLIFT 是 SDL 提供的一项新功能。该技术以一种全新的方式利用翻译记忆库中的"片段"（也称为子句段）来提高翻译匹配建议的质量。upLIFT 能够在"无匹配"和"模糊匹配"情境中以各种方式提供匹配建议。这样，通过利用从翻译记忆库搜索的片段，译员可以快速地使用两种匹配类型。同时，upLIFT 技术还能够使用这些片段来修正关联来源中的模糊匹配，从而真正提升工作效率。

不过，这个功能默认状态是关闭的，需要手工打开。见图 11-29。

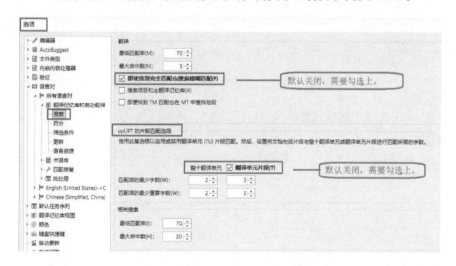

图 11-29 设置 upLIFT

SDL Trados Studio 2017 提供的 upLIFT 功能通过以下两个方面来实现。

### （1）片段回忆

片段回忆（upLIFT Fragment Recall）功能在原文句子和译文句子片段之间创建对应，然后在翻译过程中建议这些片段，从而使翻译记忆库更加智能。片段回忆功能与同样依赖于 TM 匹配的 AutoSuggest 一起被集成到 Trados Studio 中。

具体地说，Trados Studio 借助片段回忆，可识别翻译记忆库现有翻译单元中的匹配片段，并通过以下两种操作方式来实现：①将新句段中的片段与整个翻译单元匹配；如果原文句段已经作为整个翻译单元进行了翻译，则将作为匹配通过 AutoSuggest 向用户显示。②将新句段中的片段与翻译单元内对应的片段匹配，这样匹配会更深入，因为原文句段部分可与翻译单元部分匹配。

以上的操作由 Trados Studio 在后台自动执行，译员无须进行任何操作，但需要打开片段对齐，也就是将翻译单元原文和译文句段里的片段进行对齐。具体设置为：打开"项目设置"->"翻译记忆库和自动翻译"，选择正在使用的翻译记忆库，点击"设置"。见图 11-30。

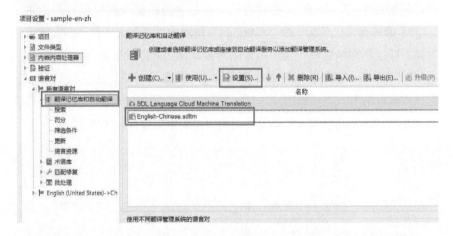

图 11-30 设置翻译记忆库

点击翻译记忆库设置里的"片段对齐"，将默认的"关"设置为"开"。见图 11-31。

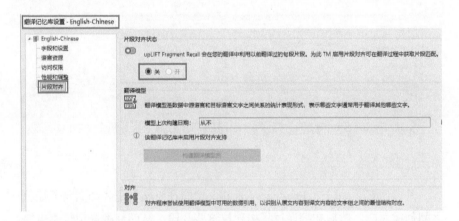

图 11-31 设置片段对齐

注意：片段对齐适用于超过 1,000 个翻译单元的 TM，并从 5,000 翻译单元起具有最优性能。如果记忆库里的翻译单元太少，是无法将片段回忆设置为"开"的。

Trados Studio 可构建翻译模型和对齐翻译单元。启用片段对齐功能后添加的任何新的对齐翻译单元立即可用于片段回忆。

#### （2）模糊匹配修复

模糊匹配修复（upLIFT Fuzzy Repair）功能是通过使用我们信任的资料，智能地修复模糊匹配来实现的。该功能可在术语库、片段回忆匹配或机器翻译等可信的资源中搜索匹配，替换原文内容，从而帮助修复模糊匹配。模糊匹配修复可更改、删除、插入或移动模糊匹配中的词或短语，也可更改标点符号。

在翻译时，打开匹配修复功能，可以实时获取修复后的匹配翻译。在批处理时，打开匹配修复功能，可以进行分析或预翻译所有项目文件，并获取修复后的匹配翻译。见图 11-32。

图 11-32　设置模糊匹配修复

upLIFT 技术能带来高质量的片段匹配，即便没有翻译记忆库匹配建议，我们也能以更简单的方式利用翻译记忆库，节省宝贵时间和大量精力，并且获得高质量的匹配建议。

## 六、基于服务器的翻译项目

SDL GroupShare 是用于 SDL Trados Studio 2011-2017 的服务器产品。从 SDL Trados Studio 2011 开始，Trados Studio 就已支持协同翻译和基于服务器的项目，到了 SDL Trados Studio 2017，这项功能则变得更加简便好用。服务器项目存储于线上服务器，能够让 Studio 用户以更有效和统一的方式合作处理翻译项目。服务器项目还允许多个用户同时处理不同的项目文件，而无须分发含有待完成工作的项目文件包。译员可联机共享项目，以便以更加有效且集中的方式协同翻译项目，而项目经理则可以跟踪已检入工作的进度。

SDL GroupShare 包括以下组件：

项目服务器（Project Server），翻译记忆服务器（TM Server）和术语服务器（MultiTerm Server）。项目服务器是服务器项目及其文件的中央存储库，提供项目管理功能，而且能够控制对项目及其资源的访问权限。翻译记忆服务器与项目服务器一起安装，能够管理该项目中基于服务器的翻译记忆库。如选择将术语服务器与项目服务器一起安装，则可以管理项目中基于服务器的术语库资源。注意：以上三个服务器可以安装在同一个物理服务器计算机上。

无论是翻译项目经理还是译员，在工作中都可以使用 GroupShare 这一服务器产品。项目经理通过 GroupShare 服务器来发布或分配项目，而译员则通过服务器接受翻译任务。这种基于服务器的翻译项目管理，要比通过发送项目文件包和返回文件包的翻译模式更加迅速快捷。

## 1. 添加 GroupShare 服务器

要使用 SDL GroupShare 服务器来发布或分配项目，首先需要在 Trados Studio 中添加 GroupShare 服务器和用户信息。方法如下：在"欢迎"视图下，点击菜单上"文件"->"设置"->"服务器"，见图 11-33。

图 11-33　设置 GroupShare 服务器

然后在弹出的对话框里填入服务器名称、用户名、密码等信息。这里的服务器地址、端口、用户名等具体名称需要询问服务器管理员。见图 11-34。

图 11-34　添加 GroupShare 服务器

点击"确定"，关闭服务器设置。然后再回到图 11-33，依次添加"用户"和"客户"名称，以及他们的 Email 地址，这些信息也可以不添加或以后添加。至此，我们已经设置好 GroupShare 服务器和用户等信息。见图 11-35 和图 11-36。

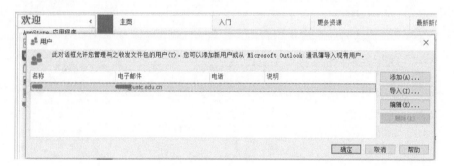

图 11-35　添加 GroupShare 用户

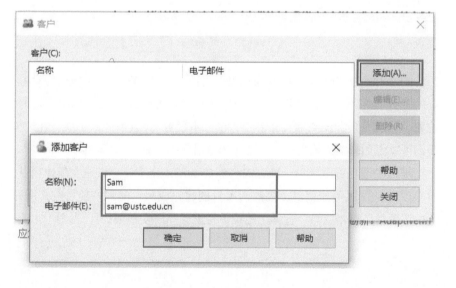

图 11-36　添加 GroupShare 客户

## 2. 发布 GroupShare 项目

在发布 GroupShare 项目之前，我们要弄清楚自己的 Trados Studio

**255**

是什么版本。只有 SDL Trados Studio 2017 Professional 版本才可以发布 GroupShare 项目，Freelance 版本只能打开 GroupShare 项目。发布 GroupShare 项目有两种方法。

项目经理先创建一个翻译项目，比如 Printer4，点击"新建项目"，跟随着向导，一步一步地完成。这个过程与在 Trados Studio 2011 里新建项目大致相同，只有一个步骤不同，就是添加服务器信息。见图 11-37。

图 11-37　添加 GroupShare 服务器

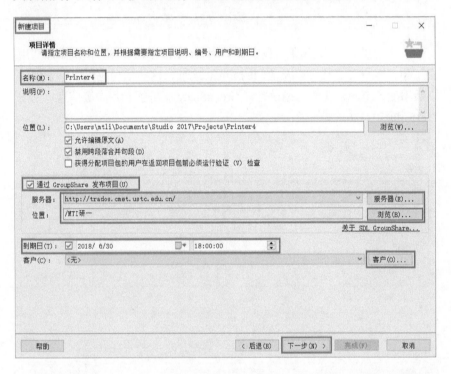

勾选"通过 GroupShare 发布项目"，并点击"服务器"，选择已经设置好的服务器名称，点击"浏览"，选择在服务器上存放 GroupShare 项目的位置，然后设置翻译到期日和客户（也可不设置）。点击"下一步"继续，我们可以添加待翻译的文档、记忆库和术语库等，直到向导结束。

项目经理还可以用另一种方式发布 GroupShare 项目。就是在新建项目时不设置上述服务器信息，等翻译项目创建完成后，转到"项目"视图，选中该项目，点击右键，在弹出的菜单栏里选择"发布项目"，见图 11-38。

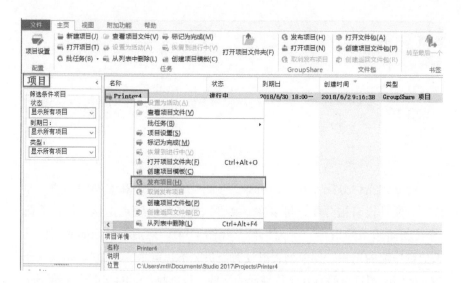

图 11-38　发布
GroupShare 项目

　　然后跟随向导，选择已经添加的 GroupShare 服务器，点击"浏览"，在服务器上选择项目列表信息。见图 11-39。向导后面的几个步骤与前一种发布方式相同。

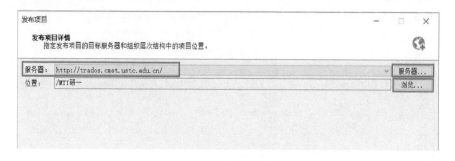

图 11-39　发布
项目详情

　　向导的最后一个步骤就是上传项目，项目经理将本地计算机上新建的项目上传至 GroupShare 服务器，点击"关闭"即可。

## 3．分配 GroupShare 项目

　　上传完 GroupShare 项目，还需要将项目分配给某个译员去完成。这一步骤仍然需要项目经理来做。如果不分配项目，那么服务器上的所有用户都有权限去完成翻译和审校，这可能会造成多位译员去翻译同一个 GroupShare 项目的混乱情况。

　　项目经理将项目发布以后，回到项目的"文件"视图，点击 Ribbon 功能区上的"文件详情布局"，选择"文件分配布局"。见图 11-40。

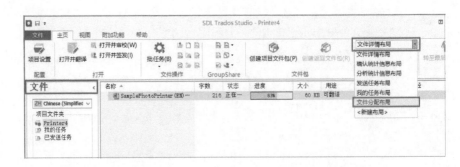

图 11–40 查看
文件分配布局

切换到文件分配布局，即可看到项目当前的状态和参与的用户。如果项目文件没有被分配，可以在"文件"视图下右键点击该文件，选择"分配给阶段中的用户"->"翻译"。见图 11-41。然后在弹出的对话框里添加要分配的用户。如果列表里没有译员名单，点击"添加"。如果一个 GroupShare 项目里面有几个待翻译的文件，可以将不同的文件分配给不同的译员。见图 11-42。

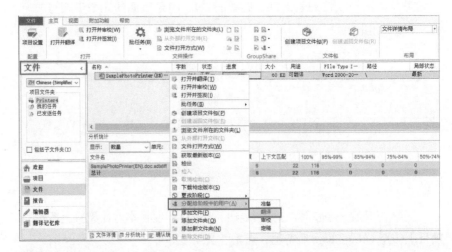

图 11–41 将项
目分配给翻译阶
段中的用户

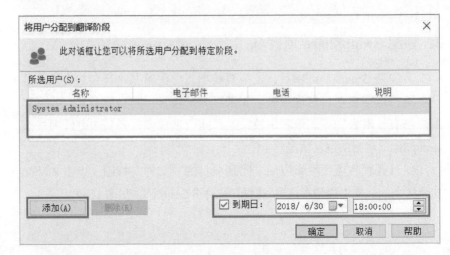

图 11–42 指定
用户到翻译阶段

点击"添加"后，在弹出的对话框里指定用户来翻译该文档。勾选"显示 GroupShare 服务器中的所有用户"，即可看到服务器列表里所有用户的名称，选择特定的用户。见图 11-43。

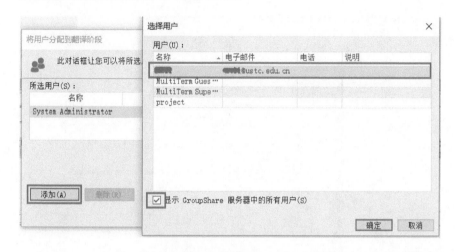

图 11-43 从服务器列表中选择用户

至此，项目经理已经分配好了翻译任务，并规定了完成日期等。回到"文件详情布局"，即可看到文件翻译阶段的用户已被指定。

此时，项目经理需完成的最后一个步骤就是文件更改阶段。右键点击项目文件，在弹出的菜单上选择"更改阶段"->"翻译"，见图 11-44。

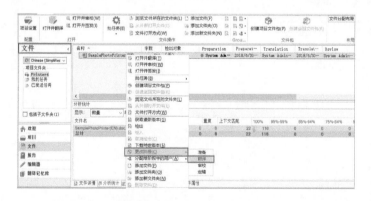

图 11-44 进入更改阶段

至此，项目经理的分发工作已全部完成，项目文件自动转换到翻译阶段。并且，翻译阶段里的用户会自动收到 GroupShare 发送的提醒邮件。

## 4. 打开 GroupShare 项目

无论是 SDL Trados Studio 2017 Professional 版本，还是 Freelance 版本，都可以打开 GroupShare 项目。这里我们将演示译员如何打开 GroupShare 项目。首先译员（用户）也需要设置 GroupShare 服务器，并填入用户和密码等信息，然后登录服务器。这个登录过程与项目经理登录过程一样，此处略去。

在"欢迎"视图下，点击主页上的"打开 Trados GroupShare 项目"，启动向导。见图 11-45。

图 11-45　打开 GroupShare 项目

根据向导，在接下来的对话框里选择项目经理发布的"Printer4"项目，点击"下一步"。见图 11-46。

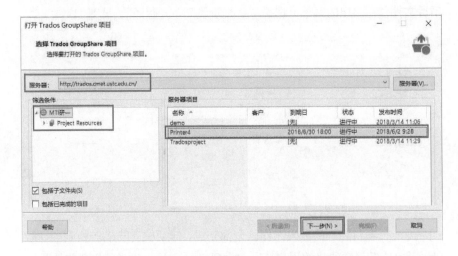

图 11-46　打开 GroupShare 项目 Printer4

根据向导提示，为服务器项目选择一个本地存储位置。然后从服务器上下载一个项目副本到本地电脑，采用默认的文件目录存储。见图 11-47。

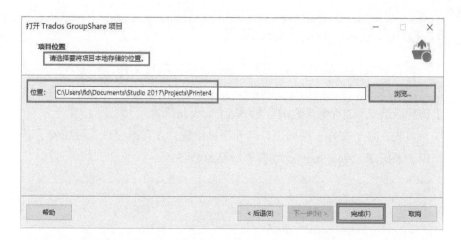

图 11-47　选择项目本地存储位置

接下来打开 Trados GroupShare 项目 Printer4。如果向导没有显示错误，那我们就成功地从服务器上下载了项目经理发布的 GroupShare 项目。见图 11-48。

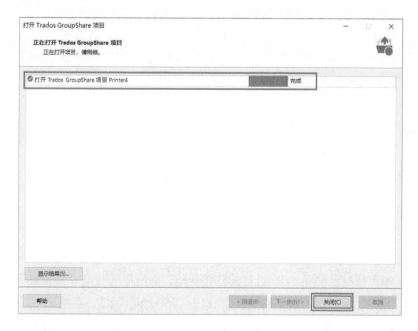

图 11-48　正在打开项目 Printer4

然后回到"项目"视图，可以看到服务器上的项目 Printer4 已经保存在项目列表里了，双击该项目即可开始翻译工作。见图 11-49。

| 名称 | 状态 | 到期日 | 创建时间 | 类型 | 位置 |
|---|---|---|---|---|---|
| 中译英1 | 进行中 | [无] | 2018/5/6 11:… | Studio 文件包 | C:\Users\fld\Documents\St |
| 英译中 | 进行中 | [无] | 2018/5/6 0:0… | Studio 项目 | C:\Users\fld\Documents\St |
| 考试C-E | 进行中 | [无] | 2018/5/18 20… | Studio 文件包 | D:\Documents\Studio 2017\ |
| 翻译zh-en | 进行中 | [无] | 2018/5/13 9:… | Studio 文件包 | D:\Documents\Studio 2017\ |
| Test-c-e | 进行中 | [无] | 2018/5/6 10:… | Studio 项目 | C:\Users\fld\Documents\St |
| sample-en-zh | 进行中 | [无] | 2018/5/27 22… | Studio 项目 | C:\Users\fld\Documents\St |
| Printer4 | 进行中 | 2018/6/30 18… | 2018/6/2 9:1… | Trados GroupShare 项目 | C:\Users\fld\Documents\St |

图 11-49　在"项目"视图下查看项目 Printer4

### 5. 检出和检入 GroupShare 项目

现在译员已从服务器上下载了 GroupShare 项目文件，并进入翻译阶段，这个过程称作"检出（Check out）"。当译员完成翻译，还需向服务器上传翻译结果，这个过程称作"检入（Check in）"。

首先，在"文件"视图下，打开项目设置，查看该项目是否加载了记忆库、术语库、AutoSuggest 词典等。见图 11-50。

图 11-50　项目设置

然后，为该文件运行"批任务"->"预翻译文件"，见图 11-51。

图 11-51　预翻译文件

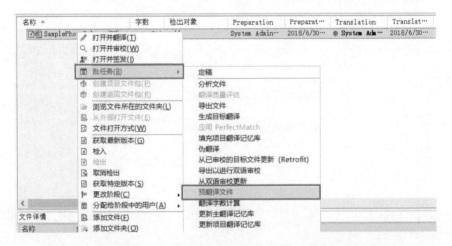

如果项目已使用 SDL 语言云机器翻译，则应用机器翻译来预翻译文件。根据批任务（批处理）的向导，点击"下一步"继续。见图 11-52。

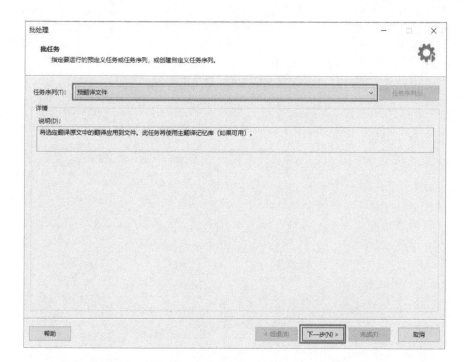

图 11–52 批任
务向导

批处理提醒我们为预翻译使用翻译记忆库。点击"完成",见图 11-53。

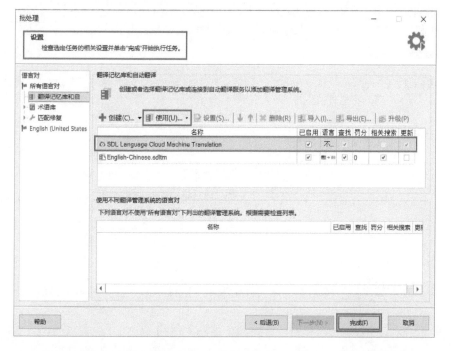

图 11–53 设置
记忆库、术语
库等

批处理结束,显示预翻译文件完成。点击"关闭",完成此阶段操作。

图 11-54 关
闭批处理

接下来是检出并编辑文件。回到"文件"视图，双击该文件，Trados
Studio 弹出对话框，询问是否"检出"。选择"检出并编辑该文件"，文
件将被锁定，只有指定的译员能进行编辑，然后点击"确定"。见图
11-55。

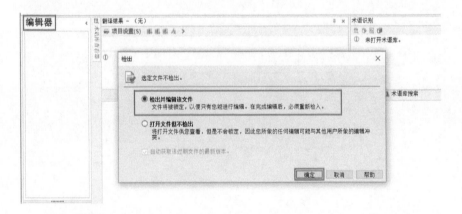

图 11-55 检
出并编辑该文件

在"编辑器"视图下，译员开始编辑（翻译）该文件。见图 11-56。

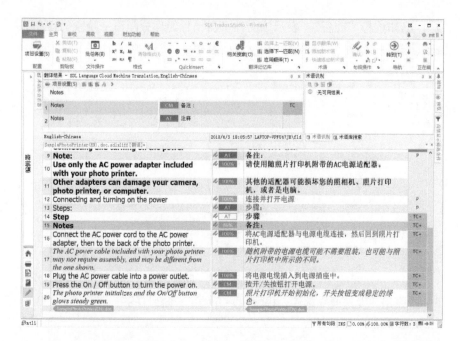

图 11-56  打开并编辑该文件

由于项目加载了机器翻译和本地记忆库，文件已经由机器翻译完毕，所以译员只需稍做修改，整个翻译工作即可完成。保存文件，回到"文件"视图。

GroupShare 项目文件翻译完成后，需要向服务器"检入"（上传更新）该项目。在"文件"视图下，右键点击已翻译的文件，在弹出的菜单中选择"检入"。见图 11-57。

图 11-57  开始检入

点击"检入"，Trados Studio 会弹出"检入"的对话框。在这里译员可以给项目经理留言，或者给执行项目下一阶段的人员提出建议等。在底部的下拉选项中，译员可更改下一阶段的任务性质（准备、翻译、审校和定稿），比如选择"准备"，表示该文件可由项目经理分配下一阶段的任务。最后，点击"检入"，完成该项目文件的上传更新。见图 11-58。

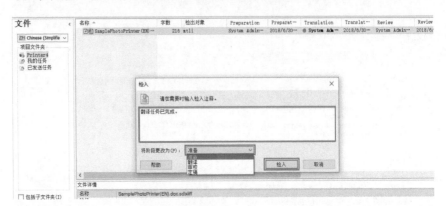

图 11-58 设置检入

这样，GroupShare 项目自动转移到下一阶段任务。同时，服务器会给下一阶段用户发送通知邮件，提醒用户开始下一阶段任务。

## 6．管理 GroupShare 项目

GroupShare 项目管理可由服务器管理员或者项目经理来负责，服务器管理员也可将管理权限授予普通用户。如果要管理服务器，首先要在浏览器地址栏里输入服务器地址，然后服务器弹出登录窗口，填入登录信息。见图 11-59。

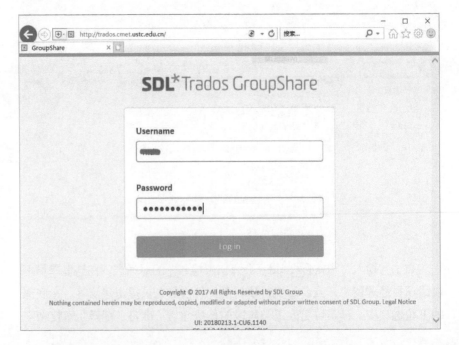

图 11-59 登录 GroupShare 服务器

进入 SDL GroupShare 服务器后，页面的顶部是导航栏，也是服务器的主要功能模块，分别是 Dashboard、Projects、Resources、Users 和 System Configuration。第一个模块 Dashboard 里面有四栏，分别是 Deliveries Due Soon、Your Tasks、Downloads 和 Statistics。见图 11-60。

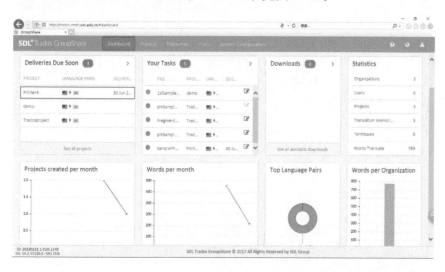

图 11-60 服务器的 Dashboard 页面

左边 Deliveries Due Soon 一栏显示的是项目经理最新发布的翻译项目；中间 Your Tasks 里列出了项目经理最近发布的翻译项目；右边栏 Statistics 展示了 GroupShare 服务器的详情，以及翻译项目的统计信息。

点击导航栏上的 Projects，可以看到 Printer4 项目的详细信息，包括时间要求、准备状况、项目翻译进展、项目审校进展和定稿等。见图 11-61。

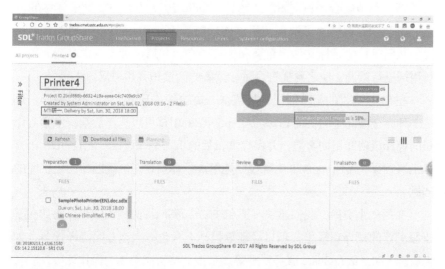

图 11-61 服务器的 Projects 页面

在服务器的 Projects 页面，项目经理也可以在线创建项目（注：项目模板需要用 Trados Studio 生成并上传至 GroupShare 服务器，在线创建项目大小不得超过 50 M）。

在服务器的 Users 页面，管理员可以查看用户信息，更改用户的登录名、密码等，也可以添加新用户（译员）。见图 11-62。

图 11-62　服务器的 Users 页面

# 七、小结

SDL Trados Studio 2017 能够解决翻译工作者的很多问题，与 SDL MultiTerm 2017 结合使用，可以提供更多更便捷的服务，显著地提高翻译效率。

本章前两个小节重点讲解了 SDL Trados Studio 2017 几个版本在功能上的区别，并结合图例介绍了其安装过程以及激活过程。第三、四小节提供了全新版本界面的介绍，以及各个功能模块详细的说明，有助于初级译员迅速了解该软件。

第五小节配合图例对 SDL Trados Studio 2017 的新功能做了详尽的讲解，帮助学习者快速了解和使用这些功能。比如 Retrofit 审校功能，可让我们从已审校的目标文件来更新和修订译文，并通过对齐方式对翻译风格和用词进行微调，使之更加符合目标读者的阅读和表达习惯。

在 SDL 提供的新功能里，最值得一提的是 AdaptiveMT 机器翻译，这是一种完全智能型的机器翻译。AdaptiveMT 引擎可以从译后编辑中学习译员的翻译风格和用词习惯，并保存编辑后的机器翻译建议。配合 SDL 语言云机器翻译，AdaptiveMT 引擎较好地解决了译员缺乏准确匹配的记忆库的问题。

在第六小节里，我们还学习了 SDL GroupShare 的相关知识。比如在基于服务器的翻译项目里，项目经理承担什么角色，怎么分配翻译任务，如何管理 SDL GroupShare 服务器等等。掌握这些协同翻译的操作环节，将有助于提升翻译工作者的整体实力。

## 思考与讨论

1. 比较 SDL Trados Studio 2017 的三个版本，简要介绍一下它们的区别。
2. 熟悉 SDL Trados Studio 2017 的新界面，简要说明各个模块的功能。
3. 学习 Retrofit 审校功能，从已审校的目标文件更新译文。
4. 利用 AdaptiveMT 完成一篇文档的翻译。
5. 学会使用 SDL GroupShare 服务器来发布和打开 GroupShare 项目。

# 第十二章
## 机器翻译的译后编辑

随着计算机计算能力、多语言语料库容量和机器翻译算法的进步，机器翻译技术取得了巨大进步。特别是以深度学习为基础的神经机器翻译在译文质量方面有了显著的提升，受到了翻译行业和客户的关注，成为高效率翻译流程的重要组成部分。但是，当前的机器翻译产生的译文质量，仍然无法达到职业译者人工翻译的水平。为了实现译文质量和翻译效率之间的平衡，发挥人机交互翻译的优势，译后编辑是当前广泛采用的翻译方式。

译后编辑工作以机器翻译系统输出的初始译文为处理对象，在译后编辑环境（即由计算机硬件、译后编辑软件或工具、需要译后编辑的译文、译后编辑人员构成的译后编辑工作场景）中进行编辑，输出符合译文质量要求的译文。译后编辑对人员的能力要求与人工翻译的审校人员并不完全相同。即使是具有丰富翻译审校工作经验的校对人员，如果不加强培训，刚开始进行机器翻译的译后编辑时，也会感到力不从心。

根据翻译的内容、类型、翻译目的（用途）、译文质量、翻译预算、交付时间、译者技术能力和信息安全级别的要求，译后编辑有多种实施方法和工具。本章将介绍译后编辑的概念、译后编辑的实践原则、译后编辑能力、译后编辑的方式和工具，最后以翻译项目为例，全面介绍译后编辑在翻译项目中的实施过程。

## 一、译后编辑概述

### 1. 译后编辑的概念

译后编辑有多种不同的定义。国际标准化组织给出的定义是：译后编辑是"检查和修正机器翻译的输出"。Somers（2003）将译后编辑描述为"迄今为止与机器翻译最为相关的任务"。译后编辑是将机器翻译和高水准专业人工译后编辑人员相结合，以生成达到发布标准的高质量翻译的过程。具体而言，机器翻译的译后编辑是通过人工和部分自动化方式增强机器翻译的输出，以满足特定质量目标的过程。

随着翻译市场的发展和翻译技术的进步，翻译工作环境发生了变化，仅仅依靠机器翻译生成初始译文的情形将不断减少（质量要求高的译文尤其如此），以"翻译记忆"技术为核心的计算机辅助翻译、机器翻译和翻译管理系统集成在一起，构成译者的集成翻译环境。这种集成翻译环境输出的初始译文往往是翻译记忆的模糊匹配翻译、机器翻译和人工翻译相结合的产物。为了提高译文质量，需要对此种初始译文进行译后编辑。

崔启亮（2014）将直接对机器翻译得到的译文进行的译后编辑称为"狭义的译后编辑"或者"机器翻译的译后编辑"，将对集成翻译环境输出的初始译文进行译后编辑称为"广义的译后编辑"或者"集成翻译的译后编辑"，即对翻译记忆、机器翻译和翻译管理系统组成的集成翻译环境得到的译文进行译后编辑。梁本彬（2018）认为，狭义译后编辑和广义译后编辑不能很好地反映不同环境下译后编辑的实质，他将直接针对机器翻译译文进行的编辑称为"单一的译后编辑流程"，将集成翻译环境下进行的译后编辑称为"综合译后编辑流程"。

无论哪一种译后编辑的定义，都是对机器翻译生成的译文进行编辑，提供满足质量要求的译文。译后编辑的目标是由译后编辑人员运用专业知识和能力，对机器翻译的译文进行评审和修正，提交符合译文质量要求的译文。

## 2. 译后编辑的实践原则

译后编辑工作具有广泛的应用前景且专业性很高。为了提供快速、准确和高性价比的翻译服务，机器翻译的译后编辑工作将发挥更积极的作用。高水平译后编辑工作的主体是高水平的译后编辑者，译后编辑者不仅需要语言能力、翻译能力，还需要针对译后编辑工作的特点和要求提高专项能力。为做好译后编辑工作，需要遵守以下实践准则。

### （1）根据译文质量要求，确立译后编辑风格指南

做好译后编辑工作需要译后编辑风格指南。译后编辑风格指南确定了工作目标，译文错误的常见类型，译后编辑的一般规则和具体规则等。译后编辑风格指南旨在在保证译文质量的基础上，提高译后编辑的规范性和效率。

译后编辑的工作目标受到所编辑的内容类型、翻译的目的（用途）、译文质量、翻译预算、交付时间、译者技术能力、信息安全级别等因素的

影响。根据国际标准化组织的机器翻译译后编辑标准，译后编辑可以有两种方式：第一，完全译后编辑，目标是产生如同职业译者水平的高质量译文；第二，快速译后编辑，目标是产生可理解的译文，不考虑译文风格等细节。

为实现完全译后编辑，需要获得语义正确、信息无遗漏与增添的译文，修改具有攻击性或在目的语文化中不合适的内容，还要注意语法、句法、术语、标点、格式等方面的问题。在翻译实践中，对快速译后编辑的需求更多，对译文的质量尤其是风格方面一般不作过高的要求。所以，做好快速译后编辑，既不可因修改太少而造成编辑不足，也不可因过多的个人偏好而编辑过多，只需花费最少的精力加工出可理解的译文即可，即正确传达原文意义，符合目标语言的语法，不必考虑译文的美学或风格问题。

（2）根据机器翻译系统类型，识别机器翻译输出的错误特征

根据机器翻译系统的类型（基于规则、基于语料库、基于神经网络和混合型机器翻译），机器翻译输出的译文错误具有明显的规律特征，理解和识别错误特征可以提高译后编辑的效率和质量。

机器翻译输出的译文错误主要来源于复杂句式的逻辑和结构错误，例如省略、指代、并列关系等错误，以及译文词义的选择错误、句法结构转换错误等等。具体而言，高质量的译后编辑需要注意译文是否存在语义、语法、语用、术语、拼写、标点、符号、数字及格式等错误，以及是否存在增译、漏译、歧义、前后不一致和文化冲突等。崔启亮、李闻（2015）将机器翻译常见的译文错误总结为11类，指出译后编辑初级人员不要追求编辑速度，而是要通过编辑工作发现和总结译后编辑的规律，特别是机器翻译译文的错误特征。接受过译后编辑技术训练的译后编辑人员非常了解机器翻译的特点，因此能够找到原始输出中需要改进和纠正的地方。

（3）根据译后编辑的目的，确定译后编辑工作环境

译后编辑人员、计算机、网络和译后编辑工具构成译后编辑环境。译后编辑环境将影响译后编辑的工作效率。应该根据译后编辑的目的，确定使用集成翻译环境或者定制的译后编辑环境。

对于非职业译者而言，如果翻译量不大，对计算机辅助翻译工具不熟悉，可以通过通用机器翻译工具得到初始译文，然后在文字处理软件（例如 Microsoft Word）中进行译后编辑。

对于语言服务公司（翻译与本地化公司）而言，译后编辑的目的是向客户提交符合质量要求的译文，通常使用与翻译人员相同的集成翻译环

境。通常待编辑的译文是经过翻译记忆、模糊匹配、机器翻译、人工翻译的译文，译后编辑人员可以处理完整的可发布质量文本，确保高质量翻译的所有工具均可为译后编辑人员提供支持。

### （4）根据质量目标和人员技能，合理设定译后编辑工作量

译后编辑的标准工作量受到机器翻译的初始译文质量、最终译文的质量要求、译后编辑人员的技能和译后编辑环境的影响。合理的译后编辑工作量是在保证译文质量的前提下，结合业界实践和翻译环境确定的平均译后编辑工作数量，通常以每个工作日完成译后编辑的单词数来衡量。

译后编辑能力需要长期实践才能不断提高，需要语言理解能力、语言表达能力和识别机器翻译的常见错误类别的能力。对于难度一般的材料，职业译员每工作日人工翻译可以达到 2500 词，而采用机器翻译加人工编辑可以达到 6000 词，翻译的工作效率将提高 140%（SDL，2013）。

接受过译后编辑技术训练的译后编辑人员非常了解机器翻译的特点，因此能够找到原始输出中需要改进和 / 或纠正的地方，以提高最终的译文质量。如果是刚刚从事译后编辑的人员，开始阶段工作效率较低，完成的工作量较少。经过项目实践的积累，今后的工作效率将会成倍提高。

## 3.译后编辑能力

译后编辑是专业性很强的工作，与一般的人工翻译审校是不同的。即使是具有丰富审校经验的人员，要想做好译后编辑工作，也需要进行训练。

译后编辑能力主要是集合编辑能力与翻译能力的综合能力，具体包括源语言与目标语言的运用能力、主题知识、认知能力、工具（软件）运用能力，以及跨文化交际能力等（冯全功、张慧玉，2011）。针对译后编辑能力，国外学者开展了相关研究。O'Brien（2002）认为，除了一些公认的能力之外（如源语言与目标语言的运用能力，对专业领域知识的掌握，工具运用能力等），译后编辑者还需掌握机器翻译知识、术语管理技能、译前编辑 / 受控语言技能和基本的编程技能及语篇语言学技能，并能运用宏命令为机器翻译编制词典，对机器翻译持有积极的态度等。

从广义角度来说，译后编辑能力也可被认为是职业翻译能力的有机组成部分，毕竟职业翻译能力是动态发展的。从狭义角度来说，译后编辑能力是基于职业翻译能力形成的，但不局限于职业翻译能力，两者多有重叠，各有侧重。比如前者更强调编，后者更强调译；前者更注重工作效

率，后者更注重译文质量；前者对机器翻译系统具有更大的依赖性，后者主要是人工翻译（包括翻译记忆系统的运用）；前者对源语言能力要求较低（甚至可以在不懂原文的情况下进行轻度译后编辑），后者必须熟练掌握源语言（至少能够充分理解原文）等。译后编辑能力的构成因素中，有些也是从事译后编辑的特殊要求，如基本编程能力、译前编辑能力等。

译后编辑尤其需要一定的编辑能力，包括目的语阅读与写作能力，对文本层面及细节的关注能力，对文本、作者、语境、读者等的高度敏感性，以及对编辑作为过程和结果的了解与掌握等。

总之，译后编辑人员需要具备多种技能，还包括积极的态度，理解和认同机器翻译输出译文的翻译方式，了解机器翻译的基本原理，了解机器翻译译文的错误类型，熟悉所涉及的项目、领域和术语以及翻译环境等。

## 二、译后编辑的方法与工具

当前译员使用机器翻译工具的方式有三类：① 直接使用通用机器翻译工具（例如，谷歌翻译、百度翻译、搜狗翻译、有道翻译等），将需要翻译的文本复制粘贴到通用机器翻译的文本框中，获得译文。② 在支持翻译记忆和术语管理的计算机辅助翻译工具中，通过 CAT 工具的应用程序接口调用外部机器翻译工具，获得译文。③ 在定制的机器翻译和译后编辑工具中获得译文，并且进行译后编辑。

对应以上三种使用机器翻译工具的方式，译后编辑工具可分为三类：① 文字处理软件中的译后编辑。② 计算机辅助翻译工具中的译后编辑。③ 定制的机器翻译和译后编辑工具中的译后编辑。下面对这三种译后编辑工具分别进行介绍。

### 1. 文字处理软件中的译后编辑

译者先将原文文件的内容复制粘贴到通用机器翻译工具中，再将机器翻译工具输出的译文复制粘贴到文字处理软件中。在文字处理软件中，译后编辑人员修改机器翻译输出的原始译文。为了便于比较原始译文和译后编辑译文的区别，通常以文档"修订"模式编辑，方便跟踪译文的修改。

图 12-1 是使用谷歌机器翻译工具生成译文。图 12-2 是在 Word 文档中"修订"模式下的译后编辑。

图 12-1 谷歌机器翻译的译文

图 12-2
Microsoft Word
中译后编辑的译文

使用文字处理软件进行译后编辑的优点是操作简单，不需要学习各种计算机辅助翻译工具或机器翻译的译后编辑工具；缺点是不支持带有标记符号的复杂文件格式，没有翻译记忆功能，译文质量难以保证。

## 2. 计算机辅助翻译工具中的译后编辑

译者在支持机器翻译调用的计算机辅助翻译工具中创建翻译项目，先通过以前的翻译记忆库预翻译源文件。这样，匹配率达到 100% 的源语句段可以从翻译记忆库中得到译文，其他句段可通过调用机器翻译工具获得机器翻译的译文。然后，译者对机器翻译的初始译文进行译后编辑。为了便于比较原始译文和译后编辑译文的区别，通常以"跟踪修订"模式编辑，方便跟踪译文的修改。

图 12-3 是译者使用 SDL Trados Studio 2017 调用国内某机器翻译工具生成的原始译文，然后在 Trados 编辑器视图进行译后编辑的界面（注意：在"审校"选项卡中选中"跟踪修订"）。

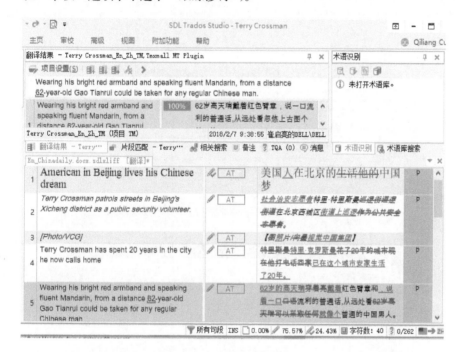

图 12-3　SDL Trados Studio 2017 中的译后编辑

使用计算机辅助翻译软件进行译后编辑的优点是可以依靠 CAT 工具的翻译记忆和跟踪修订模式，实现 TM+MT+PE 的翻译方式。缺点是 CAT 软件功能比较丰富，操作比较复杂，CAT 与 MT 的调用设置比较复杂，适合对 CAT 工具熟悉的职业译者使用。

## 3. 定制的机器翻译和译后编辑工具的译后编辑

译者在定制的机器翻译工具中，先通过机器翻译工具获得初始译文，再在定制的机器翻译工具中进行译后编辑。随着大数据、人工智能技术的发展和应用，越来越多的公司开发了不同类型的机器翻译和译后编辑工具，译者可以根据需要进行选择和使用。图 12-4 是译者使用北京语智云帆公司翻译管理系统的机器翻译，进行译后编辑的中译英工作界面。图 12-5 是使用上海佑译公司（UTH 国际）的机器翻译，进行译后编辑的中译英工作界面。

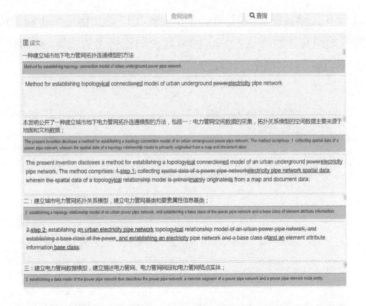

图 12-4 语智
云帆机器翻译的译
后编辑工作界面

图 12-5 上海
佑译（UTH 国际）
机器翻译的译后
编辑工作界面

　　使用定制的机器翻译和译后编辑工具进行译后编辑的优点是可以定制机器翻译工具，提高机器翻译引擎训练的效率，保证语料和译文的信息安全。缺点是需要较强的机器翻译开发和工程能力，需要较长时间和资金投入，适合使用大量机器翻译并且对信息安全性要求较高的机构使用。

## 三、译后编辑的翻译项目案例

　　为了增强对译后编辑方式和工具应用的理解，下面以一个译后编辑项目的实施过程为例，详细介绍机器翻译和译后编辑的具体应用，以体验翻译项目中机器翻译、译后编辑、软件工具和译后编辑人员之间互动的翻译模式。

## 1. 翻译项目背景

翻译项目是来自美国某语言服务咨询机构的语言服务行业研究报告，原文为英文，文件格式为 Microsoft Word 格式，共 49 页，13,000 英文单词。要求译文准确、符合中文表达习惯，体现专业性，3 天后提交 Word 格式的译文文件。

## 2. 翻译项目的 SDL Trados Studio 2017 实施方案

这是来自老客户的翻译项目，该机构每年发布语言服务行业的调查报告，内容不断更新。因此，使用以翻译记忆为核心的计算机辅助翻译工具比较合适。针对本次项目工作量比较大、交付日期比较紧张的特点，使用机器翻译、译后编辑和翻译记忆结合的方式进行。针对原文比较专业、译文质量要求较高的特点，采用完全译后编辑的方式实施。

客户没有指定选择哪种计算机辅助翻译工具、机器翻译和译后编辑工具，由于译者一直使用 SDL Trados Studio 工具，电脑上已经安装有 SDL Trados Studio 2017 软件。因此，译者选择 SDL Trados Studio 2017 作为计算机辅助翻译工具。

SDL Trados Studio 2017 工具通过插件形式可以调用国内外的机器翻译工具，图 12-6 显示了 SDL Trados Studio 2017 可以调用的机器翻译工具。

由于是英译中翻译项目，应该优先使用中文翻译质量比较好的机器翻译工具，例如谷歌翻译、百度翻译、有道翻译、搜狗翻译等。但是，SDL Trados Studio 2017 仅支持对谷歌机器翻译工具的调用，无法直接使用百度翻译、有道翻译、搜狗翻译的译文。

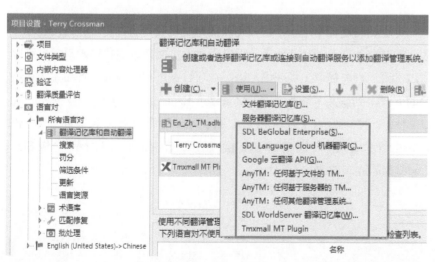

图 12-6 SDL Trados Studio 2017 支持的机器翻译工具

为此，译者使用了 SDL Trados Studio 2017 的机器翻译插件 Tmxmall TM Plugin，这是一款可与 SDL Trados Studio 接口的机器翻译插件，支持谷歌、百度、有道、搜狗等神经网络机器翻译接入。Tmxmall 已经设置好了对这些机器翻译工具的调用和费用结算方式（支持人民币结算）。译者只需在 Tmxmall 网站选择使用哪个机器翻译工具即可，还可以设置每日消费上限、完成交费、查看费用等信息。

综上所述，本项目将使用 Tmxmall 支持的 SDL Trados Studio 机器翻译工具插件，在 SDL Trados Studio 2017 中使用谷歌机器翻译工具，预翻译得到机器翻译的初始译文，再通过完全译后编辑过程生成译文。在以句段进行译后编辑时，得到最新的翻译记忆库文件，供今后文件内容更新时继续使用。

## 3. 翻译项目的 SDL Trados Studio 2017 实施过程

根据上面的项目实施方案，翻译项目实施过程可以分为以下几个阶段：① 分析、提取、翻译术语表（库）；② 下载和安装 Tmxmall TM Plugin；③ 创建 SDL Trados Studio 2017 项目，设置翻译记忆库和术语库；④ 在 SDL Trados Studio 中设置 Tmxmall TM Plugin；⑤ SDL Trados Studio 2017 调用 Tmxmall TM Plugin 的谷歌翻译工具，获得机器翻译的初始译文；⑥ 根据术语表（库）和原文进行译后编辑；⑦ 通过 SDL Trados Studio 2017 的 QA Checker 工具检查译文质量；⑧ 获得最终的中文译文、翻译记忆库和术语库文件。

下面仅翻译原文第一章的标题和第一段文本内容，来介绍以上 8 个步骤的关键内容。

### （1）准备项目双语术语表和术语库

专业材料翻译中的术语翻译对保证译文质量较为重要。在译者翻译之前，需要准备好术语及其翻译。可以通过人工阅读原文获得术语，也可以通过术语识别与提取工具获得术语。本项目通过术语提取工具和人工相结合的方式得到原文术语和译文，Microsoft Excel 格式，如图 12-7 所示。通过 Glossary Converter（可以在 SDL AppStore 免费下载）工具将 Excel 格式的双语术语文件转换成 SDLTB 格式的文件（如图 12-8 所示），供 SDL Trados Studio 2017 调用。

| | A | B |
|---|---|---|
| 1 | English | Chinese |
| 2 | localization | 本地化 |
| 3 | cost | 成本 |
| 4 | post－Enron | 后安然时代 |
| 5 | internet malaise | 互联网后遗症 |
| 6 | budget | 预算 |
| 7 | adaptation | 调整 |
| 8 | figuring out | 计算 |
| 9 | revenue | 收入 |
| 10 | shortchange | 缩减 |
| 11 | practitioners | 从业者 |
| 12 | scrutiny | 审查 |

图 12–7
Microsoft Excel
格式的双语术语
文件

图 12–8
Glossary
Converter 转换
成 SDLTB 格式的
双语术语库文件

## （2）下载和安装 Tmxmall TM Plugin

访问 https://www.tmxmall.com/ 主页，免费注册。访问主页上的
"Tmxmall 机器翻译插件"，选择 SDL Trados Studio 2017 版本。双击插件文
件，根据界面提示，完成安装。

## （3）创建 SDL Trados Studio 2017 项目

使用 SDL Trados Studio 2017 创建英文到简体中文的翻译项目。在创
建项目过程中创建翻译记忆库，但是不使用机器翻译（项目创建完成后再
使用机器翻译），这样不会自动得到机器翻译预处理的译文，而是根据需
要获得机器翻译的译文。如图 12-9 所示。

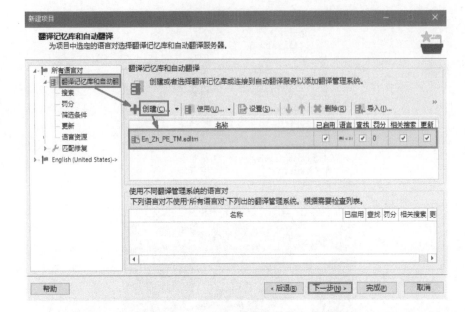

图 12-9 创建
项目时的翻译记
忆库和自动翻译
设置

　　创建项目过程中使用第（1）步得到的 SDLTB 格式的双语术语库文件。
如图 12-10 所示。

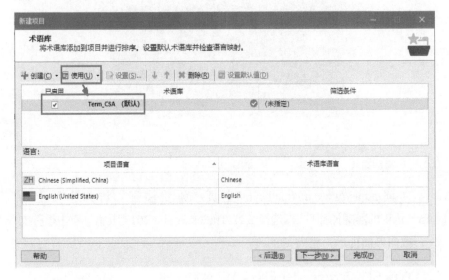

图 12-10 创建
项目时添加术语
库的设置

　　在"新建项目"->"项目准备"的"任务序列"中，选择"准备"，如
图 12-11 所示。多次单击"下一步"按钮，直到完成项目创建。

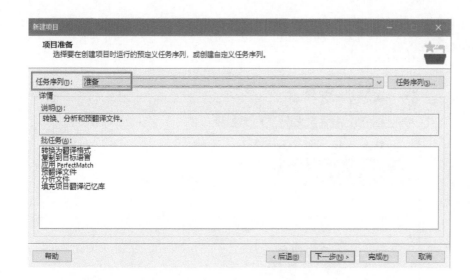

图 12-11 创建项目时的任务序列设置

## （4）在 SDL Trados Studio 中设置 Tmxmall TM Plugin

在 SDL Trados Studio 软件的"项目视图"下，单击"项目设置"。在"项目设置"对话框中，选择"语言对"->"所有语言对"->"翻译记忆库和自动翻译"->"使用"->Tmxmall MT Plugin，如图 12-12 所示。

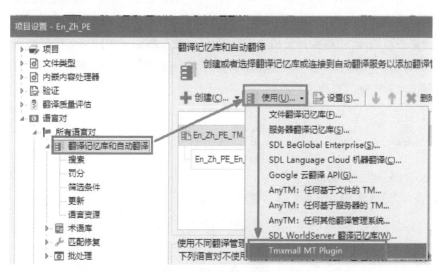

图 12-12 设置 Tmxmall 机器翻译插件

输入用户名和 API Key，点击 test login 验证账号。API Key 可以到 Tmxmall 官网的"个人中心"查看。如图 12-13 所示，验证成功后，单击"确定"。该设置只需要执行一次，以后就可以直接使用了。

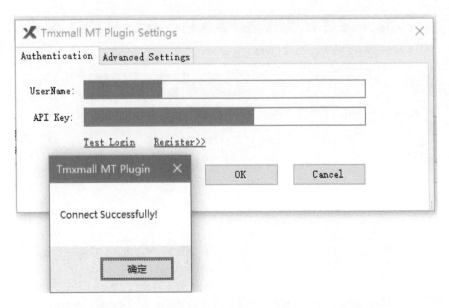

图 12-13 验证
Tmxmall 机器翻
译插件设置成功

由于查询机器翻译结果需支付部分费用，因此在使用前请向 Tmxmall 的个人账户中充值。登录 Tmxmall 官网的"个人中心"，在"账户管理" -> "余额管理"中进行余额充值。

登录"个人中心"，在"机器翻译" -> "启用设置"中，可以选择机器翻译供应商，当前支持谷歌翻译、百度翻译、有道翻译、搜狗翻译，默认为"谷歌翻译"。本项目使用"谷歌翻译"，接受默认设置即可。根据需要可以设置"每日消费上限"，如图12-14所示。用户可在"机器翻译" -> "交易记录"中随时查询消费数据。

图 12-14
Tmxmall 机器翻
译插件设置机器
翻译类型和消费

（5）获得机器翻译的初始译文

切换到 SDL Trados Studio 软件，打开第（3）步创建的项目，双击项目视图中的项目名称，进入文件视图。在文件视图中，双击文件名称，进

入编辑器视图。在文件编辑器视图中，单击"批任务"按钮，如图 12-15
所示，选择"预翻译文件"。

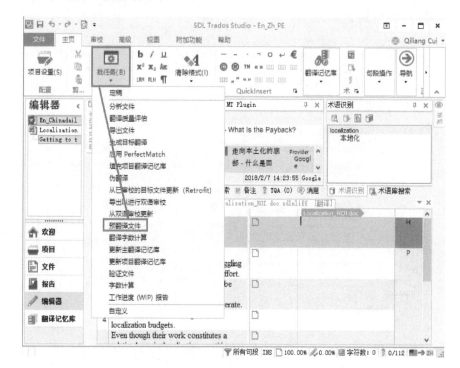

图 12-15 在编
辑器视图中进行
批任务设置

在"批处理"的"批任务"对话框中，单击"下一步"按钮。在"批
处理"对话框的"设置"页面中，选择"找不到匹配时"的"应用自动翻
译"，如图 12-16 所示。

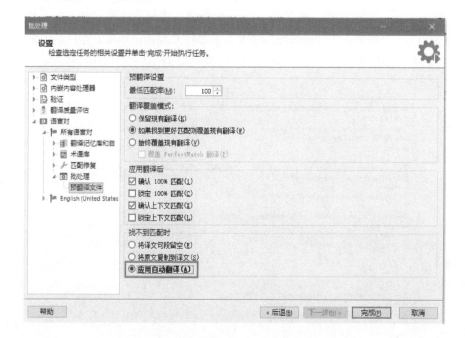

图 12-16 在
"批处理"对话
框设置应用自动
翻译

单击"完成"按钮。在是否要打开项目文件的提示窗口中，单击"是"。可以发现，SDL Trados Studio 已自动获得经谷歌机器翻译后的初始译文，如图 12-17 所示。

图 12–17　在"编辑器"视图中显示机器翻译译文

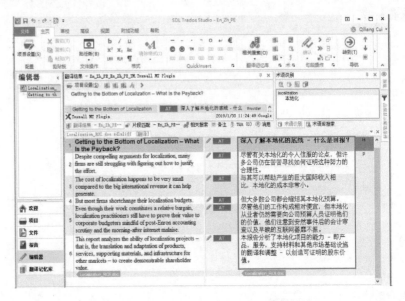

## （6）译后编辑

单击"审校"标签，再单击"跟踪修订"。下面根据术语库内容和译文的质量要求进行译后编辑。根据本章前面介绍的译后编辑要点，对每一个机器翻译的句段译文进行理解和判别，修改不合适及不准确的内容。如图 12-18 所示。修改之后，按下 Ctrl+Enter 组合键，将原文和译文存入项目翻译记忆库。对于正确的机器翻译译文，直接存入翻译记忆库。在译后编辑过程中，如果发现新的术语和术语译文，可以随时添加到项目术语库中。

图 12–18　在编辑器视图中进行译后编辑

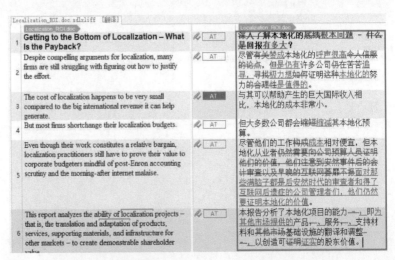

**（7）译文质量保证**

完成译后编辑后，资深译员对译后编辑过的译文进行语言质量审阅，定稿后如图 12-19 所示。

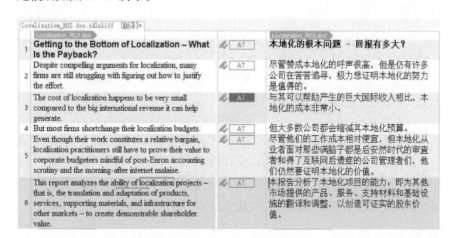

图 12-19 在编辑器视图中的译文语言质量审阅

接下来进行译文的格式质量检查，包括是否存在漏译、标记不一致、数字不一致、术语不一致等问题。此处仅以译文术语一致性质量检查为例，检查译文术语是否与项目术语库译文一致。可以通过"项目设置"->"验证"设置，如图 12-20 所示。

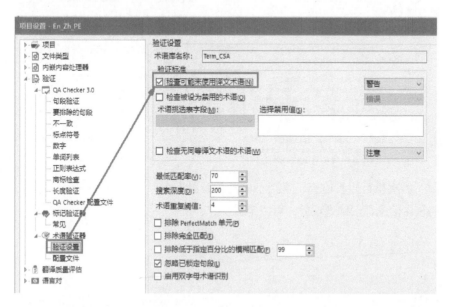

图 12-20 译文术语验证设置

执行译文术语一致性检查时，单击"审校"->"质量保证"->"验证"，如图 12-21 所示。

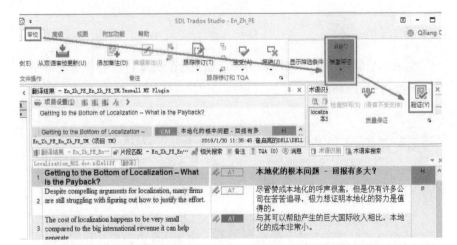

图 12-21 译文术语一致性检查

验证后的质量保证信息显示，第 5 个句段中存在错误的术语译文，如图 12-22 所示。仔细查看后发现，这个句段的译文将 budgeters 翻译成了"管理者们"。根据术语库的译文，应当改为"预算管理者"。

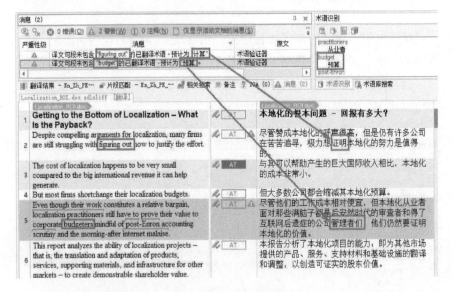

图 12-22 译文术语不一致问题

再次执行质量检查，直到不再发现错误为止，如图 12-23 所示。所有的警告信息都正确处理后，可以定稿。

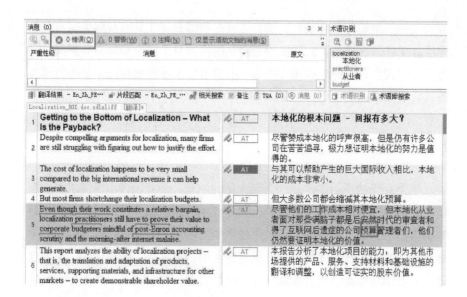

图 12-23 译文术语一致性验证完成

**（8）获得交付文件**

保存当前项目的双语文件，转到"项目"视图，右键单击项目名称，在弹出菜单中选择"批任务"->"定稿"，如图 12-24 所示。

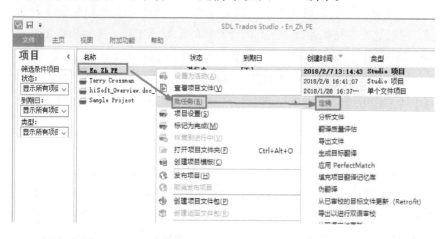

图 12-24 译文文件定稿

根据屏幕提示，两次单击"下一步"按钮，再单击"关闭"按钮，可以得到与原文名称和格式相同的译文文件、最新的翻译记忆库文件以及最新的术语库文件。至此，译者可以根据需要将这些文件或者其中的译文交付给客户。

## 4. 翻译项目小结

在 SDL Trados Studio 2017 中完成机器翻译和译后编辑的基础是正确

安装 Tmxmall 机器翻译插件，选择适当的机器翻译工具以及完成账户充值等准备工作，而提高译文质量的关键是根据项目术语库和译文质量要求进行译后编辑工作。译后编辑完成后，安排有经验的质量保证人员进行译文语言质量和格式质量检查，最后根据客户的要求交付项目文件。

## 四、小结

机器翻译的译后编辑是一个专业化的职业。随着翻译市场需求的加速增长，翻译交付时间的不断缩减，翻译技术的不断进步，机器翻译的译后编辑将在语言服务实践中发挥越来越重要的作用。为了发挥机器翻译效率高和人工翻译质量高的优势，提供更专业的语言服务，翻译记忆、机器翻译、人工译后编辑、质量保证、翻译项目管理相结合将是未来翻译发展的趋势。

根据原文文件的内容类型、译文用途、质量要求、翻译预算、交付时间、技术能力、信息安全级别等因素，选择合适的机器翻译、译后编辑方式和译后编辑工具，可以提高机器翻译的初始译文和最终交付译文的质量，并提高译后编辑的效率。对于专业的语言服务企业和职业译者而言，通过选择支持机器翻译工具的计算机辅助翻译工具（例如 SDL Trados Studio）以及安装和设置机器翻译插件（例如 Tmxmall TM Plugin），可以方便地调用谷歌翻译、百度翻译、有道翻译、搜狗翻译等机器翻译工具。对于技术能力较强的机构，可以开发定制机器翻译与译后编辑相结合的翻译管理系统，方便实施译后编辑。

以翻译记忆、机器翻译、译后编辑、质量保证相结合的模式将计算机辅助翻译与机器翻译技术相结合，将人工翻译与机器翻译相结合，不仅可以高效地提供高质量的译文，而且可以不断积累高质量的语料库和译后编辑经验，有助于机器翻译引擎优化和训练，实现人机交互的翻译模式。这种翻译模式适合翻译规模大、时间紧、预算少、质量要求适中、团队协同的项目。为了有效地实施这种翻译模式，需要对译后编辑人员进行能力培训，完善翻译项目实施流程，选择和应用合适的机器翻译和译后编辑工具。

## 思考与讨论

1. 什么是机器翻译的译后编辑？

2. 国际标准化组织（ISO）将译后编辑分为哪两种？二者有哪些不同？

3. 译后编辑者的译后编辑能力有哪些？

4. 译后编辑工具有哪几类？各有哪些优点和缺点？

5. 使用 SDL Trados Studio 软件及机器翻译插件，完成特定翻译项目的机器翻译和译后编辑。

# 第十三章
## CAT 工具的译文质量保证

译文质量是翻译工作者和翻译客户特别关注的指标。由于译文的用途、产生过程不同，客户对译文的期待也不同，译文质量指标不是单一绝对的。通常，可将译文质量分为语言质量和非语言质量。语言质量是译文在语言方面的质量，又称为译文内在质量，非语言质量也称为格式质量，又称为译文外部质量。

现有的翻译技术和工具还无法有效地对译文的语言质量进行客观准确的评价。为了保证译文语言质量的准确评价，通常以人工方式对译文语言质量进行评价，由具有丰富译文审校经验的专业人员，利用自身对语言、产品、专业、翻译等各方面的综合知识，对译文的语言信息进行质量评价。译文语言质量的人工评价是既费时又费力的工作，评价效率不高，评价成本较高。

对于译文的非语言质量，可以细化成多项客观指标，既可以通过人工评价，也可以通过翻译技术和工具进行评价。在翻译项目实践中，对于译文非语言质量通常以翻译质量保证工具为主，以人工评价为辅。

很多 CAT 工具都带有质量保证工具，可以对双语文件进行非语言质量评价，但这些内置的质量保证工具只支持有限的文件格式。于是，市场上出现了第三方译文质量保证工具，不依赖于特定的 CAT 工具，而且支持常见的 CAT 工具导出的双语文件。第三方质量保证工具既可以独立运行，也可以作为 CAT 工具插件来拓展 CAT 工具的质量保证功能。

## 一、翻译质量与译文评价

为能正确有效地应用计算机辅助翻译工具对译文质量进行评价，有必要理解翻译质量的概念、翻译标准和评价方法。这样，才能理解计算机辅助翻译工具对译文质量保证和译文质量评价的作用及应用范围。

## 1. 翻译质量与翻译标准

要了解翻译质量需要先了解质量的概念。根据国际标准化组织在 ISO 9000：2000 中的标准，质量是一组固有特性满足要求的程度。根据这个质量的定义，翻译质量可以定义为翻译的产品（译文）或服务满足客户需求的程度。就笔译而言，翻译的产品表现为翻译后的译文。

翻译质量与译文质量不是同义词，翻译质量比译文质量包含更多的内容。翻译质量包括翻译过程质量和翻译结果质量。译文质量属于翻译结果质量，而翻译过程质量是翻译实施过程的质量。翻译过程影响翻译结果，翻译结果是翻译过程的体现。因此，评价翻译质量，需要对翻译过程和翻译结果（译文）进行评价。

翻译过程是动态变化的，而翻译结果（译文）是静态稳定的。因此，翻译过程质量的评价属于动态评价，而对于翻译结果（译文）的评价属于静态评估。在以往相当长的时间内，翻译界对翻译质量的评价大多数是对翻译结果（译文）的质量评价，而对翻译过程的质量评价较少。

评价翻译质量，需要使用翻译标准。只有这样，评价的翻译质量才有针对性和专业性。国际标准化组织制定和发布的国际翻译服务标准主要有：Translation services–Requirements for translation services（翻译服务 – 翻译服务要求，ISO 17100）；Translation services–Post-editing of machine translation output–Requirements（翻译服务 – 机器翻译输出的译后编辑要求，ISO 18587）；Translation projects–General guidance（翻译项目 – 通用指南，ISO/TS 11669）；Assessment of translations（翻译评价，ISO 14080）；Community interpreting（社区口译，ISO 13611）等。

除了国际标准化组织之外，其他国家和行业组织也制定了翻译服务标准。例如：笔译质量保证标准指南（Standard Guide for Quality Assurance in Translation，ASTM）；口译服务标准指南（Standard Guide for Language Interpretation Services，ASTM）；翻译服务 – 服务要求（Translation Services–Service Requirements，EN –15038: 2006），动态质量框架（Dynamic Quality Framework，TAUS）。

我国已经发布了翻译服务的三项国家标准以及多项翻译规范。翻译服务的三项国家标准包括：《翻译服务规范 – 第 1 部分：笔译》（Specification for Translation Service–Part 1: Translation，GB/T 19363.1–2008）；《翻译服务规范 – 第 2 部分：口译》（Specification for Translation Service–Part 2: Interpretation，GB/T 19363.2–2006）；《翻译服务译文质量要求》（Target Text Quality Requirements for Translation Services，GB/T 19682–2005）。中国翻译协会发

布了八个翻译服务规范，分别是：本地化业务基本术语（2011 年）；本地化服务报价规范（2013 年）；本地化服务供应商选择规范（2014 年）；笔译服务报价规范（2014 年）；口译服务报价规范（2014 年）；本地化翻译和文档排版质量评估规范（2016 年）；口笔译人员基本能力要求（2017）；翻译服务采购指南第一部分：笔译（2017）。

## 2. 译文质量属性

通过不同的译文质量属性对译文进行描述可以更客观、更准确地评价翻译译文质量。例如，译文语言质量可以分为准确性、完整性、是否漏译、一致性等属性。其中，准确性指译文是否正确地包含了原文的内容和含义。完整性指译文是否完全包含了原文的含义，是否存在遗漏的内容和信息。漏译是在句子和段落层面没有对原文进行翻译，例如原文没有对应的译文。一致性具有多层含义：①译文中术语的一致性；②译文的数字与原文数字保持一致；③译文句子的一致性，原文中相同的句子在译文中保持一致；④译文的段落数与原文段落数保持一致；⑤不同段落、不同文件的译文文本表达风格保持一致。

根据翻译实践经验，译文非语言质量（格式质量）包括以下质量属性：①字体，译文中是否使用了恰当的字体、字号；②版式，译文的页面布局是否符合要求；③标点，译文是否正确使用了标点；④符号，原文的符号在译文中格式是否正确；⑤数字，译文中的数字是否翻译正确。

## 3. 译文质量检查

翻译产业界对翻译质量的评价，不仅包括语言层面，还包括文档排版质量，技术对质量的影响，客户对译文的使用目的等更加丰富的内容。仅就翻译译文质量评价而言，不少国际组织和国家发布了各自的译文质量评价标准，有些大型跨国企业还制定了公司译文质量评价的企业标准。例如本地化行业标准协会的质量保证模型（QA Model）；中国翻译协会的本地化翻译和文档排版质量评估规范；翻译自动化用户协会的动态质量框架。翻译产业界的译文质量评价标准都具有可量化、可定制、客观化、工具化以及关注文本、用户和用户需求的特征（崔启亮，2017）。

译文质量评价的目的决定了评价方法。例如，为了评价机器翻译系统输出的译文语言质量，以便验证和改进机器翻译系统性能，通常采用机器翻译译文质量自动化工具，通过度量译文的 BLEU 值（Bilingual Evaluation

Understudy，双语翻译质量评估方法）对译文进行质量评价。这样的评价方法效率更高，对比更客观。而翻译公司实际翻译译文的语言质量评价，目的是检验译文质量是否满足客户的要求，是否达到译文交付的条件。因此，从评价的有效性来看，译文的语言质量靠人工评价为主，而非语言质量（格式质量）则以翻译质量保证工具为主、人工评价为辅的方法。

从对译文语言质量和格式质量具体属性的评价方法来看，译文语言的准确性、完整性，译文格式中的字体、版式等质量属性，主要靠人工评价，而译文是否漏译、术语、数字、句子译文一致性、译文标点和符号格式，可以通过译文质量保证的工具进行自动化评价。

译文质量检查和评价的工具可以分为译文质量检查的通用工具（例如 Microsoft Word）、计算机辅助翻译工具的质量保证模块（例如 SDL Trados Studio、Kilgray memoQ 等）和独立译文质量保证工具（例如 ApSIC Xbench、QA Distiller 等）。独立的译文质量保证工具既可以单独运行，也可以嵌入到计算机辅助翻译工具中运行。

## 二、通用软件的译文质量检查

尽管计算机辅助翻译工具已经在翻译行业得到了越来越多的应用，仍然有不少译者把 Microsoft Word 作为自己的翻译工具。如果使用 Microsoft Word 翻译 doc、docx 等格式的文件，对译文质量检查最方便的便是 Microsoft Word 软件。

下面介绍 Microsoft Word 在译文质量检查中的应用，以检查原文和译文数字一致性，以及英译中的中文译文里汉字之间是否存在多余的空格为例。

### 1. 原文和译文的数字一致性

保持原文和译文的数字一致性是保证译文质量的一项要求。如果需要检查的译文文件包含很多数字或者译文有很多页面，如何快速检查译文与原文的数字一致呢？可以利用 Word 的文本与表格转换功能，将原文和译文合并成包含两列表格的一个 Word 文件，然后利用 Word 的查找替换功能，将原文和译文中的数字以醒目的背景颜色高亮出来。这样就能清楚地看到当前某段落的译文是否与原文数字一致。

图 13-1 是将英文原文 Word 文件和中文译文 Word 文件合并成两列表格的文件。注意：要确保译文段落数与原文段落数相同，才能保证表格中

原文和译文段落左右对齐。

| Sharing our passion for learning and science to create opportunities for youth | 分享**我们对知识与科学的热情，为年轻一代创造机会** |
|---|---|
| **The Company** is a global non-profit education program that serves students aged 10-18. THE COMPANY has grown out of the spirit of goodwill and close ties between Company people and the communities where they live and work. | **公司** 是一项全球非赢利教育计划，面向对象为 1- 到 18 岁的学生；**公司** 人与他们生活和工作的社区之间有非常密切的关系，**公司** 秉承了平易近人的精髓，由此应运而生。 |
| THE COMPANY began in 1998 as a way for Company employees, spouses and retirees to share their time, experience and passion for learning and science through a variety of volunteer activities with younger generations of learners. | **公司** 计划始于 1997 年。**公司** 员工、家属和退休人员借助公司，通过由志愿者参加的各种活动，与年轻一代分享他们的时间、经验以及对知识和科学的热情。 |
| THE COMPANY provides access to technological and knowledge resources for underserved students and teachers in communities where Company people live and work. These include a range of project-based activities provided through an extensive multilingual website, hands-on science education workshops, and collaborative international projects. In these ways, THE COMPANY is building a learning community that creates connections among youth around the world and expands their understanding of science. In addition, the THE COMPANY Action Fund provides financing to young people for local initiatives addressing sustainability issues in their communities, for example in relation to water and energy. | 在 **公司** 员工居住和生活的社区中，**公司** 为所接受的服务水平低下的学生和教师提供了各种技术与知识资源。这些资源包括：通过多种语言网站提供的基于项目的一系列活动、实际操作科学教育研讨会、国际协作项目。通过这些途径，**公司** 建立了一个充满学习氛围的社区，让全世界的年轻一代相互交流，提高他们对科学的认识。此外，**公司** 行动基金有针对性地为年轻人提供资金，来开展本地活动，解决其社区中的可持续性问题（例如，与水和能源有关的问题）。 |

图 13-1　检查原文和译文的数字一致

然后按照下面的步骤，检查原文和译文的数字一致。

使用 Microsoft Word 的快捷键 Ctrl+H，打开"查找和替换"对话框。

单击"更多"按钮，展开后的"查找和替换"对话框如图 13-2 所示。

图 13-2　扩展的"查找和替换"对话框

将光标定位于"查找内容"文本框，单击"特殊格式"按钮，再单击

"任意数字"。

将光标定位于"替换为"文本框，单击"格式"按钮，再单击"突出显示"。得到如图 13-3 的"查找和替换"对话框。

图 13-3 设置"查找和替换"对话框

单击"全部替换"按钮。然后单击"确定"按钮。最后单击"关闭"按钮。

最后得到如图 13-4 的 Word 文件，此文件中，原文和译文的数字高亮显示，可以很方便地查看译文和原文数字是否一致。从图中可以看出第一行中原文数字"10"在译文中变为"1-"，第二行中的数字"1998"在译文中变为"1997"，原文和译文的数字不一致。

| *Sharing our passion for learning and science to create opportunities for youth* | **分享我们对知识与科学的热情，为年轻一代创造机会** |
|---|---|
| **The Company** is a global non-profit education program that serves students aged 10-18. THE COMPANY has grown out of the spirit of goodwill and close ties between Company people and the communities where they live and work. | **公司** 是一项全球非赢利教育计划，面向对象为 1- 到 18岁的学生；公司 人与他们生活和工作的社区之间有非常密切的关系，公司 秉承了平易近人的精髓，由此应运而生。 |
| THE COMPANY began in 1998 as a way for Company employees, spouses and retirees to share their time, experience and passion for learning and science through a variety of volunteer activities with younger generations of learners. | 公司 计划始于 1997 年。公司 员工、家属和退休人员借助公司，通过由志愿者参加的各种活动，与年轻一代分享他们的时间、经验以及对知识和科学的热情。 |
| THE COMPANY provides access to technological and knowledge resources for underserved students and teachers in communities where Company people live and work. These include a range of project-based activities provided through an extensive multilingual website, hands-on science education workshops, and collaborative international projects. In these ways, THE COMPANY is building a learning community that creates connections among youth around the world and expands their understanding of science. In addition, the THE COMPANY Action Fund provides financing to young people for local initiatives addressing sustainability issues in their communities, for example in relation to water and energy. | 在 公司 员工居住和生活的社区中，公司 为所接受的服务水平低下的学生和教师提供了各种技术与知识资源。这些资源包括：通过多种语言网站提供的基于项目的一系列活动、实际操作科学教育研讨会、国际协作项目。通过这些途径，公司 建立了一个充满学习氛围的社区，让全世界的年轻一代相互交流，提高他们对科学的认识。此外，公司 行动基金有针对性地为年轻人提供资金，来开展本地活动，解决其社区中的可持续性问题（例如，与水和能源有关的问题）。 |

图 13-4 数字突出高亮显示的 Word 文件

这种方法的不足之处在于不仅标记出了原文和译文不一致的数字，也标记了原文和译文一致的数字，不利于快速发现哪些数字不一致。要实现只标记译文与原文不一致的数字，需要使用本章后面介绍的独立翻译质量保证工具。

## 2. 查找并删除译文汉字之间的空格

对于英译中翻译项目，检查译文的汉字之间是否有多余的空格是译文格式质量检查的一项工作。汉字之间不应当有空格，但是在翻译过程中可能因为译者从其他文件复制粘贴文本、键盘输入或者查找替换等因素，导致汉字之间产生了空格。如果译文字数很多，人工检查这些空格需要花费很长时间，而且常有遗漏。

如何快速、准确地查找和删除译文中汉字之间多余的空格呢？可以使用 Microsoft Word 中"查找和替换"的"通配符"功能。工作原理是：查找 Microsoft Word 文件中"汉字 +（多个）空格 + 汉字"的形式，然后将其替换为"汉字 + 汉字"的形式。下面仍然以图 13-1 中第二列的中文译文为例，检查和删除汉字之间的空格。

为了在 Word 中醒目地显示汉字之间的空格，需要在"Word 选项"对话框的"显示"中选中"显示所有格式标记"，如图 13-5 所示。

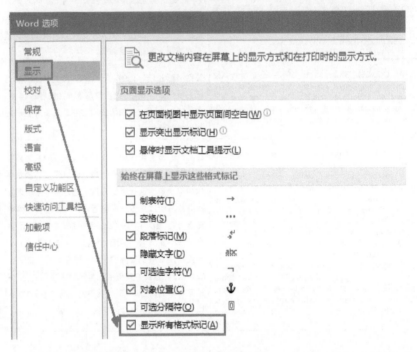

图 13-5　Word 选项中显示所有格式标记的设置

通过观察译文的前三行，很容易发现多处汉字之间的空格，如图 13-6 所示。

图 13-6　译文中存在空格

| Sharing our passion for learning and science to create opportunities for youth | 分享我们对知识与科学的热情，为年轻一代创造机会 |
|---|---|
| The Company is a global non-profit education program that serves students aged 10-18. THE COMPANY has grown out of the spirit of goodwill and close ties between Company people and the communities where they live and work. | 公司是一项全球非赢利教育计划，面向对象为1-到18岁的学生；公司人与他们生活和工作的社区之间有非常密切的关系，公司继承了平易近人的精髓，由此应运而生。 |
| THE COMPANY began in 1998 as a way for Company employees, spouses and retirees to share their time, experience and passion for learning and science through a variety of volunteer activities with younger generations of learners. | 公司计划始于1997年。公司员工、家属和退休人员借助公司，通过由志愿者参加的各种活动，与年轻一代分享他们的时间、经验以及对知识和科学的热情。 |
| THE COMPANY provides access to technological and knowledge resources for underserved students and teachers in communities where Company people live and work. These include a range of project-based activities provided through an extensive multilingual website, hands-on science education workshops, and collaborative international projects. In these ways, THE COMPANY is building a learning community that creates connections among youth around the world and expands their understanding of science. In addition, the THE COMPANY Action Fund provides financing to young people for local initiatives addressing sustainability issues in their communities, for example in relation to water and energy. | 在公司员工居住和生活的社区中，公司为所接受的服务水平低下的学生和教师提供了各种技术与知识资源。这些资源包括：通过多种语言网站提供的基于项目的一系列活动、实际操作科学教育研讨会、国际协作项目。通过这些途径，公司建立了一个充满学习氛围的社区，让全世界的年轻一代相互交流，提高他们对科学的认识。此外，公司行动基金有针对性地为年轻人提供资金，来开展本地活动，解决其社区中的可持续性问题（例如，与水和能源有关的问题）。 |

按照下面的步骤，查找和删除译文汉字之间的空格。

使用 Microsoft Word 的快捷键 Ctrl+H，打开“查找和替换”对话框。

单击“更多”按钮，展开“搜索选项”。

选中“使用通配符”复选框。

在“查找内容”文本框中输入“([ 一 – 龥 ])(^32@)([ 一 – 龥 ])”。

在“替换为”文本框中输入“\1\3”。如图 13-7 所示。

图 13–7　设置“查找和替换”对话框

单击“全部替换”按钮。然后单击“确定”按钮。最后单击“关闭”按钮。

得到如图 13-8 的 Word 文件，汉字之间的空格都被删除了，这种方式可以快速、准确地删除汉字之间的空格。

| Sharing our passion for learning and science to create opportunities for youth | 分享**我们对知识与科学的热情，为年轻一代创造机会** |
|---|---|
| **The Company** is a global non-profit education program that serves students aged 10-18. THE COMPANY has grown out of the spirit of goodwill and close ties between Company people and the communities where they live and work. | **公司**是一项全球非赢利教育计划，面向对象为10到18岁的学生，公司人与他们生活和工作的社区之间有非常密切的关系，公司秉承了平易近人的**精髓**，由此应运而生。 |
| THE COMPANY began in 1998 as a way for Company employees, spouses and retirees to share their time, experience and passion for learning and science through a variety of volunteer activities with younger generations of learners. | 公司计划始于1997年。公司员工、家属和退休人员借助公司，通过由志愿者参加的各种活动，与年轻一代分享他们的时间、经验以及对知识和科学的热情。 |
| THE COMPANY provides access to technological and knowledge resources for underserved students and teachers in communities where Company people live and work. These include a range of project-based activities provided through an extensive multilingual website, hands-on science education workshops, and collaborative international projects. In these ways, THE COMPANY is building a learning community that creates connections among youth around the world and expands their understanding of science. In addition, the THE COMPANY Action Fund provides financing to young people for local initiatives addressing sustainability issues in their communities, for example in relation to water and energy. | 在公司员工居住和生活的社区中，公司为所接受的服务水平低下的学生和教师提供了各种技术与知识资源。这些资源包括：通过多种语言网站提供的基于项目的一系列活动、实际操作科学教育研讨会、国际协作项目。通过这些途径，公司建立了一个充满学习氛围的社区，让全世界的年轻一代相互交流，提高他们对科学的认识。此外，公司行动基金有针对性地为年轻人提供资金，来开展本地活动，解决其社区中的可持续性问题（例如，与水和能源有关的问题）。 |

图 13-8　删除了汉字之间空格的译文

在此操作中，"使用通配符"是关键。"查找内容"文本框输入的"([一–顧])(^32@)([一–顧])"的第一个和第三个"([一–顧])"表示 Word 中的所有汉字（顧，读音为 yù），中间的"(^32@)"表示一个或多个空格，^32 是 Word 中空格的通配符，@表示一个或多个前面的字符（此处是空格）。"替换为"文本框输入的"\1\3"表示保留第一和第三个字符，删除第二个字符。每个括号是一类字符内容。

为进一步提高效率，可将以上步骤录制成 Word 宏，再将宏自定义为 Word 工具栏上的一个按钮。今后单击该按钮就可以快速删除汉字之间的空格了。

## 三、计算机辅助翻译工具的译文质量检查

译文质量保证已经成为计算机辅助翻译工具的一项基本功能。SDL Trados Studio，Kilgray memoQ，Déjà Vu 等 CAT 软件都具有译文质量保证功能，可以自动检查译文质量，既可以在译者翻译过程中实时动态检查，也可以对已完成的双语译文进行集中检查。

CAT 工具内置的译文质量保证功能多种多样。例如，SDL Trados Studio 2017 的"验证"功能包含了质量保证检查工具（QA Checker）、标记验证器、术语验证器；可以检查 SDL Trados Studio 翻译的 SDLXLIFF 文件的漏译、数字、标点符号、长度、术语等翻译问题。如图 13-9 所示。

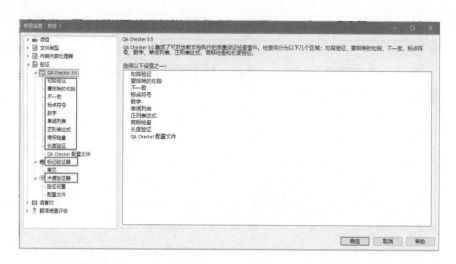

图 13-9　SDL Trados Studio 2017 的译文质量保证检查工具

需要说明的是，SDL Trados Studio 2011, 2014, 2015 都具有译文质量保证功能，各个版本的译文质量保证功能差别不大。"验证"功能都使用了QA Checker，都有"术语验证器"。不同的是，Studio 2011 与 Studio 2017相比，缺少了一项"标记验证器"。具体的"验证"功能可以在"项目设置"里看到，并可做相应的调整。

## 1. SDL Trados Studio 2017 的数字一致性检查

使用 SDL Trados Studio 软件检查英译中数字不一致问题，文件格式为 SDLXLIFF，包括以下步骤。

打开 SDL Trados Studio 包含的所要检查的 SDLXLIFF 文件的项目。

设置 SDL Trados Studio 的数字验证条目，如图 13-10 所示。

图 13-10　设置 SDL Trados Studio 2017 的数字验证条目

单击右下方的"编辑器"图标，进入 SDL Trados Studio 2017 的编辑器视图。

单击选择"审校"标签，再单击"质量保证"按钮的"验证"按钮。得到如图 13-11 的检查结果。

图 13-11 SDL Trados Studio 2017 的数字验证结果

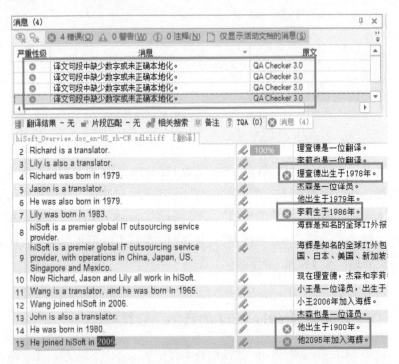

SDL Trados Studio 2017 可以快速、准确、全面地列出译文与原文不一致的数字，并在不一致的译文句段前面以醒目的错误符号表示，译者和审校人员可以快速定位数字不一致的译文，然后进行译文修改。

## 2．SDL Trados Studio 2017 的其他质量检查

SDL Trados Studio 的 QA Checker 中常用的质量检查功能还包括对译文漏译的检查、译文长度的检查、译文禁用词汇的检查，如图 13-12 所示。其中，译文长度检查对于手机 APP 翻译和对字符显示有空间长度限制的译文质量检查很有帮助，译文禁用词汇检查可以避免译文出现文化、法律、政治冲突等方面的内容。SDL Trados Studio 2017 还可以对译文的标记和术语进行检查。如图 13-13 和图 13-14 所示。

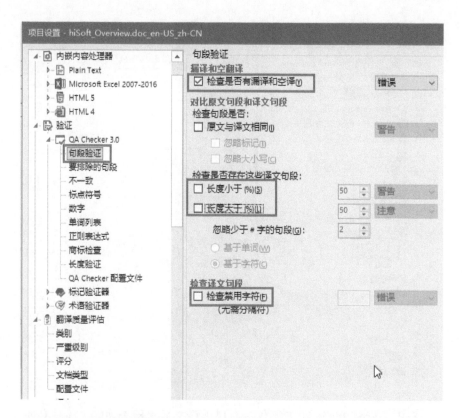

图 13–12　SDL Trados Studio 2017 的句段验证

图 13–13　SDL Trados Studio 2017 的标记验证

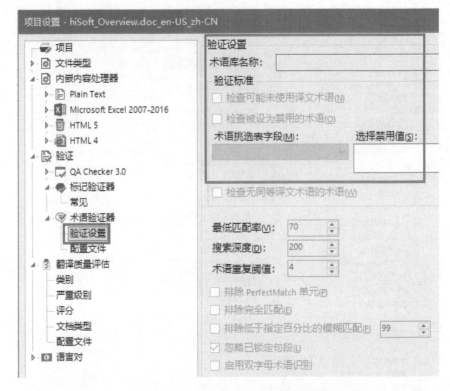

图 13–14　SDL Trados Studio 2017 的术语验证

SDL Trados Studio 2017 不仅具有以上译文质量检查功能，还具有译文质量评估功能。如图 13-15 所示。可以将译文质量评价标准按照译文错误类别、严重级别、评分罚分和通过或失败的阈值等进行设置，还可以设置译文的类型，不同类型文档对应不同的译文质量评价指标。这是 SDL Trados Studio 2017 的新增选项，在此前的版本里面是缺失的。

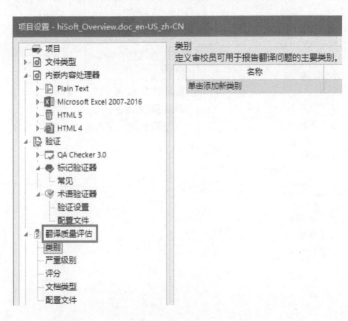

图 13–15　SDL Trados Studio 2017 的翻译质量评估

## 3．SDL Trados Studio 2017 的质量检查存在的问题

尽管 SDL Trados Studio 2017 具有比较强大的译文质量检查功能，但也存在两个缺点：第一，只能对 SDL Trados Studio 生成的 SDLXLIFF 文件进行检查，无法对其他 CAT 工具生成的双语文件进行检查；第二，质量检查结果只能在 Trados Studio 中显示，无法将检查结果导出或另存为报告文件，不方便译文质量保证的数据统计。

为了解决以上问题，市场上出现了独立的第三方译文质量检查工具，例如 ApSIC Xbench，QA Distiller，ErrorSpy，Verifika QA 等。下面以市场应用率较高的 Xbench 为例，介绍独立翻译质量保证工具的译文质量检查功能。

## 四、独立翻译质量保证工具的译文质量检查

独立翻译质量保证工具分为商业译文质量保证工具（如 ApSIC Xbench，QA Distiller，ErrorSpy，Verifika QA 等），开源译文质量保证工具（OKAPI Rainbow），公司内部开发的译文质量保证工具（如 Lionbridge SharpKit）。

其中，ApSIC Xbench 是市场应用最多的译文质量保证工具，这个软件在 2.9 版本后成为一款商业付费软件。下面以 ApSIC Xbench 2.9 免费软件为例，介绍此软件在译文质量检查中的主要功能。

## 1．ApSIC Xbench 基本功能简介

ApSIC Xbench 可以很方便地安装在 Windows 操作系统上，安装后直接运行。运行界面如图 13-16 所示。

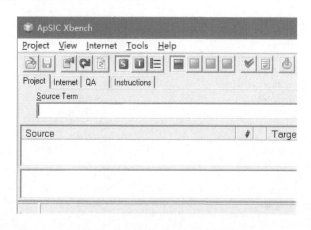

图 13-16
ApSIC Xbench
的运行界面

ApSIC Xbench 主要有两项功能：第一，支持多种格式的双语文件内容搜索功能，包括制表符分割的文本文件（*.txt），XLIFF 文件（*.xlf, *.xlif, *.xliff），TMX 翻译记忆文件（*.tmx），TBX/MARTIF 术语文件（*.xml, *.tbx, *.mtf），Trados，MultiTerm，SDLX，STAR Transit，IBM Translation Manager，Wordfast，Déjà Vu，Logoport RTF 文件等。第二，支持多种 CAT 软件生成的双语文件的译文质量检查，包括检查漏译文本、相同原文不同译文的句段，标记符号不一致、数字不一致、术语不一致，用户自定义的 QA 检查表等。

关闭 ApSIC Xbench 的方法是选择 Project > Shutdown Xbench。如果单击 Xbench 窗口标题栏的“×”，只是将 Xbench 最小化运行，可以双击 Windows 托盘区的 Xbench 图标，恢复 Xbench 的窗口运行方式。

## 2. ApSIC Xbench 的译文术语一致性检查

Xbench 可以在安装了 SDL Trados 的计算机上运行，也可以在未安装 Trados 的计算机上独立运行。下面以使用 Xbench 检查 SDL Trados Studio 的 SDLXLIFF 文件的术语一致性为例，介绍 Xbench 的译文质量保证操作步骤。

在使用 Xbench 的术语一致性质量检查功能之前，需要做好文件准备工作。本例中的双语术语文件为英中两列的 Excel 文件，如图 13-17 所示。需要检查的 SDLXLIFF 双语文件共 5 个，其中一个在 SDL Trados Stuido 打开后的内容如图 13-18 所示。

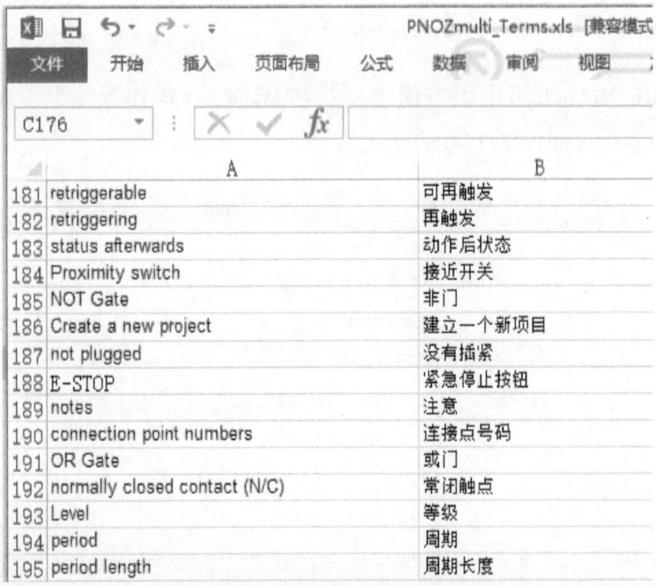


| | A | B |
|---|---|---|
| 181 | retriggerable | 可再触发 |
| 182 | retriggering | 再触发 |
| 183 | status afterwards | 动作后状态 |
| 184 | Proximity switch | 接近开关 |
| 185 | NOT Gate | 非门 |
| 186 | Create a new project | 建立一个新项目 |
| 187 | not plugged | 没有插紧 |
| 188 | E-STOP | 紧急停止按钮 |
| 189 | notes | 注意 |
| 190 | connection point numbers | 连接点号码 |
| 191 | OR Gate | 或门 |
| 192 | normally closed contact (N/C) | 常闭触点 |
| 193 | Level | 等级 |
| 194 | period | 周期 |
| 195 | period length | 周期长度 |

图 13-17　用 Microsoft Excel 打开的双语术语文件

图 13–18　SDL Trados Studio 2017 中打开的双语翻译文件

　　文件准备好后，就可以按照下面的步骤对双语文件的术语一致性进行检查了，检查结果会显示在 Xbench 运行界面中，也可以导出为浏览器可以打开的网页文件。

　　将 Excel 格式的术语文件保存为制表符分割的 Unicode 文本文件。由于 Xbench 不支持 Excel 格式的术语文件，因此，可以在 Excel 中打开 XLS 或者 XLSX 文件，选择 "文件" -> "另存为"，"保存类型" 选择 Unicode 文本（*.txt）文件。如图 13-19 所示。

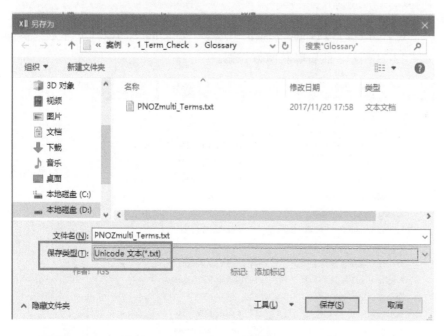

图 13–19　将 XLS 文件另存为 Unicode 文本文件

　　运行 Xbench，选择 Project -> New。新建 Xbench 项目。

　　在 Project Properties 对话框中单击 Add 按钮。如图 13-20 所示。

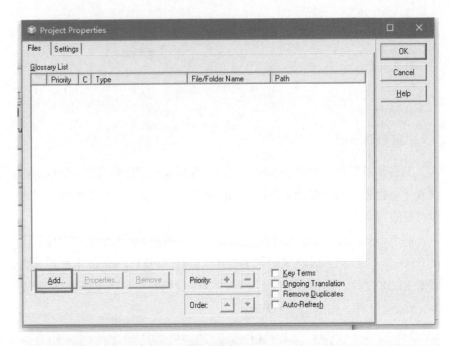

图 13–20
Xbench 的 Project
Properties 对话
框

在 Add Files to Project 对话框中选中 Tab-delimited Text File 单选选项。如图 13-21 所示。然后单击 Next 按钮。

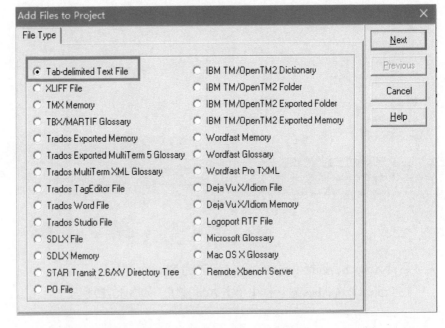

图 13–21　添加
术语文件的对话
框设置

在 Add Files to Project 对话框，单击 Add File 按钮。如图 13-22 所示。

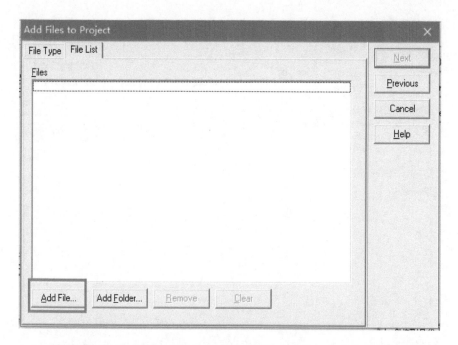

图 13-22 添加术语文件的对话框操作

添加前面第一步的文本格式的术语文件，如图 13-23 所示。单击 Next 按钮。

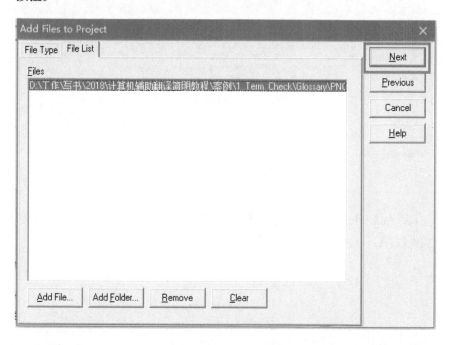

图 13-23 添加术语文件的对话框操作

选中 Remove duplicates 和 Key Terms 复选框，如图 13-24 所示。单击 OK 按钮。

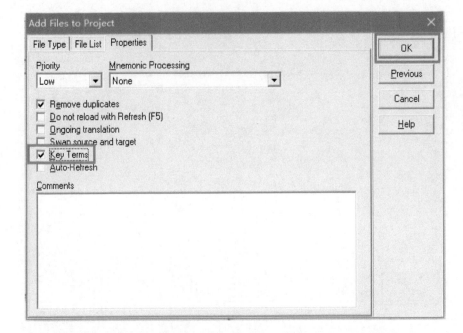

图 13-24 设置
术语文件为关键
术语

在 Project Properties 对话框中单击 Add 按钮。如图 13-25 所示。

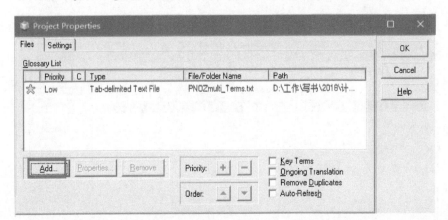

图 13-25 添加
文件的操作

在 Add Files to Project 对话框，选中 Trados Studio File 选项，如图 13-26 所示。单击 Next 按钮。

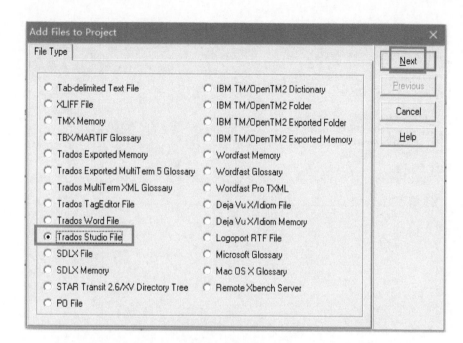

图 13-26　添加双语文件的设置

单击 Add File 按钮，添加全部需要检查的双语文件。如图 13-27 所示，单击 Next 按钮。

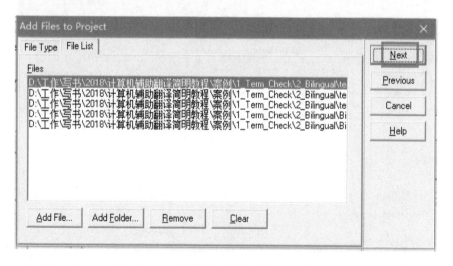

图 13-27　添加双语文件的操作

在 Add Files to Project 对话框，确保选中 Ongoing translation 复选框。如图 13-28 所示。单击 OK 按钮。

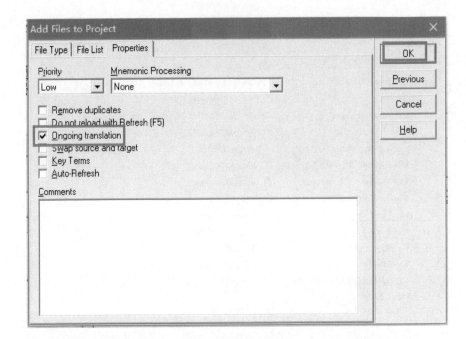

图 13-28 添加
双语文件的操作

对照图 13-29 检查 Project Properties 对话框，单击 OK 按钮。

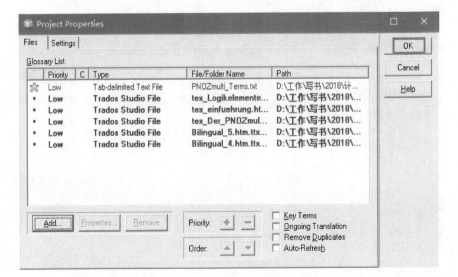

图 13-29 项目
属性对话框设置

　　选择 QA 页面，在 Check Group 中只选中 Content 复选框，取消选中
其他两个复选框。在 List of Checks 中只选中 Key Term Mismatch 复选框。
如图 13-30 所示。单击 Check Ongoing Translation 按钮。

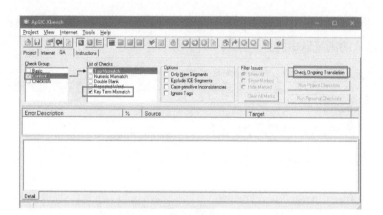

图 13-30　设置 QA 页面

Xbench 的质量检查结果出现在软件窗口的中部，如图 13-31 所示。

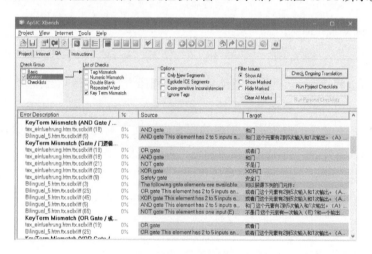

图 13-31 Xbench 的质量检查结果

选择 Xbench 的 Tools > Export QA Results，可以导出质量检查结果。如图 13-32 所示。

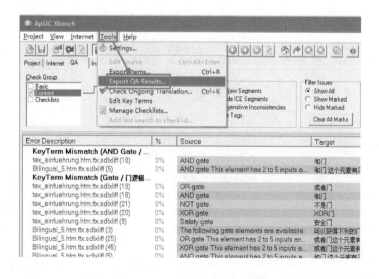

图 13-32　导出 Xbench 的质量检查结果

选择质量检查结果保存的位置和文件名，将结果保存为 html 文件，并且在默认的浏览器中打开。如图 13-33 所示。

图 13-33　在浏览器中打开 Xbench 的质量检查结果

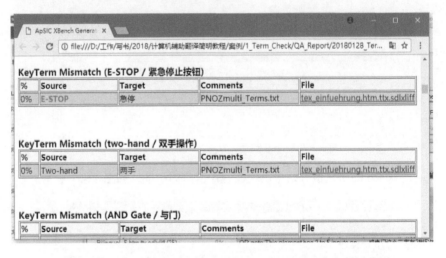

可以将 Xbench 质量检查结果发送给翻译人员、翻译项目经理、质量经理等人员，也可以根据质量检查结果在 SDL Trados Studio 中打开对应的 SDLXLIFF 文件，根据产生错误的原文或译文文本进行定位并修改译文。保存双语文件后，再次进行质量检查，直到全部错误信息处理完成。

注意：Xbench 生成的质量检查结果中列出的错误，并不需要全部进行修改。有些错误不一定是真正的错误，可以直接忽略。

### 3．ApSIC Xbench 的其他译文质量检查功能

Xbench 的其他质量检查功能可以在 Check Group 的 Basic 和 Content 中设定。如图 13-34 和 13-35。

图 13-34 Xbench 的基本（Basic）质量检查列表

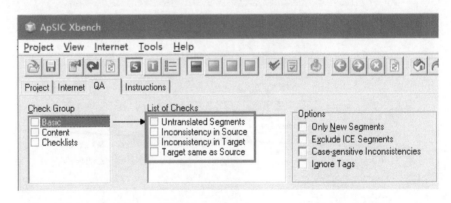

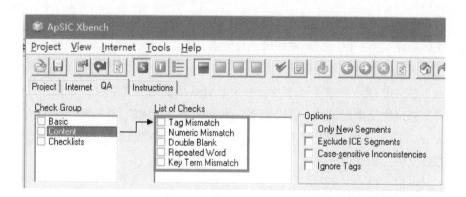

图 13-35
Xbench 的内容
（content）质量
检查列表

在基本（Basic）质量检查列表中，可以检查译文中未翻译（漏译）的句段，译文相同而原文不同的句段，原文相同而译文不同的句段，译文与原文相同的句段。

在内容（Content）质量检查列表中，除了已经介绍的检查术语不一致，还可以检查译文中标记不一致、数字不一致、双空格（适用于西文字母词语）和重复的词语。

这些质量检查功能的操作方法与译文术语一致性检查相似。可以一次对一项质量属性进行检查，也可以一次对所有需要检查的指标同时选中进行检查。

Xbench 还可以将常用的质量检查条目保存在项目检查列表（Project Checklists）和个人检查列表（Personal Checklists）中，方便快速设置检查条目。

SDL Trados Studio 2017 已将新版本的 ApSIC Xbench 作为插件来管理，用户可以在 SDL Trados Studio 2017 中直接调用 Xbench 工具，也可以将检查的质量错误直接在 SDL Trados Studio 中定位和修改。

# 五、小结

翻译质量是翻译公司服务能力的体现，必须受到译者的重视。翻译质量可以分为翻译过程质量和翻译结果质量（翻译译文质量），翻译译文质量又可以分为语言质量和非语言质量（格式质量）。

评价译文质量需要选择合适的译文质量评价标准或评价规范。标准是为了在一定范围内获得最佳秩序，经协商制定并由公认机构批准，共同使用和重复使用的规范性文件。翻译标准可以分为翻译译文质量标准和翻译服务标准。从翻译标准的制定和发布方来看，翻译标准可以分为国际标准、区域标准、国家标准、行业标准、地方标准、企业标准、团体标准等。

为了提高翻译译文质量评价效率，译文的语言质量主要以人工评价为主，而译文格式以译文质量评价工具为主、人工评价为辅。译文质量评价工具可以分为通用质量评价（检查）工具、计算机辅助翻译的质量保证模块、独立的翻译质量保证工具。ApSIC Xbench 是翻译市场上广泛应用的译文格式质量检查工具，可以检查多种 CAT 工具生成的双语文件。ApSIC Xbench 简单易用，突出的功能是可以将译文质量检查结果导出为质量检查报告文件（html 格式）。

============================

## 思考与讨论

1. 列出有关翻译服务的典型的国际标准和中国标准。
2. 什么是译文语言质量？什么是译文格式质量？
3. 使用 Microsoft Word 对英译中文件进行译文数字一致性检查。
4. 使用 SDL Trados Studio 对 SDLXLIFF 文件进行译文数字一致性检查。
5. 使用 ApSIC Xbench 对 SDLXLIFF 文件进行译文术语一致性检查，并导出质量检查报告。

# 第十四章
## CAT 工具应用能力评估

计算机辅助翻译工具的应用能力与软件自身的功能和性能密切相关，也与用户的软件操作能力和对软件的期望值密切相关。当前的 CAT 工具功能繁多，CAT 用户也千差万别。当软件功能与不同用户构成特定的使用场景时，才能确定 CAT 工具的应用能力。因此，CAT 工具应用能力取决于特定用户使用特定 CAT 工具的特定功能完成特定翻译任务的能力。

CAT 工具应用能力还与软件质量密切相关。评估 CAT 工具应用能力，需要根据用户使用 CAT 工具的场景，以工具的软件质量属性为基础，兼顾工具符合客户资金投入和预期期望的外在要求，构建 CAT 工具应用能力评估模型。合理的 CAT 工具应用能力评估模型可以正确、全面地反映 CAT 工具的质量特征，为不同类型的用户提供选择、购买、使用信息。

本章从 CAT 工具用户的使用角度出发，提出 CAT 工具应用能力和应用能力评估的概念，以 CAT 工具的质量模型和质量属性为基础，结合用户的使用要求和期望，构建 CAT 功能能力评估模型，分析评估模型的各要素含义及相互关系。以市场上典型的 CAT 工具为例，应用此评估模型对 CAT 工具应用能力进行分析和评估，提出 CAT 工具的选择与维护策略。

## 一、CAT 工具应用能力与评估的概念

CAT 工具应用能力是用户在使用 CAT 工具的过程中，CAT 工具表现出来的满足用户需求的能力。CAT 工具能力评估是通过构建用户使用 CAT 工具的场景，对特定的 CAT 工具采用特定的评估模型，检测、记录、度量 CAT 工具应用能力的评估工作。

从概念上看，CAT 工具的应用能力不是用户使用工具的能力，而是用户在使用过程中表现出来的工具运行和输出能力。CAT 工具应用能力强调 CAT 工具在用户翻译实践应用的角度表现出来的能力。因此，CAT 工具应用能力有别于纯学术方面的 CAT 工具能力，也有别于纯软件功能能力。

对特定 CAT 工具而言，CAT 工具应用能力具有不确定性，因为 CAT

工具的用户类型具有不确定性。各个 CAT 工具都有多个功能，特定类型的用户往往只用到其中一个或几个功能，而不是全部功能。用户使用 CAT 工具的熟练程度也有高有低，所以在用户眼中，CAT 工具的功能特性不同，这会影响 CAT 工具应用能力的评估效果。

分析用户使用 CAT 工具的场景，确定 CAT 工具的质量属性及其影响因子，是构建 CAT 工具应用能力评估模型的基本工作，将影响评估模型的合理性和适用范围。通过 CAT 工具应用能力评估模型，可对特定 CAT 工具的应用能力进行客观评估，为 CAT 用户和 CAT 制造厂家提供选择、应用和改进方面的信息。

## 二、CAT 工具应用能力评估模型与要素分析

前面讲到 CAT 工具应用能力与工具功能和性能有关，也与用户类型和使用 CAT 工具的用途有关。在用户看来，CAT 工具应用能力反映了工具质量的高低。因此，CAT 工具应用能力评估可以借鉴 CAT 工具质量评估模型。另外，要全面评价 CAT 工具的应用能力，还要分析用户角色、需求和期望。

### 1. 软件质量模型

CAT 工具是一系列计算机辅助翻译软件的集合。根据国际标准组织对软件质量的定义，软件质量是软件符合明确叙述的功能和性能需求，文档中明确描述的开发标准，以及所有专业软件都应具有的、与隐含特征相一致的程度。

国际标准化组织的《ISO/IEC 25010-2011：系统和软件工程——系统和软件质量要求和评估》将软件质量分为 8 个质量特性，如图 14-1 所示。

图 14-1 ISO 25010 软件质量模型

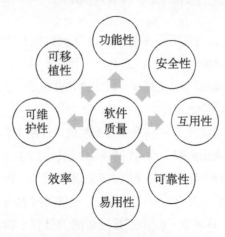

功能性指在指定条件下使用时，软件产品提供满足明确和隐含的所需功能的能力；安全性指保护系统免遭意外或恶意访问、修改或者泄露的能力；互用性指两个或多个对象可以交换和使用交换信息的程度；可靠性指在指定条件下使用时，软件产品维持规定性能级别的能力；易用性指在指定条件下使用时，理解、学习、使用软件产品和吸引用户的能力；效率指在规定条件下，相对于所用资源的数量，软件产品可提供适当性能的能力；可维护性指软件产品可被修改的能力，修改可能包括纠正、改进或软件对环境、需求和功能规约变化的适应程度；可移植性指软件产品从一种环境迁移到另一种环境的能力。

ISO 25010 质量模型是一切软件的共同质量模型，可为 CAT 工具应用能力评估提供研究基础。CAT 工具是翻译专业工具，有自身的产品特点，有特定的用户群体，需要考虑这些特点，才能对 CAT 工具应用能力进行评估。

## 2．CAT 工具应用能力评估模型

CAT 工具类型众多、版本众多、功能差异、用户繁杂，因此，建构 CAT 工具应用能力模型需要明确模型的适用对象，模型内容既要考虑产品，也要考虑用户和工具提供商。

以翻译记忆和术语管理为技术核心的 CAT 工具具有鲜明的辅助翻译工具特征，功能较为复杂。因此，在专业翻译和本地化行业得到了语言服务专业人员的广泛应用，构建此类 CAT 工具的应用能力评估模型具有现实意义。图 14-2 是 CAT 工具应用能力评估模型图。

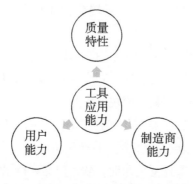

图 14–2　CAT 工具应用能力模型

下面描述了 CAT 工具应用能力评估模型的构成和各项含义。评估模型包括能力要素、能力项、能力子项、用户应用权重。能力要素有影响 CAT 工具应用能力的两个大类，CAT 工具质量特性和制造厂商。能力项是根据 ISO 25010 软件质量模型设计的 CAT 工具的质量具体属性，包括功能性、安全性、互用性、可靠性、易用性、效率、可维护性、可移植性（如前面图 14-1 所示）。每个能力项可以进一步划分为能力子项。用户应用权重表示各个能力子项对不同用户的重要性和期望值。重要性和期望值越高，权重越大。

## （1）质量特性

如前所述，功能性指在指定条件下使用时，软件产品提供满足明确和隐含的所需功能的能力。CAT 工具的功能，可分为翻译记忆、术语管理、文件解析、质量保证、语料对齐、项目管理和其他功能。从专业使用 CAT 工具的角度看，可以根据翻译业务的流程，将 CAT 工具的功能细分为更详细的功能，例如字数统计功能，是否支持导出 html 或 CSV 格式，是否可实现对不同文件格式的解析，是否可以导出译文质量检查报告等。经过几十年的发展，主流 CAT 工具已经变得更加成熟，功能差异性相差不大，但移动端 CAT 工具的功能差异仍然较大，有些 CAT 工具不支持移动端运行。在不同的使用角度下，不同类型、不同角色的用户对 CAT 工具的特定功能的需求并不相同，需要在特定翻译场景下确定。

安全性指保护系统免遭意外或恶意访问、修改或者泄露的能力。对局域网和互联网中运行的云端 CAT 工具来说，安全性成为用户关注的问题。安全性可以进一步划分为访问安全和数据安全。访问安全是允许合法用户访问 CAT 工具，数据安全是指具有适当权限的用户可以打开、修改、存储、导入和导出数据。CAT 用户关注的安全性，还包括具体翻译的文本内容的安全性，也就是 CAT 工具厂商是否可以看到文件中的商业保密数据，例如商务合同中的公司名称、合同金额、技术解决方案等信息。另外，翻译记忆库和术语库等内容，是否被云端 CAT 工具收集后公开共享，或者之后被其他公司使用。

互用性指两个或多个对象可以交换和使用交换信息的程度。CAT 工具的互用性，比较常用的是不同 CAT 工具生成的翻译记忆库和术语库，能够导入和导出至其他 CAT 工具。现在市场上的商业 CAT 工具，都支持 TMX格式的翻译记忆库和 TBX 格式的术语库等。但是，不同 CAT 工具实现这种互用性的操作复杂程度并不相同，这会影响 CAT 工具的易用性。

可靠性指在指定条件下使用时，软件产品维持规定性能级别的能力。对于新开发的 CAT 工具来说，软件可靠性通常比老 CAT 工具差。如果在使用 CAT 工具过程中工具崩溃或者意外退出，译者可以通过最新的翻译记忆库来预翻译原文，获得中断前的译文，这样可以减少软件可靠性不足带来的译文损失。但是，这类 CAT 工具会增加翻译工作的成本，并且对 CAT 操作不熟练的新用户而言，也会提高 CAT 工具的使用难度，影响用户体验。

　　易用性指在指定条件下使用时，理解、学习、使用软件产品的便捷程度及其吸引用户的能力。不同用户类型对 CAT 的易用性有不同的期望。新用户更期待 CAT 工具易用性好，便于快速学习和使用。云端 CAT 工具无需用户下载、安装、设置工具，可以提高易用性，但是这样也会引发用户对工具安全性的担忧。软件运行界面和操作的提示是否及时，是否清晰易懂，是否备有良好的在线帮助和学习入门材料，将影响 CAT 工具的易用性。在 CAT 工具越来越多、功能相差不大的市场状况下，提高 CAT 工具的易用性，增强各类用户使用体验，成为吸引用户使用的质量特性。

　　效率指在规定条件下，相对于所用资源的数量，软件产品可提供适当性能的能力。早期，受国内网络带宽所限，用户使用云端 CAT 工具进行翻译时常出现卡顿现象，影响了翻译工作效率，损害了用户体验。随着网络带宽的提高，云端 CAT 工具的效率特性不再是一个技术问题。另外，对于多人协同翻译的云端翻译工具，一个翻译项目中团队成员总体数量并不太多，一般都在 100 人以下（个别特大型或时间要求紧急的翻译项目除外），而这些团队成员同时使用 CAT 工具，对云端 CAT 工具所在的服务器的并发访问的数量很少，不会出现服务器拒绝响应的问题。因此，当前 CAT 工具的效率问题不在于 CAT 工具的时间响应能力。对于安装在译者个人电脑上的单机版 CAT 工具，由于计算机硬件技术发展较快，硬盘和内存空间扩大，完全可以满足 CAT 单机版工具的安装以及运行空间和速度的要求。

　　可维护性指软件产品可修改的能力，修改可能包括纠正、改进或软件对环境、需求和功能规约变化的适应程度。CAT 工具的可维护性，可以分为工具自身升级的特性，对相同操作系统升级时的适应性，以及用户发现和报告软件缺陷后 CAT 提供商是否可以快速发布软件补丁或升级包。对于云端 CAT 工具，提供商是否负责软件升级维护，提高用户在工具维护方面的满意度。

　　可移植性指软件产品从一种环境迁移到另一种环境的能力。CAT 工具用户大部分都在 Windows 操作系统上从事翻译工作，很少使用 Linux、Unix、Macintosh 等操作系统。尽管手机和移动硬件终端也可以从事翻译工作，但由于屏幕尺寸所限，移动终端上仅用于翻译项目的进度跟踪、消息交流、术语确认、译文句段审校等有限的功能。因此，大部分用户对 CAT 工具的可移植性几乎没有要求。

### （2）提供商能力

除 CAT 工具自身的质量外，CAT 工具提供商也会对 CAT 工具应用能力产生很大的影响。提供商能力可以分解为市场地位、工具价格、付款方式、服务能力、厂商性质和其他能力。如图 14-3 所示。

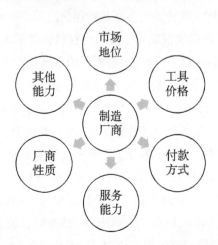

图 14-3 CAT
工具提供商能力

CAT 工具提供商的市场地位会影响用户选择和购买 CAT 工具。在其他各方面相差无几的情况下，用户通常更愿意选择市场占有率高的产品。这样的产品质量可靠，具有良好的市场形象，是专业实力的象征。

CAT 工具价格是价格敏感型用户关注的因素。在用户看来，寻找物美价廉的产品是明智的选择。与欧美发达国家相比，国内人均产值和收入还有不少的差距。而且，中国用户较长时期重视看得见的硬件产品的购买，对软件产品的投资颇为谨慎；而专业 CAT 工具由于开发周期长，市场总体规模小，所以中国用户感觉 CAT 工具售价较高。

CAT 工具购买和使用过程中的付款方式一定程度上影响用户对其应用能力的评估。大多数工具提供商销售给用户时，都是一次收回工具费用。随着云端翻译的兴起，有的 CAT 提供商采用软件即服务（SaaS）的方式，根据用户实际使用 CAT 工具的情况进行收费，例如根据调用的机器翻译字符数，或者根据使用时间长度（按月、按年）收费。国内高校采购 CAT 工具时更愿意一次性付款，因为如果按照实际使用情况收费，很难向高校采购部门申请到费用。

CAT 工具提供商的服务能力，影响着用户对 CAT 工具的使用。使用 CAT 工具的过程中，如果出现了问题，用户是否可以方便地联系到工具提供商，工具提供商是否可以及时地解决问题，这些都将成为用户选择工具时的影响因素。通常规模较大的 CAT 工具提供商和本土企业具有更好的售后服务能力。CAT 工具厂商的服务能力的另一个问题是产品升级服务。由于软件产品经常需要升级，如果每次升级都要用户支付高昂的升级费用，则会降低用户对工具应用能力的评价。

CAT 工具提供商的公司性质，也会影响某些用户对软件的采购。对于重视内容信息安全的用户，在国家鼓励采购国产软件的政策下，他们更愿意采购本土公司的产品。在计算机辅助翻译应用方面，由于市场规模总体不大，而且国产 CAT 工具总体实力与国外同类产品还有一定的差距，国内大部分 CAT 工具用户都选择国外 CAT 工具。

### （3）用户能力

用户是 CAT 工具的采购者和使用者。因此，用户对 CAT 工具应用能力构成影响。用户对 CAT 工具应用能力的影响，可以分解为用户类型、用户角色、使用目的、使用熟练程度、使用期望以及其他能力，如图 14-4 所示。这些用户子能力将以不同的权重应用到 CAT 工具质量特性的能力子项和用户能力子项，共同构成 CAT 工具应用能力。

图 14-4 CAT 工具应用能力的用户能力

用户类型影响对 CAT 工具应用能力的评价。用户类型主要是指用户所在工作单位的类型，例如企业用户和高校用户。即使都是企业用户，国有企业、私营企业和外资企业对 CAT 工具的应用也不相同。另一方面，语言服务企业（翻译公司和本地化公司）与客户方企业对 CAT 工具的应用也不相同。不同规模的企业对 CAT 工具的需求也不相同。因此，在评价 CAT 工具的应用能力时，要先确定用户类型。高校用户也要区分是外语类高校，还是非外语类高校；是双一流高校，还是普通高校。这些对用户选择、购买和使用 CAT 有不同的影响。使用 CAT 的用户中有一类是个人用户，包括兼职翻译和专职翻译，专职翻译包括在公司坐班的译员和办公地点灵活的自由译者。通常，个人译员采购 CAT 工具的不多。

用户角色影响对 CAT 工具应用能力的评估。以公司和高校的 CAT 工具用户为例，企业中使用 CAT 工具的用户可能包括翻译项目经理、质量经理、译员、校对人员、技术工程师、术语专家等；高校的 CAT 工具用户可能包括负责翻译课程教学的老师、学生、信息中心网络管理员、实验室管理员等。公司和高校的产品采购人员也对 CAT 工具应用能力具有更加积极的影响，通常这些产品采购人员对软件工具的具体功能和专业用途了解不多，他们更关注工具价格、服务能力、厂商市场地位等因素。

现在主流的 CAT 工具功能越来越多，工具规模越来越大。对于特定用户来说，由于工作岗位和角色限制，只应用 CAT 工具的特定功能，而不是全部功能。这种应用状况成为工具使用的"二八原则"，即 80% 的用户只使用了工具 20% 的功能。例如，公司中的译员关注 CAT 工具的翻译记忆、术语管理、质量保证功能，而项目经理关注项目工作量统计、任务分配、进度跟踪、质量度量等功能。高校师生更关注软件是否易学好用，是否有辅助学习的教育版软件，是否带有项目案例，以及是否已经内含了特定类型的语料库和术语库。

用户使用 CAT 工具的熟练程度影响工具应用能力评价。例如，对 CAT 工具所知甚少的用户使用 CAT 工具时可能会感觉工具"易用性差"，导致翻译效率降低。但是，已经熟练使用 CAT 工具的用户往往更加关注软件的兼容性、流程设计的合理性以及数据处理的性能等问题。

用户对 CAT 工具的不同期望影响工具应用能力。如果用户对 CAT 工具功能和特性抱有不切实际的期望，往往对 CAT 工具应用能力评价不良。例如，初级用户如果期望企业或个人使用某款 CAT 工具后，可以立竿见影地提高翻译质量、降低翻译成本，显然是不现实的。

## 三、CAT 工具的应用能力评估与实践应用

构建 CAT 工具应用能力评估模型后，如何根据这个模型对 CAT 工具的应用能力进行评估呢？需要完成三项工作：① 针对特定用户，确定用户能力。② 确定评估的 CAT 工具，包括工具名称、工具类型、工具版本、工具界面语言等。③ 确定 CAT 工具的质量特性和提供商能力，包括具体能力子项以及加权值。

### 1. CAT 工具应用能力评估模板

为了对实际 CAT 工具进行应用能力评估，根据 CAT 功能应用能力评

估模型，确定各个子能力值，以及各个子能力值的用户应用权重百分比，制定 CAT 工具应用能力评估模板。如表 14-1 所示。

CAT 工具应用能力（A）的计算公式如图 14-5 所示。

在计算公式中，每个加和项的 n 值为各个能力子项的实际数量（例如，表 14-1 的功能性能力子项 n=7，安全性能力子项 n=3，提供商能力子项 n=9 等）。在表 14-1 中，各项子能力值的最小值为 0，最大值为 100，各项用户应用权重的和为 100%。

| 能力要素 | 能力项 | 能力子项 | 子能力值 | 用户应用权重 | 加权值 | 说明 |
|---|---|---|---|---|---|---|
| 质量特性 | 功能性 | 翻译记忆 | F1 | f1% | | 加权值 = 子能力值 × 用户应用权重 |
| | | 术语管理 | F2 | f2% | | |
| | | 格式解析 | F3 | f3% | | 识别翻译的文件格式 |
| | | 质量保证 | F4 | f4% | | |
| | | 语料对齐 | F5 | f5% | | |
| | | 项目管理 | F6 | f6% | | |
| | | 其他功能 | F7 | f7% | | 如果对此项无明确要求，用户应用权重设为 0，下同 |
| | 安全性 | 访问安全 | S1 | s1% | | |
| | | 数据安全 | S2 | s2% | | |
| | | 其他安全 | S3 | s3% | | |
| | 互用性 | 翻译记忆交换 | I1 | i1% | | 互用性即互操作性，交互性 |
| | | 术语库交换 | I2 | i2% | | |
| | | 调用机器翻译 | I3 | i3% | | CAT 工具支持调用第三方机器翻译引擎，自动获得译文的交互性 |
| | | 其他互用性 | I4 | i4% | | |

表 14-1 CAT 工具应用能力评估模板

（待续）

续表

| 能力要素 | 能力项 | 能力子项 | 子能力值 | 用户应用权重 | 加权值 | 说明 |
|---|---|---|---|---|---|---|
| 质量特性 | 可靠性 | 系统不崩溃 | R1 | r1% | | |
| | | CAT 工具不意外退出 | R2 | r2% | | |
| | | 出现问题后，可以快速重新运行 | R3 | r3% | | |
| | | 其他可靠性 | R4 | r4% | | |
| | 易用性 | 易安装 | U1 | u1% | | |
| | | 易操作 | U2 | u2% | | |
| | | 易理解 | U3 | u3% | | 是否有本地化版本及学习材料 |
| | | 其他易用性 | U4 | u4% | | |
| | 效率 | 占用网络带宽低 | E1 | e1% | | |
| | | 占用计算机内存少 | E2 | e2% | | |
| | | 占用硬盘空间少 | E3 | e3% | | |
| | | 响应用户操作快 | E4 | e4% | | |
| | | 效率其他项 | E5 | e5% | | |
| | 可维护性 | 方便升级 | M1 | m1% | | |
| | | 及时升级 | M2 | m2% | | |
| | | 免费升级 | M3 | m3% | | |
| | | 其他可维护项 | M4 | m4% | | |
| | 可移植性 | 可以迁移到Macintosh系统 | P1 | p1% | | |
| | | 可以迁移到安卓系统 | P2 | p2% | | |
| | | 可以迁移到 iOS系统 | P3 | p3% | | |
| | | 其他可移植项 | P4 | p4% | | |

（待续）

续表

| 能力<br>要素 | 能力项 | 能力子项 | 子能<br>力值 | 用户应<br>用权重 | 加权<br>值 | 说明 |
|---|---|---|---|---|---|---|
| 提供<br>商能<br>力 | 市场<br>地位 | 国际领先 | V1 | v1% | | |
| | | 用户数量 | V2 | v2% | | |
| | 工具<br>价格 | 价格较低 | V3 | v3% | | 价格越高，子能力<br>值越低 |
| | 付款<br>方式 | 一次全额付款 | V4 | v4% | | 一次全额付款，或<br>者按照使用量分期<br>付款 |
| | 服务<br>能力 | 现场服务 | V5 | v5% | | |
| | | 服务效率 | V6 | v6% | | |
| | 厂商<br>性质 | 本土公司 | V7 | v7% | | 有些机构采购软件<br>时，要求优先采购<br>国产软件 |
| | | 大型公司 | V8 | v8% | | |
| | 其他<br>能力 | 其他能力 | V9 | v9% | | |

$$A=\sum_{j=1}^{n}F_j f_j\% + \sum_{j=1}^{n}S_j s_j\% + \sum_{j=1}^{n}I_j i_j\% + \sum_{j=1}^{n}R_j r_j\% + \sum_{j=1}^{n}U_j u_j\% + \sum_{j=1}^{n}E_j e_j\% + \sum_{j=1}^{n}M_j m_j\% +$$

$$\sum_{j=1}^{n}P_j p_j\% + \sum_{j=1}^{n}V_j v_j\% +$$

图 14-5　CAT 工具应用能力的计算公式

CAT 工具应用能力的计算公式看上去比较复杂。但在实际计算时，由于实际用户对其中某个能力项或能力子项不关注（对应的权重为 0%），可以忽略该项子能力值。因此，可以简化计算公式。例如，用户可能对 CAT 工具的可移植性没有要求，可移植性能力加权值就为 0。

使用好 CAT 工具应用能力评估模板，需要 CAT 评估专家指导。这些评估专家不仅非常精通 CAT 工具的使用、质量特性和 CAT 提供商的市场状况，而且非常熟悉 CAT 买家购买 CAT 工具的需求。关键是确定 CAT 工具质量特性和提供商能力对应的子能力值以及加权值，可以根据测量、实验和分析得到能力指标的测度值和各能力子项的实际意义，映射成 0-100 之间对应的子能力值。

CAT 工具应用能力计算公式，可以为用户选择、购买或升级 CAT 工具提供选择型号和决策依据，也可以用于 CAT 工具应用能力评测的学术研究，还可以用于 CAT 工具提供商进行市场营销宣传的数据对比。

前面已经提到，不同用户对 CAT 工具应用能力的评估结果影响较大，这是因为用户类型和用户角色存在差异，对 CAT 工具各能力子项的用户应用权重不同。评估 CAT 工具应用能力需要确定评估场景，即特定的用户和软件等。下面分别以高校和翻译公司购买 CAT 工具为例，计算 CAT 工具的应用能力。

## 2. 高校购买 CAT 工具时的应用能力评估

### （1）CAT 应用场景

2017 年，北京某高校获得教育部翻译硕士专业学位培养单位资质，2018 年开始在全国招收该校第一届 30 名 MTI 研究生。该校领导重视 MTI 教育，准备积极建设计算机辅助翻译实验室，已经审批了购买 CAT 工具的费用 50 万元。该校是初次购买 CAT 工具，用于翻译课程老师和学生在该校实验室学习和校内翻译实习。担任 CAT 课程教学的老师参加了全国翻译技术培训班，已了解 SDL Trados Studio 的基本功能。该校实验室的硬件和基本软件已经准备好，每台电脑上都安装了 Microsoft Windows 10 和 Microsoft Office 2016。实验室的目标是建设技术领先、功能齐全的教学和实习环境。经过前期市场调查和走访兄弟院校的 CAT 实验室建设情况，决定评估 SDL Trados Studio 2017 Professional、Kilgray memoQ 8.3 和 Déjà Vu X3 的工具应用能力。

### （2）CAT 工具应用能力评估

针对上面的 CAT 应用场景，可以确定用户对 CAT 工具功能的技术先进性和易用性比较重视，对工具价格不太敏感，对提供商性质没有要求，对工具的可靠性、效率、安全性、可移植性要求不高。综合分析用户对 CAT 工具的质量特性和提供商能力后，可以得到 SDL Trados Studio 2017 Professional 应用能力评估表，如表 14-2 所示。

| 能力要素 | 能力项 | 能力子项 | 子能力值 | 用户应用权重 | 加权值 | 说明 |
|---|---|---|---|---|---|---|
| 质量特性 | 功能性 | 翻译记忆 | 95 | 9% | 8.55 | 加权值＝子能力值 × 用户应用权重 |
| | | 术语管理 | 90 | 9% | 8.1 | |
| | | 格式解析 | 90 | 2% | 1.8 | 教学翻译以 Microsoft Office 格式的文件为主，对其他文件格式很少涉及 |
| | | 质量保证 | 95 | 5% | 4.75 | |
| | | 语料对齐 | 60 | 3% | 1.8 | |
| | | 项目管理 | 80 | 2% | 1.6 | |
| | | 其他功能 | 90 | 0% | 0 | |
| | 安全性 | 访问安全 | - | 0 | 0 | 安全性无要求，忽略子能力值 |
| | | 数据安全 | - | 0 | 0 | |
| | | 其他安全 | - | 0 | 0 | |
| | 互用性 | 翻译记忆交换 | 95 | 2% | 1.9 | 互操作性，交互性 |
| | | 术语库交换 | 90 | 2% | 1.8 | |
| | | 调用机器翻译 | 95 | 5% | 4.75 | CAT 工具支持调用第三方机器翻译引擎，自动获得译文的交互性 |
| | | 其他互用性 | - | 0% | 0 | 无要求 |
| | 可靠性 | 系统不崩溃 | 95 | 2% | 1.9 | |
| | | CAT 工具不意外退出 | 95 | 2% | 1.9 | |
| | | 出现问题后，可以快速重新运行 | 95 | 2% | 1.9 | |
| | | 其他可靠性 | - | 0% | 0 | |
| | 易用性 | 易安装 | 70 | 7% | 4.9 | |
| | | 易操作 | 60 | 7% | 4.2 | |
| | | 易理解 | 60 | 5% | 3 | 是否有本地化版本及学习材料 |
| | | 其他易用性 | - | 0% | 0 | |

表 14–2　SDL Trados Studio 2017 Professional 应用能力评估模板

（待续）

续表

| 能力要素 | 能力项 | 能力子项 | 子能力值 | 用户应用权重 | 加权值 | 说明 |
|---|---|---|---|---|---|---|
| 质量特性 | 效率 | 占用网络带宽低 | - | 0% | 0 | |
| | | 占用计算机内存少 | - | 0% | 0 | |
| | | 占用硬盘空间少 | - | 0% | 0 | |
| | | 响应用户操作快 | - | 0% | 0 | |
| | | 其他效率项 | - | 0% | 0 | |
| | 可维护性 | 方便升级 | 80 | 3% | 2.4 | |
| | | 及时升级 | 50 | 2% | 1 | |
| | | 免费升级 | 0 | 0% | 0 | |
| | | 其他升级项 | - | 0% | 0 | |
| | 可移植性 | 可以迁移到Macintosh系统 | - | 0% | 0 | |
| | | 可以迁移到安卓系统 | - | 0% | 0 | |
| | | 可以迁移到iOS系统 | - | 0% | 0 | |
| | | 其他可移植项 | - | 0% | 0 | |
| 提供商能力 | 市场地位 | 国际领先 | 95 | 10% | 9.5 | |
| | | 用户数量 | 95 | 10% | 9.5 | |
| | 工具价格 | 价格较低 | - | 0% | 0 | |
| | 付款方式 | 一次全额付款 | 100 | 6% | 6 | 一次全额付款 |
| | 服务能力 | 现场服务 | - | 0% | 0 | |
| | | 服务效率 | 60 | 2% | 1.2 | |
| | 厂商性质 | 本土公司 | 0 | 0% | 0 | |
| | | 大型公司 | 100 | 3% | 3 | |
| | 其他能力 | 其他能力 | - | 0% | 0 | |

续表

| 能力要素 | 能力项 | 能力子项 | 子能力值 | 用户应用权重 | 加权值 | 说明 |
|---|---|---|---|---|---|---|
| 合计 | | | | 100% | 85.45 | 各能力子项加权值的和 |

在表 14-2 中，CAT 评估专家根据用户对 CAT 工具的需求重要性确定加权值，根据 CAT 工具自身具有的能力确定能力值，根据用户的 CAT 应用场景确定子项加权值。如果某个子项的加权值为 0%，则自动忽略此子项能力值。如果子项的权重不为 0%，则根据 CAT 工具的质量和提供商能力确定。最后得出的 SDL Trados Studio 2017 Professional 应用能力为 85.45。

使用相同的方法，对 Kilgray memoQ 8.X 和 Déjà Vu X3 软件进行应用能力评估（此处省略），最后取三种 CAT 工具应用能力值最高的工具，作为拟购买的工具。

## 3. 翻译公司购买 CAT 工具时的应用能力评估

### （1）CAT 应用场景

上海某翻译公司，成立于 2003 年，全职员工 25 人，主要为中外企业客户提供中文、英文、日文、德文等语种的翻译与本地化服务，涵盖机械、工程、汽车、电子、能源、法律等行业，其中翻译业务大部分外包给外部译者。为了应对公司不断增长的业务量，提高翻译与本地化处理能力，该公司领导准备购买 CAT 软件，供公司项目经理、翻译部门和技术小组使用。

公司内部员工和外部译者都使用 Microsoft Windows 7 操作系统和 Microsoft Office 2013 工作。公司员工已经使用过 SDL Trados Studio 2017 Professional 的试用版，掌握了该软件的基本功能。该公司希望购买的 CAT 工具支持多种格式的文件翻译，具有良好的翻译记忆库和术语库功能。该公司以前已经积累了许多原文和译文文件，希望能使用 CAT 工具将其快速有效地转换成翻译记忆库，希望 CAT 工具能连接到谷歌翻译、百度翻译、有道翻译、搜狗翻译等机器翻译系统，实现机器翻译的译后编辑。该公司希望购买的 CAT 工具提供商来自国际领先企业，能与其他 CAT 工具进行良好的数据交换。该公司对文件内容的保密性要求较高，并要求 CAT 工具运行稳定、速度快，不需要频繁升级，需要提供商给予一定的技术支持。该公司预算紧张，希望软件具有良好的性价比，最好支持按照实际使用量支付使用费用。为此，该公司技术小组组长对 SDL Trados Studio 2017 Professional 是否能满足公司对 CAT 工具的使用要求进行了评估。

## （2）CAT 工具应用能力评估

针对上面的 CAT 应用场景，可以确定用户对 CAT 工具功能的技术先进性比较重视，对工具价格比较敏感，对工具的各项功能、可靠性和安全性要求较高，对工具的可移植性和易用性没有要求，对工具提供商的服务能力要求较低。综合分析用户对 CAT 工具的质量特性和工具提供商能力后，可以得到 SDL Trados Studio 2017 Professional 应用能力评估表，如表 14-3 所示。

表 14-3 中，CAT 评估专家根据用户对 CAT 工具的需求重要性确定加权值，根据 CAT 工具自身具有的能力确定能力值。如果用户对某个子能力不关注，则该子项的加权值为 0%，自动忽略子项能力值。如果子项的加权值不为 0%，则根据 CAT 工具的质量和提供商能力确定。最后得出 SDL Trados Studio 2017 Professional 的应用能力为 87.40。从该数值看，该 CAT 工具具有良好的应用能力，可以满足该公司对 CAT 工具功能和服务能力的购买需求。

表 14-3 SDL Trados Studio 2017 Professional 应用能力评估模板

| 能力要素 | 能力项 | 能力子项 | 子能力值 | 用户应用权重 | 加权值 | 说明 |
|---|---|---|---|---|---|---|
| 质量特性 | 功能性 | 翻译记忆 | 95 | 8% | 8.55 | 加权值=子能力值×用户应用权重 |
| | | 术语管理 | 90 | 8% | 8.1 | |
| | | 格式解析 | 90 | 8% | 2 | |
| | | 质量保证 | 95 | 3% | 4.75 | |
| | | 语料对齐 | 60 | 5% | 1.8 | |
| | | 项目管理 | 80 | 2% | 1.6 | |
| | | 其他功能 | - | 0% | 0 | |
| | 安全性 | 访问安全 | 90 | 5% | 0 | |
| | | 数据安全 | 90 | 5% | 0 | |
| | | 其他安全 | - | 0 | 0 | |

（待续）

续表

| 能力要素 | 能力项 | 能力子项 | 子能力值 | 用户应用权重 | 加权值 | 说明 |
|---|---|---|---|---|---|---|
| 质量特性 | 互用性 | 翻译记忆交换 | 95 | 5% | 2.85 | |
| | | 术语库交换 | 90 | 5% | 1.8 | |
| | | 调用机器翻译 | 95 | 8% | 4.75 | CAT 工具支持调用第三方机器翻译引擎 |
| | | 其他互用性 | - | 0% | 0 | 无要求 |
| | 可靠性 | 系统不崩溃 | 95 | 5% | 1.9 | |
| | | CAT 工具不意外退出 | 95 | 5% | 1.9 | |
| | | 出现问题后，可以快速重新运行 | 95 | 3% | 1.9 | |
| | | 其他可靠性 | - | 0% | 0 | |
| | 易用性 | 易安装 | - | 0% | 4.9 | |
| | | 易操作 | 60 | 2% | 3 | |
| | | 易理解 | - | 0% | 1.8 | |
| | | 其他易用性 | - | 0% | 0 | |
| | 效率 | 占用网络带宽低 | - | 0% | 0 | |
| | | 占用计算机内存少 | - | 0% | 0 | |
| | | 占用硬盘空间少 | - | 0% | 0 | |
| | | 响应用户操作快 | 90 | 5% | 0 | |
| | | 效率其他项 | - | 0% | 0 | |
| | 可维护性 | 方便升级 | - | 0% | 1.6 | |
| | | 及时升级 | - | 0% | 1 | |
| | | 免费升级 | 0 | 2% | 0 | |
| | | 其他升级项 | - | 0% | 0 | |

（待续）

续表

| 能力要素 | 能力项 | 能力子项 | 子能力值 | 用户应用权重 | 加权值 | 说明 |
|---|---|---|---|---|---|---|
| | 可移植性 | 可以迁移到Macintosh系统 | - | 0% | 0 | |
| | | 可以迁移到安卓系统 | - | 0% | 0 | |
| | | 可以迁移到iOS系统 | - | 0% | 0 | |
| | | 其他可移植项 | | 0% | 0 | |
| 提供商能力 | 市场地位 | 国际领先 | 95 | 3% | 9.5 | |
| | | 用户数量 | 95 | 3% | 9.5 | |
| | 工具价格 | 价格较低 | 10 | 7% | 0 | 价格越高，子能力值越低 |
| | 付款方式 | 一次全额付款 | - | 0% | 4 | 按照使用量分期付款 |
| | 服务能力 | 现场服务 | - | 0% | 0 | |
| | | 服务效率 | - | 0% | 1.2 | |
| | 厂商性质 | 本土公司 | - | 0% | 0 | |
| | | 大型公司 | 100 | 3% | 9 | |
| | 其他能力 | 其他能力 | - | 0% | 0 | |
| 合计 | | | | 100% | 87.40 | 各能力子项加权值的和 |

## 四、CAT 工具的选择与维护策略

　　CAT 技术发展迅速，CAT 工具不断升级，需要对 CAT 工具加强维护，才能发挥其应有的价值。选择合适的 CAT 技术和工具，需要全面思考选择和维护策略。根据翻译产业界实践和学术界研究成果，将 CAT 工具的选择和维护策略简要概括如下。

## 1. 基于翻译对象特征的选择策略

对于软件、游戏等产品的用户界面内容，由于屏幕尺寸对文字长度有空间限制，而且文本简短、碎片化，宜选用支持可视化翻译工具，例如 Alchemy Catalyst，SDL Passolo 等。翻译人员在翻译过程中，可以直观地预览译文，掌握产品运行时的位置和显示等信息，在翻译阶段即可避免软件用户界面的位置失当和误译等问题。

## 2. 基于译文质量要求的选择策略

软件、游戏等产品的联机帮助文件属于信息型文本，采用受控语言写作，句式较为简单，而且用户只是在需要时才查询相关内容，对文本译文要求达意即可，宜选用"翻译记忆"＋"机器翻译"＋"译后编辑"的策略，以获得效率和质量的平衡。而本地化产品市场推广材料不仅要含义准确，还要句式优美，促使潜在用户购买，宜选择创造性翻译策略，采取人工翻译为主的方式。

## 3. 基于组织翻译技术能力的选择策略

根据组织（大学、公司、部门）的翻译技术能力（人员数量、翻译技术能力、翻译经验），结合翻译对象的特征和要求，选择适合组织翻译技术能力的技术与工具。对于语言服务公司而言，如果客户有具体要求，则优先使用客户要求的翻译技术和工具。如果客户没有要求，优先选择组织已经拥有的技术和工具，或者选择组织内部可以快速学习和掌握的本地化技术与工具。对于高校翻译专业教学的 CAT 工具，则优先选择功能先进、市场占有率高、售后服务能力好、便于教学的工具。

## 4. 基于功能与市场相结合的选择策略

在组织内部没有现成的 CAT 工具，需要购买或开发新技术和新工具时，既要考察工具的功能、易用性、兼容性等特性，也要考察工具提供商的市场地位、服务能力、价格水平。一些软件功能强大，但是易用性差、价格高，可能并不适合当前翻译工作的需要。应选择最适合组织的 CAT 技术和工具，而不是选择最先进、最昂贵的技术与工具（崔启亮，2017）。

### 5．基于翻译需求与技术发展平衡的维护策略

信息技术的快速发展，促进了 CAT 技术和工具的升级换代，为用户带来了效率更高、功能更强的工具。但是，如果 CAT 工具频繁升级，也会给使用和维护带来困扰，增加了学习成本。如果软件升级需要收费，还将增加经济成本。因此，对于购买了 CAT 工具的用户而言，如果 CAT 工具能够满足当前翻译工作的需要，应该适度保持工具的稳定，不需要升级到最新的软件版本。如果无法满足翻译要求，或者严重影响翻译效率，则适当进行软件升级。

### 6．基于初期投入与持续维护平衡发展的维护策略

软件在使用过程中，可能由于用户操作、软件与其他软件之间的兼容性、软件木马和病毒等因素引起软件故障，需要 CAT 工具提供商的技术人员进行处理。如果需要升级，有些工具提供商需要收取升级费用。用户购买 CAT 工具时，不仅要重视初期购买 CAT 工具的投资，还要做好 CAT 工具持续维护和升级的资金准备。因此，在编制 CAT 购买计划方案时，应将 CAT 工具的维护费用纳入方案，为 CAT 工具升级和维护做好费用预算，便于申请维护资金。

## 五、小结

CAT 工具能力评估是通过构建用户使用 CAT 工具的场景，对特定 CAT 工具采用特定的评估模型，检测、记录、度量 CAT 工具应用能力的评估工作。加强 CAT 工具应用能力评估，不仅可以为组织选择合适的 CAT 工具提供专业的建议，而且有利于对不同的 CAT 工具进行能力评测，促进 CAT 工具提供商提升软件功能。

构建 CAT 工具能力评估模型是 CAT 工具能力评估的基础工作，为了保持评估的专业性和有效性，需要将 CAT 工具质量特性、提供商服务能力、用户应用能力相结合。将工具质量特性和提供商服务能力分解为各项子能力，根据用户应用能力为每一项子能力设置百分比权重，各项子能力与权重乘积的总和构成 CAT 工具应用能力。

选择 CAT 工具需要坚持基于翻译对象特征的选择策略，基于译文质量要求的选择策略，基于组织翻译技术能力的选择策略，基于功能与市场相结合的选择策略。购买 CAT 工具之后，为了发挥 CAT 工具的应用价值，

需要做好 CAT 工具的使用维护工作，坚持基于翻译需求与技术发展平衡的
维护策略，以及基于初期投入与持续维护平衡发展的维护策略。

=================================

## 思考与讨论

1. 什么是 CAT 工具应用能力评估？CAT 工具应用能力评估有什么作用？
2. CAT 工具应用能力评估模型有哪些部分组成？CAT 工具评估者有哪些
   能力要求？
3. CAT 工具应用能力评估模型中，如何确定子能力值？
4. CAT 工具应用能力评估模型中，如何确定用户能力权重？
5. 结合本章学习和实际工作，论述 CAT 工具的选择与维护策略。

# 第十五章
## 翻译技术的发展趋势

科技发展，日新月异。20世纪80年代，人类社会经过数字化进入到信息时代。2000年，经过网络化进入到互联网时代。2018年，以大数据、云计算、深度学习为代表的人工智能风起云涌，又推动着人类社会进入智能化时代。

在未来10年，人工智能将深刻影响到社会的各个领域。人工智能技术对翻译行业的影响已经凸显。10多年前，基本没有翻译公司或职业译者实际应用机器翻译软件进行翻译，因为当时机器翻译软件的译文质量很低，没有译后编辑的价值。但是，在10年后的今天，全球很多的翻译任务都是由机器翻译完成的。

## 一、翻译技术的发展趋势

翻译技术的主要发展趋势是：自动化、智能化、移动化、服务化、云端化。自动化表现在，翻译技术工具可以自动对译员进行翻译能力测试并自动打分，自动根据项目流程分配项目任务给合适的团队成员，根据成员的行为数据自动进行绩效评价。智能化表现在，自动根据任务难度和要求，寻找资源库中最合适的成员完成工作分派，自动进行领域自适应的机器翻译，自动纠正拼写错误、标点使用错误、数字不一致和术语不一致等错误。移动化表现在，通过移动上网设备（手机、平板电脑、智能手表等）可以完成翻译项目的稿件分发、进度监控、任务领取与提交、项目费用结算等工作。服务化表现在，翻译技术工具可以提供人力资源获取与派遣、在线结算、在线培训与认证等服务。云端化是指，通过云技术获得翻译资源、技术和流程的服务方式，可以按需付费、按需扩展，不受时间和地域限制，无需本地部署，无需购买硬件和进行维护。

在未来翻译技术发展中，机器翻译将继续扮演重要角色。机器翻译、翻译记忆、译后编辑将进一步融合，应用在更多的翻译场景。当前，翻译技术更多集中在笔译活动中，对口译活动（特别是口译实施过程）的影响不大；未来的翻译技术将进一步应用在口译活动中。未来的机器翻译将作为基础服务设施，即插即用或嵌入到各种软件和硬件中，并以文件拖放式操作实时获得机器翻译的译文。

## 1. 面向专业领域的机器翻译

机器翻译技术经历了基于规则的机器翻译、基于统计的机器翻译和基于神经网络的机器翻译三个主要发展阶段。尽管机器翻译的译文质量不断提高，但还是无法达到职业译者的水平。所以，当前的机器翻译主要应用于对译文质量要求不高的场景，或者把机器翻译的译文作为初译，再通过专业译后编辑人员进行编辑修改。

当前，影响机器翻译译文质量的主要因素是：① 语料库的质量；② 机器翻译的算法；③ 机器翻译的硬件和网络的计算能力（算力）。对于谷歌翻译、百度翻译、必应翻译等通用的机器翻译系统而言，语料库来自各个专业领域，而商业翻译项目大部分都具有明显的专业领域特征，例如电信、法律、财经、电子、机械、能源、医药等。这些领域的文本具有特定的专业术语和鲜明的文本表述风格。通用的机器翻译没有针对这些特定领域进行引擎优化，无法输出高质量的机器翻译译文。另外，商业翻译项目经常会有非通用语种的翻译需求，而非通用语种经常缺少大量的语料库（数据稀疏），导致训练出来的机器翻译对非通用语种的翻译译文质量不高。

因此，为提高机器翻译在特定专业领域的翻译质量，一些企业开始定制开发机器翻译。通过在特定专业领域收集和整理大量的高质量的语料库，对机器翻译系统进行训练和优化，提高机器翻译的译文质量。当前市场上已出现面向特定专业领域的机器翻译系统，例如，图 15-1 是新译信息科技（北京）有限公司推出的面向多个专业领域的机器翻译，用户可以选择合适的领域（此处选择"IT 通信"），获取质量更高的机器翻译译文。

图 15-1 面向专业领域的机器翻译

## 2. 增强自然语言理解的机器翻译

早期机器翻译译文质量不高的一个原因是，计算机并没有像专业译者那样"理解"原文的语境、语义和语用信息，大部分是基于对短语或句子级别等表面信息的翻译。而文本文字只是信息的载体，专业译者的翻译工作不仅仅是针对文字本身，而是对文字背后信息的理解和表达。缺乏对信息的准确理解是当前机器翻译的困难。

例如使用谷歌翻译唐代诗人贾岛的《寻隐者不遇》这首诗，"松下问童子"的"松下"将会译成 Panasonic（松下电器）。这是因为网上 Panasonic 是高频词汇，而中文表示"松树下面"的"松下"不是高频词。机器翻译没有理解此处的"松下"是诗歌体裁，无法关联上下文语境，并未表达"松下"的实际意义。

图 15-2 谷歌机器翻译的错误

一些机器翻译系统对长句、复杂句、篇章级的翻译质量不佳。在翻译过程中，译者会从文本领域、体裁、用途、语境、语义和文化等方面进行综合理解；而机器翻译对自然语言理解有着不同的处理方式。今后，通过提高篇章处理能力，机器翻译的语义处理能力得以加强，并增强语义消歧和中文分词技术，从而进一步提高机器翻译的译文质量。

## 3. 人机交互的翻译技术

机器翻译可以高效生成译文，但是译文质量不高；具有丰富经验的译者的人工翻译译文质量高，但翻译效率相对较低。计算机辅助翻译工具的翻译记忆和术语识别功能可以有效处理内容经常更新的专业翻译工作，保持翻译效率和翻译质量的平衡。

翻译实用型文本材料时，在充分利用计算机辅助翻译的记忆库、术语库和机器翻译的同时，为进一步提高译文质量，译员需要做好译前编辑和译后编辑。译前编辑的目的是让文本简洁、可控，更利于机器分析理解，从而产出更高质量的机器译文。译前编辑之后，先利用记忆库和术语库进行预翻译，利用机器翻译得到初步目标译文，最后人工对其进行译后编辑以保证质量。

"翻译记忆＋机器翻译＋译后翻译"是典型的人机交互的翻译方式，能够有效发挥机器翻译的效率，发挥人工翻译的高质量，发挥计算机辅助翻译的译文重用。该方法适合对译文质量要求较高、对译文交付时间较紧的翻译工作。该模式还可以简化为"机器翻译＋译后翻译"，译者无需使用计算机辅助翻译工具，直接使用机器翻译系统生成译文，然后进行人工译后编辑，适合不熟悉计算机辅助翻译的译者。

人机交互翻译技术的另一个应用场景是，将机器翻译融合到计算机的文字输入法，译者在输入译文过程中，输入法主动提示译者可能进一步输入的译文。译者可以直接选择合适的推荐译文，减少键盘输入的按键次数。这种输入法可以不断学习译者的翻译风格，根据输入的内容自动调整译文，将最合适的译文推荐给译者。翻译过的句子实时存为语料，并自动进行语料和术语匹配，确保术语统一，避免重复翻译。

## 4．CAT 工具的功能增强，应用领域扩展

早期的计算机辅助翻译工具是 20 世纪 80 年代前后开始应用的。当时，由于译文质量差遭遇发展瓶颈，机器翻译在技术研发和翻译应用方面都陷入低谷，以翻译记忆为核心的计算机辅助翻译技术开始在翻译行业得到应用。此后，翻译记忆技术与术语管理技术结合，成为那个时期计算机辅助翻译的两大核心技术。

随着翻译技术的发展，翻译应用对技术的需求日趋多元化，计算机辅助翻译工具的功能也在不断丰富，如图 15-3 所示。除翻译记忆和术语管理外，市场需要支持多种文件格式的计算机辅助翻译工具，这就要求 CAT 工具具备解析多种格式文件的能力。CAT 工具还内置了译文质量检查功能，例如 SDL Trados Studio 的 QA Checker，可以检查译文是否漏译、术语一致性、数字一致性和标记符号错误。语料对齐是将原文文件和译文文件进行句段分割，存储成双语句段对照的翻译记忆库格式。当前主流 CAT 工具都具有语料对齐功能，可以提高语料的重复使用效率。随着翻译规模的扩大，团队分工合作的翻译方式成为新的翻译方式，相应地需要加强翻译项

目管理。例如，译前翻译文件字数统计和报价，翻译过程中的进度查询和监控，译后文件交付等。当前主流 CAT 工具都增加了项目管理功能，从单机版到团队版，再到云翻译网络版，各类 CAT 软件在版本和运行方式上都发生了变化。

图 15-3　计算机辅助翻译工具的功能

　　随着功能的不断完善，CAT 工具的应用领域也发生了变化。早期的 CAT 软件功能有限，基本上以翻译记忆和术语管理为核心，较适合科技类产品的手册文档翻译。因为这类文档内容经常更新，具有较多的术语。随着翻译行业的信息化发展，CAT 也开始应用于人文社科领域翻译，徐彬和梁本彬都对 CAT 对人文社科文本的翻译进行了实践应用。徐彬和郭红梅（2015）基于其运用 CAT 所做的大量出版翻译案例，论证了 CAT 在文学、人文社科等领域的翻译中同样能发挥巨大作用。梁本彬（2018）运用"机器翻译＋机辅翻译＋译后编辑"模式，已经为出版社翻译完成了人文社科图书 200 余本，涵盖儿童文学、管理学、心理学、军事历史、社交媒体等多个领域。

　　人文社科领域的翻译文本不会经常升级更新。使用 CAT 工具，不在于发挥翻译记忆的功能，而是发挥 CAT 工具多人合作的翻译项目管理功能、术语管理功能、质量检查功能、文件格式解析功能。例如，如果需要翻译的图书是 Adobe FrameMaker 或者 Adobe InDesign 格式文件，以前传统的翻译方式是从这两类文件中将文本复制粘贴到 Microsoft Word 中，译者翻译后再重新复制粘贴到 FrameMaker 或 InDesign 中，这无疑增加了很多工作量。如果使用 SDL Trados Studio 等 CAT 软件，就可以正确解析这两类文件，还可以在翻译过程中保持文件排版的各种标记符号，翻译后可以不用排版，或者只需要少量排版即可发布。如果使用云翻译辅助软件，译者还可以实时共享术语库，项目经理可以实时查看项目进度，便于项目监控。

### 5．云翻译平台化

云翻译（Cloud Translation）是基于云计算技术，通过互联网的云端方式，整合和分配各语言要素（数据、需求、技术、人力和管理等），满足各类翻译活动需求的服务模式。广义的云翻译是通过云技术把翻译变成易于获得的各种服务，即泛指一切有"云参与"的翻译活动和翻译服务；狭义的云翻译指翻译技术及翻译数据本身的"云"化，是翻译技术的"云转向"。

在翻译应用方面，云翻译有不同的产品类型。当前谷歌翻译、百度翻译、搜狗翻译、有道翻译等机器翻译，属于广义的云翻译工具。用户可以通过互联网，包括手机、个人电脑和数字终端调用这些机器翻译。国外的Memsource，Smartling，Translation Workspace（如图 15-4 所示），国内的译马网、译库网、我译网等属于云翻译平台。芝麻译库、Tmxmall 的在线对齐，是云端语料处理平台。

图 15-4
Lionbridge 的
云翻译平台
Translation
Workspace

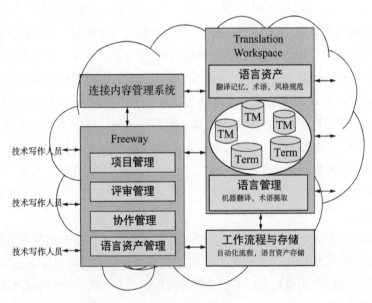

云翻译平台是翻译网络化时代的必然要求，为众包翻译、协同翻译、敏捷翻译等翻译方式提供了实施环境。翻译从业者无需购买、安装、配置、维护各类翻译软件，直接通过购买服务的方式应用这些云翻译平台。这些平台可以通过公有云、私有云和混合云等方式，为用户提供数据安全服务。通过互联网技术，云翻译平台可将翻译业务、翻译知识库、分散的译员和供应商等资源整合起来，融合全球化的语言信息资源，提供语言服务一体化解决方案，整体提升语言服务产业的生产力水平。

综合云翻译平台将翻译项目管理系统、供应商管理系统、计算机辅助翻译系统、机器翻译系统集成在一起。有的云翻译平台还与企业内容管理系统和内容发布系统以应用程序接口方式连接，实现内容设计、翻译、发布的解决方案。今后，大型多语言服务提供商将对综合云翻译系统的功能和应用做进一步的拓展。

## 6. 可视化翻译技术

可视化翻译（Visual Translation）指翻译人员能够在计算机辅助翻译软件中，实时预览翻译的软件在运行时显示的内容、格式及布局，同时在翻译过程中最大限度地过滤非译元素，尽可能保证待翻译文本的整洁，避免各类标签符号影响翻译效率。实现翻译过程的"所翻即所见，所见即所得（What You Translated Is What You Get，WYTIWYG）"的效果。可视化翻译方式如图 15-5 所示。

图 15-5 给出了软件本地化工具 Alchemy Catalyst 对软件中 Choose Colour 对话框进行可视化翻译的情形。在翻译过程中，右上方的工作区可将翻译后的对话框控件文本（按钮、单选按钮、对话框标题等）实时显示为软件运行时对话框的外观。Catalyst 软件将对话框的非译元素与应译元素分离，保持"清爽"的翻译环境，且以"所翻即所见，所见即所得"的方式进行翻译，通过预览目标文件，及时修正翻译后控件不正确的布局（大小和位置），有利于提高译员的翻译效率，避免构建本地化软件后的控件布局缺陷。

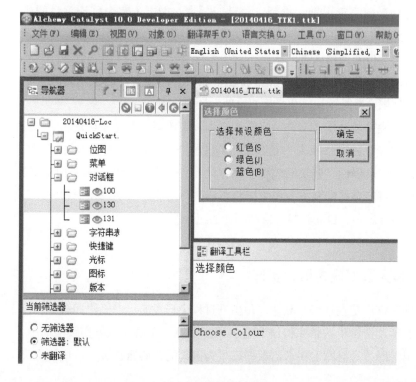

图 15-5 使用 Alchemy Catalyst 可视化翻译软件的对话框中的文本

对于 HTML、XML 等带标记的文档，可视化翻译同样可以避免译者因缺失文本应用场景信息而造成的译文错误；例如，由于调整译文语序错误移动了标记符号而造成的译文表达错误或者功能失效。当前，SDL Trados Studio 和 memoQ 等计算机辅助翻译工具，通过预览功能，译者可以查看文档翻译后的布局和显示状况。但是，无论是翻译过程的实时预览还是非实时预览，SDL Trados Studio 和 memoQ 的翻译文本框都还没能实现翻译过程的可视化翻译，而只是采用了显示／隐藏文本中的标记符。如果在翻译过程中文本框实现了可视化翻译，那么就可以降低标记符对译者的影响，避免出现错误的译文。

## 7. 高质高效的文本字符识别软件

由于信息安全或者多次转包等原因，翻译公司或译者往往无法获得原始的、可以直接进行内容编辑的文件。例如，客户提供 PDF 格式的市场营销材料文档，而没有提供 Adobe InDesign 软件设计的 Indd 文件。对于电子图纸文件，客户未提供 AutoCAD 格式的 DWG 文件，而是提供了扫描的 JPG 或 PDF 图片格式文件。翻译公司或译者需要在翻译的准备阶段，通过光学字符识别软件，将图片格式文件上的文本识别成可以编辑翻译的文件格式，例如 Microsoft Word 格式，再进行排版后进行翻译。

这种译前字符识别和排版工作费时耗力，加大了整个翻译项目的成本。当前光学字符识别软件在识别非通用语种字符方面效果不佳，有的软件甚至不支持非通用语种的识别，对于多语言文本的文档识别效果差。另外，当前不少软件对于图文混排和复杂表格的图片文件的识别效果也很差，而且识别耗时较长，几乎需要重新设计和排版。

为了提高复杂格式文件的字符识别和转换效率，需要提高光学字符识别软件的多语种支持能力、复杂表格的转换能力、图文混排的转换能力，提高识别的准确性、转换的效率，提升批量文件转换功能，并自动标注转换过程中可能存在的缺陷。还可以将机器翻译功能嵌入字符识别软件，实现自动字符识别、自动转换、自动翻译的组合功能。

## 8. 语言大数据成为语言资产

语言资产是在进行产品全球化生产过程中形成的、由机构拥有或者控制的、预期会给机构带来经济利益的语言资源。在语言服务实践活动中，翻译记忆库（语料库）和术语数据库成为机构的核心语言资产，成为提高语言服务效率和质量的基础数据。未来的翻译业务实施是数据驱动、用户驱动的。企业能够拥有和应用的数据数量和质量，将成为公司服务能力和效率的竞争力。

在人工智能时代，提高机器翻译译文质量的方法之一是应用高质量的、大规模的专业语料库训练机器翻译引擎。对于特定领域的定制化机器翻译系统而言，针对专业领域的多语言的语料库对提高机器翻译的译文质量十分重要。

翻译记忆库和术语数据库的应用是计算机辅助翻译工具的核心功能。高质量的翻译记忆库，特别适合内容频繁升级变更的文本翻译。例如软件和网站的文本翻译，可以通过匹配技术实现译文的重复使用，既提高了翻译效率，又保证了译文质量。翻译过程中的术语识别、提示和应用，对于专业内容文档多人分工协作条件下保持翻译的术语一致性非常重要。

翻译记忆库（语料库）在翻译教学和翻译研究中也扮演重要角色。通过对语料库内容的分析，可以挖掘翻译过程的词汇特征、句式特征、翻译规律，提高学生翻译能力；也可以通过总结翻译现象，开展相关方面的研究，例如译者风格、舆情分析、文化现象、形象建构、信息传播等。

## 9. 视频翻译集成工具

随着通信技术和网络速度的发展，视频翻译的需求在不断增加。视频翻译工作，通常包括文本转录、文本翻译、配音、添加字幕、音画同步等工作。视频文件的传统翻译方法费时费力，成本很高，需要使用多种软件工具，成立不同分工的翻译团队来完成。

随着语音识别技术、机器翻译技术、语音合成技术的不断发展，这些技术可以应用到视频翻译工具中去。例如，应用语音识别技术将视频中的语音内容自动转录成文本文件，然后应用机器翻译技术将转录的文本文件翻译成目标语言文本，安排专业译后编辑人员对机器翻译的译文进行译后编辑修改，提高译文质量。利用文本合成语音技术，将翻译后的文本转换成声音信息，节省了人工配音的成本。针对以前人工反复调整音画同步的时间轴问题，可以通过固定时间开始和结束信息的方式，在翻译过程中调节译文的长短，可以大大节省调整时间轴的时间。

集成这些技术的视频云翻译工具是今后视频翻译工具的发展方向，无需使用多种音视频编辑和翻译软件，降低了视频翻译的难度。以视频翻译工具——VideoLocalize 工具为例，此软件以项目的方式，将视频文件上传、语音自动转录、机器翻译、翻译记忆、配音、合成、叠加字幕、下载等功能集成在云端。用户登录后可以创建视频翻译项目，分配任务，翻译过程中还可以播放观看字幕和配音效果，所有人员在一个界面即可完成视频翻译工作。

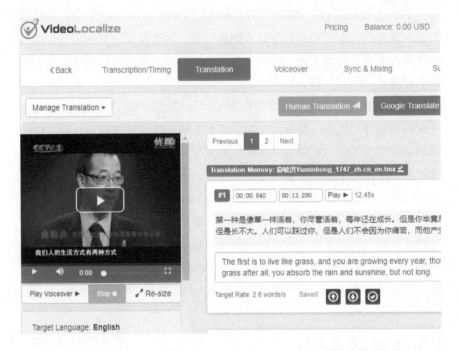

图 15–6
VideoLocalize
视频云翻译工具

## 10. 计算机辅助口译技术

计算机辅助口译（Computer-assisted Interpretation, CAI）是口译人员在口译实践中使用的计算机辅助技术，它与笔译人员使用的计算机辅助翻译相对应。CAI 与 CAT 共同构成了口笔译活动的辅助技术，多年来这两项技术都在翻译活动中不断发展。比较而言，CAT 相对发展更快，应用更加频繁。市场中各种商业化的 CAT 工具从种类到功能都比 CAI 更多。

根据工作场景，可以把口译分为陪同口译、交替口译（交传）和同声传译（同传）。不同类型的口译对翻译的时效性要求不同，同传的时效性要求最高，其次是交传和陪同口译。另外，对口译质量的要求也不同。对陪同口译质量要求相对较低，而会议口译中的同传和交传质量要求较高。

随着人工智能和语音大数据等技术发展，口译软件和硬件越来越多，Microsoft Skype Translator、科大讯飞公司的晓译翻译机，以及各种手机端口译应用软件越来越多。这些软件的发布，已引起口译人员和口译市场的关注。但对于会议口译等高质量要求的场景，这些口译软件和硬件由于译文质量所限，没有获得广泛应用。一些互联网和人工智能公司的实验室研究人员已经在积极开发高质量的口译软件，译文质量已经有了较大的提高，未来机器翻译技术在口译活动中将发挥更大的作用。

口译活动可以分为译前准备、译中口译、译后总结三个阶段。当前的CAI软件更多应用于译前准备和译后总结。例如，通过语音识别工具将讲话人的语音转换为文字，进行术语翻译和译员口译能力训练；在口译过程中，通过软件将讲话人的语音转换为文字，生成电子笔记，显示在译员屏幕上，供译员参考。译后对这些材料进行整理，输入口译管理系统软件，供译员进一步分析总结。未来，随着语音识别技术、机器翻译技术的进一步提高，口译软件和硬件的翻译能力越来越高，CAI软件将得到更广泛的应用。

## 二、小结

随着人工智能、大数据、云计算等信息技术的发展，自然语言处理、计算语言学、机器翻译、语音识别等技术已经深入影响翻译活动的方方面面，并且在实施更多翻译项目的过程中获得应用。翻译技术已经成为翻译公司和译者提高翻译效率、提高译文质量、降低翻译成本、提升翻译服务能力的重要因素。

翻译技术对翻译活动的影响是全面的、深入的、持续的，已经在翻译对象、翻译角色、翻译策略、翻译方式、翻译能力等诸多方面带来变革。翻译技术和工具的应用能力成为翻译能力的组成部分。随着翻译技术的发展和对翻译活动的影响的深入，翻译行业的公司管理者和译者需要努力提高翻译技术的应用能力。机器翻译技术的深入发展和广泛应用，将淘汰不合格的译者。未来翻译行业的竞争，不是译者与机器翻译的竞争，而是精通各种翻译技术的译者与对翻译技术一无所知的译者之间的竞争。

翻译技术的主要发展趋势是自动化、智能化、移动化、服务化、云端化。面向垂直领域定制的机器翻译，基于篇章增强语义处理的机器翻译将成为今后发展的方向。机器翻译的应用无法代替专业译者，但将会淘汰不熟悉翻译技术、无法提高译文质量的译者。未来的翻译方式将是机器翻译与专业译者人机交互的翻译模式。当前的计算机辅助翻译将与机器翻译紧密结合，扩大其应用范围。云翻译、可视化翻译、语言大数据将互相促进，高质量的字符识别工具、视频集成翻译工具和计算机辅助口译工具将进一步提高翻译活动的效率和质量。

## 思考与讨论

1. 翻译技术对翻译活动带来了哪些影响？
2. 为什么说翻译技术的应用能力是翻译能力的组成部分？
3. 未来翻译技术的发展趋势有哪些？
4. 什么是可视化翻译？可视化翻译有哪些优点？
5. 使用视频云翻译软件，翻译某个视频文件，完成配音并添加字幕。

# 附录：主要参考文献

Bowker, L. *Computer-aided Translation Technology: A Practical Introduction*. Ottawa: University of Ottawa Press, 2002.

Chan, Sin-wai. *The Future of Translation Technology: Towards a World Without Babel*. London/New York: Routledge, 2014.

Devlin, J. *et al*. Fast and Robust Neural Network Joint Models for Statistical Machine Translation. *Proceedings of the 52nd Annual Meeting of the Association for Computational Linguistics*. Baltimore: Association for Computational Linguistics, 2014.

Gow, F. *Metrics for Evaluating Translation Memory Software*. Ottawa: University of Ottawa, 2003.

Hutchins, J. *Machine Translation: Past, Present, Future*. Chichester: Ellis Horwood Limited, 1986.

Hutchins, J. Machine Translation: A Brief History. *Concise History of the Language Sciences: From the Sumerians to the Cognitivists*, 1995.

Hutchins, J. The Origins of the Translator's Workstation. *Machine Translation*, 1998.

Luong, Minh-Thang. *et al*. Effective Approaches to Attention-based Neural Machine Translation. *Proceedings of the 2015 Conference on Empirical Methods in Natural Language Processing*. Lisbon: Association for Computational Linguistics, 2015.

McEnery, T. & Wilson, A. *Corpus Linguistics*. Edinburgh: Edinburgh University Press, 2001.

O'Brien, S. Teaching Post-Editing: A Proposal for Course Content. *6th EAMT Workshop Teaching Machine Translation*, 2002.

Schäffner, C. & Adab, B. *Developing Translation Competence*. Amsterdam: John Benjamins Publishing Company, 2000.

Sinclair, J. *Corpus, Concordance, Collocation*. Oxford: Oxford University Press, 1991.

Somers, H. *Computers and Translation: A Translator's Guide*. Amsterdam: John Benjamins Publishing Company, 2003.

陈肇雄 . 机器翻译及其应用前景展望 . 高技术通讯，1993.

陈肇雄，高庆狮 . 智能化英汉机译系统 IMT/EC. 中国科学（A 辑 数学 物理学 天文学 技术科学），1989.

崔启亮 . 论机器翻译的译后编辑 . 中国翻译，2014.

崔启亮 . 本地化项目管理 . 北京：对外经济贸易大学出版社，2017.

崔启亮，李闻 . 译后编辑错误类型研究——基于科技文本英汉机器翻译 . 中国科技翻译，2015.

方梦之 . 译学辞典 . 上海：上海外语教育出版社，2004.

冯全功，张慧玉 . 以职业翻译能力为导向的 MTI 笔译教学规划研究 . 当代外语研究，2011.

冯志伟 . 机器翻译研究 . 北京：中国对外翻译出版公司，2004.

冯志伟 . 现代术语学引论（增订本）. 北京：商务印书馆，2011.

何中清，彭宣维 . 英语语料库研究综述：回顾、现状与展望 . 外语教学，2011 年 .

黄国平 . 人机交互式机器翻译研究与实现 . 全球软件开发大会，2018.

李鲁 . 机器翻译与计算机辅助翻译研究与探索 . 东南大学学报（哲学社会科学版），2002.

李洋 . 基于语料库的口译研究在中国之嬗变与发展：2007—2014. 解放军外国语学院学报，
    2016.

梁本彬 . 人文类图书翻译中的 CAT 可行性研究 . 当代外语研究，2018.

梁茂成，熊文新 . 文本分析工具 PatCount 在外语教学与研究中的应用 . 外语电化教学，2008.

梁三云 . 机器翻译与计算机辅助翻译比较分析 . 外语电化教学，2004.

刘群 . 机器翻译技术现状与展望 . 集成技术，2012.

刘洋 . 基于深度学习的机器翻译研究进展 . 中国人工智能学会通讯，2016.

钱多秀 . 计算机辅助翻译 . 北京：外语教学与研究出版社，2011.

苏明阳 . 翻译记忆系统的现状及其启示 . 外语研究，2007.

王华树 . 信息化时代的计算机辅助翻译技术研究 . 外文研究，2014.

王华树 . 计算机辅助翻译实践 . 北京：国防工业出版社，2015.

王华伟，崔启亮 . 软件本地化（本地化行业透视与实务指南）. 北京：电子工业出版社，2005.

王建新 . 语料库语言学发展史上的几个重要阶段 . 外语教学与研究，1998.

王星，熊德意，张民 . 神经机器翻译 . CIPS 青工委学术专栏，2016.

徐彬，郭红梅 . 基于计算机翻译技术的非技术文本翻译实践 . 中国翻译，2015.

徐彬，郭红梅，国晓立 . 21 世纪的计算机辅助翻译工具 . 山东外语教学，2007.

闫如武 . 翻译的语料库研究范式评析 . 西安外国语大学学报，2017.

俞士汶，柏晓静 . 计算语言学与外语教学 . 外语电化教学，2006.

张政 . 计算机翻译研究 . 北京：清华大学出版社，2006

朱玉彬，陈晓倩 . 国内外四种常见计算机辅助翻译软件比较研究 . 外语电化教学，2013.

朱一凡，王金波，杨小虎 . 语料库与译者培养：探索与展望 . 外语教学，2016.